Lecture Notes in Mathematics

A collection of informal reports and seminars
Edited by A. Dold, Heidelberg and B. Eckmann, Zürich

283

Luc Illusie

Centre National de la Recherche Scientifique
Paris/France

Complexe Cotangent et Déformations II

Springer-Verlag
Berlin · Heidelberg · New York 1972

AMS Subject Classifications (1970): 13 D 10, 14 F 10, 14 F 20, 14 F 30, 14 L 15, 18 G 10, 18 G 30

ISBN 3-540-05976-8 Springer-Verlag Berlin · Heidelberg · New York
ISBN 0-387-05976-8 Springer-Verlag New York · Heidelberg · Berlin

Offsetdruck: Julius Beltz, Hemsbach/Bergstr.

A V E R T I S S E M E N T

Ce volume contient les chapitres VI à VIII du travail présenté dans l'introduction de [10].

Les références à [10] étant considérées comme des références internes, [10] n'y figure pas : par exemple, (III 3.3.6) renvoie à l'énoncé (3.3.6) du chapitre III de [10].

TABLE DES MATIERES

CHAPITRE VII : DEFORMATIONS EQUIVARIANTES DE G-SCHEMAS ET DEFORMATIONS DE SCHEMAS EN GROUPES 180

CHAPITRE VI

COHOMOLOGIE DE DIAGRAMMES

Introduction.

Ce chapitre est consacré au calcul de la cohomologie de certains diagrammes qui interviennent naturellement dans les problèmes d'obstruction envisagés au chapitre VII . Le lecteur qui voudrait se faire une idée générale de la méthode que nous employons pour traiter ces problèmes pourra consulter [11]. La théorie cohomologique des diagrammes d'espaces (plus généralement, des "topos associés" aux topos fibrés"), due à P. Deligne, est exposée par B. Saint-Donat dans (SGA 4 VI). La nécessité de l'adapter aux situations que nous avions en vue nous a contraint de la reprendre depuis ses fondements. Cela explique en partie la longueur du présent chapitre, dont nous nous excusons auprès du lecteur.

Après un bref rappel (n° 1), utile à divers endroits des n°s 2, 6, 8 et du chapitre VIII, nous exposons, au n° 2, la construction (bien connue) de l'objet simplicial associé à une catégorie, qui forme la base de notre "méthode des diagrammes" en théorie des déformations. Le n° 3 est une parenthèse sur le fait, dû à Quillen, qu'on peut réaliser n'importe quel type d'homotopie par le nerf d'une catégorie. Le n° 4 contient certains calculs de limites inductives utiles aux n°s 9 et 11. Nous définissons au n° 5 , les topos $Top(X)$ et $Top^{o}(X)$ associés à un topos fibré X , et étudions diverses questions de variance. Le topos $Top(X)$ est le "topos total" considéré dans (SGA 4 VI) ; nous l'avons déjà rencontré, dans un cas particulier, à propos de certains problèmes de déformations de morphismes de topos annelés (III 2.3, 4). C'est lui qui intervient, plus généralement, dans l'écriture des obstructions aux déformations de diagrammes de topos annelés. Quant au topos $Top^{o}(X)$, déjà apparu discrètement dans (V 6), son introduction, bien qu'un peu moins naturelle que celle de Top(X) ([1]), est motivée par les résultats des n°s 7 et 10, qui conduisent au calcul des obstructions aux déformations de schémas en modules. Par des résolutions "à la Godement", nous relions, au n° 6, la cohomologie du topos Top(X) (resp. $\mathrm{Top}^{\circ}(X)$) à celle des "étages" X_i (5.1) du topos fibré X , et montrons notamment qu'on peut toujours se ramener au cas où X est un topos fibré "simplicial" ((6.2.4.2), (6.4.2)). Nous montrons aussi (6.5.3) que Top(X) et $\mathrm{Top}^{\circ}(X)$ ont "même" cohomologie à valeurs dans les faisceaux "cartésiens" (5.2.4), ce qui généralise un résultat, dû indépendamment à Quillen et Verdier ([2]), sur l'interprétation "topologique" des groupes de cohomologie d'un ensemble simplicial à valeurs dans un système local comme groupes de cohomologie d'un topos simplicial induit. Signalons également que le formalisme de (6.6) fournit incidemment un candidat assez naturel pour le complexe cotangent en Géométrie Analytique (6.6.2.3). Après un interlude technique (n° 7), qui sera utilisé seulement au chapitre VII, nous développons, au n° 8, la théorie cohomologique des "topos classifiants de Grothendieck" (SGA 4 IV), dans un cadre assez général pour que les résultats puissent s'appliquer à la situation envisagée en (11.5). Le n° 9 est consacré à l'étude de certains diagrammes en rapport avec la stabilisation des foncteurs non additifs. Après des généralités, au n° 10, sur la catégorie dérivée des Modules différentiels gradués sur un Anneau différentiel gradué, nous définissons, en (11.2), les diagrammes qui nous serviront, au chapitre VII, à traiter les problèmes de déformations de schémas en modules. A l'aide de la formule (11.4.3), due essentiellement à MacLane [12], nous établissons l'isomorphisme clef (11.5.3.9), qui exprime les Ext^i de Modules sur un Anneau

---

([1]) elle ne semble raisonnable que lorsque X est "bon" (5.4).

([2]) non publié.

comme groupes de cohomologie "spatiaux", et sera l'ingrédient essentiel des calculs de (VII 5).

Je ne voudrais pas terminer cette introduction sans remercier ceux qui m'ont aidé dans la rédaction de ce chapitre : D. Quillen , qui m'a communiqué les résultats du n° 3 ; J.L. Verdier, qui, au cours de longues discussions, m'a aidé à mettre sur pied le formalisme des n°s 5 et 6 ; L. Breen, qui, en me parlant de ses travaux sur les $\mathrm{Ext}^i(G_a,G_a)$ [2], m'a appris la formule (11.4.3) et suggéré les constructions du n° 11 ; enfin, P. Deligne, dont la théorie de descente cohomologique forme le support de ce chapitre, et qui, durant sa mise au point, a su plus d'une fois me tirer d'embarras : je lui dois notamment la démonstration du théorème d'acyclicité (4.4).

1. Décalés d'un objet simplicial.

1.1. Dans toute la suite, on utilisera les notations et la terminologie de (I 1). En particulier, $\overline{\Delta}$ (resp. Δ) désigne la catégorie des ensembles finis (resp. finis non vides) totalement ordonnés, et $[0,n]$, ou $[n]$ l'ensemble des entiers $\{0,\ldots,n\}$ muni de l'ordre naturel.

1.2. Si E, F sont des ensembles totalement ordonnés, on note $E \amalg F$ l'ensemble somme disjointe de E et F muni de l'ordre total compatible avec les inclusions de E et F et tel que $x < y$ pour $x \in E$, $y \in F$. Ainsi $E \amalg \emptyset = \emptyset \amalg E = E$, et $E \amalg [0]$ (resp. $[0] \amalg E$) est l'ensemble ordonné déduit de E par adjonction d'un plus grand (resp. plus petit) élément. Pour $p, q \in \mathbb{N}$, on note

(1.2.1) $$\mathrm{Dec}_q^p : \overline{\Delta} \longrightarrow \overline{\Delta}$$

le foncteur défini par $\mathrm{Dec}_q^p(E) = [q-1] \amalg E \amalg [p-1]$, avec la convention $[-1] = \emptyset$. On a

(1.2.2) $$\mathrm{Dec}_o^o = \mathrm{Id} ,$$

$$\mathrm{Dec}_q^p \mathrm{Dec}_{q'}^{p'} = \mathrm{Dec}_{q'}^{p'} \mathrm{Dec}_q^p = \mathrm{Dec}_{q+q'}^{p+p'} ,$$

pour tous $p, p', q, q' \in \mathbb{N}$. Pour $n > 0$, on écrira Dec^n (resp. Dec_n) au lieu de Dec_o^n (resp. Dec_n^o). Grâce à (1.2.2), on reconstitue les foncteurs Dec_q^p à partir des foncteurs Dec^1 et Dec_1 par la formule

(1.2.3) $$\mathrm{Dec}_q^p = (\mathrm{Dec}^1)^p (\mathrm{Dec}_1)^q = (\mathrm{Dec}_1)^q (\mathrm{Dec}^1)^p .$$

Notons

(1.2.4) $$\mathrm{op} : \overline{\Delta} \longrightarrow \overline{\Delta}$$

l'involution "passage à l'ordre opposé". Pour $p, q \in \mathbb{N}$, on a un carré commutatif

(1.2.5)
$$\begin{array}{ccc} \overline{\Delta} & \xrightarrow{\mathrm{Dec}^p_q} & \overline{\Delta} \\ {\scriptstyle op}\downarrow & & \downarrow{\scriptstyle op} \\ \overline{\Delta} & \xrightarrow{\mathrm{Dec}^q_p} & \overline{\Delta} \end{array}$$

En particulier, l'involution op échange les foncteurs Dec^1 et Dec_1 .

1.3. Soit C une catégorie, et soit X un objet simplicial (resp. cosimplicial) de C , i.e. (I 1) un foncteur contravariant (resp. covariant) de Δ dans C . Pour tout couple d'entiers $p, q \geq 0$ non tous deux nuls, on note

(1.3.1) $$\mathrm{Dec}^p_q(X)$$

le foncteur composé $X.\mathrm{Dec}^p_q$ (définition légitime car, p et q n'étant pas tous deux nuls, Dec^p_q est à valeurs dans Δ) ; $\mathrm{Dec}^p_q(X)$ est un objet simplicial (resp. cosimplicial) *augmenté* (I 1.1). On a

$$\mathrm{Dec}^1(X)_n = \mathrm{Dec}_1(X)_n = X_{n+1} \quad (\text{resp. } \mathrm{Dec}^1(X)^n = \mathrm{Dec}_1(X)^n = X^{n+1}) \ ;$$

avec ces identifications, pour $0 \leq i \leq n$, l'opérateur de face $d_i : \mathrm{Dec}^1(X)_n \longrightarrow \mathrm{Dec}^1(X)_{n-1}$ coïncide avec $d_i : X_{n+1} \longrightarrow X_n$,tandis que $d_i : \mathrm{Dec}_1(X)_n \longrightarrow \mathrm{Dec}_1(X)_{n-1}$ coïncide avec $d_{i+1} : X_{n+1} \longrightarrow X_n$; l'opérateur de dégénérescence $s_i : \mathrm{Dec}^1(X)_{n-1} \longrightarrow \mathrm{Dec}^1(X)_n$ coïncide avec $s_i : X_n \longrightarrow X_{n+1}$, tandis que $s_i : \mathrm{Dec}_1(X)_{n-1} \longrightarrow \mathrm{Dec}_1(X)_n$ coïncide avec $s_{i+1} : X_n \longrightarrow X_{n+1}$; on a des énoncés analogues dans le cas cosimplicial. On dit parfois que $\mathrm{Dec}^1(X)$ (resp. $\mathrm{Dec}_1(X)$) *se déduit de* X *par oubli du dernier* (resp. *premier*) *opérateur de face*. Dans le cas simplicial, l'augmentation de $\mathrm{Dec}^1(X)$ est donnée par $d_o : \mathrm{Dec}^1(X)_o = X_1 \longrightarrow \mathrm{Dec}^1(X)_{-1} = X_o$, tandis que celle de $\mathrm{Dec}_1(X)$ est donnée par d_1 ; énoncés analogues dans le cas cosimplicial.

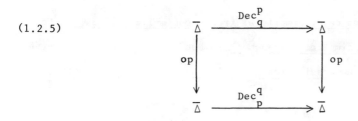

Proposition 1.4. *Soit* X *un objet simplicial* (resp. *cosimplicial*) *de* C . *Les objets simpliciaux* (resp. *cosimpliciaux*) *augmentés* $Dec^1(X)$ *et* $Dec_1(X)$ *sont homotopiquement triviaux* (*donc aussi*, *plus généralement*, *les objets* $Dec^p_q(X)$, *compte tenu de* (1.2.3)).

Ce fait est bien connu, nous en donnerons une démonstration pour être complet. Tout d'abord, quitte à remplacer C par la catégorie duale, on peut se borner au cas cosimplicial. Il suffit alors de faire la démonstration dans la situation universelle, i.e. pour $C = \Delta$, et X le foncteur identique. Compte tenu de (1.2.5), on peut se borner à montrer que l'objet cosimplicial augmenté $Dec_1 : \overline{\Delta} \longrightarrow \Delta$ est homotopiquement trivial. Notons Dec_1^+ l'objet cosimplicial sous-jacent, i.e. la restriction de Dec_1 à Δ . Notons $e : [0] \longrightarrow Dec_1^+$ l'augmentation (application "plus petit élément") et $p : Dec_1^+ \longrightarrow [0]$ la projection, $[0]$ étant vu comme objet cosimplicial trivial. On a $pe = Id$, et l'on va définir une homotopie entre les flèches $ep, Id : Dec_1^+ \rightrightarrows Dec_1^+$. Pour $E \in ob\,\Delta$ et $f : Hom_{\Delta}(E,[1])$, notons $u_f : [0] \amalg E \longrightarrow [0] \amalg E$ l'application croissante qui envoie $[0] \amalg f^{-1}(0)$ sur le plus petit élément de $[0] \amalg E$ et induit l'identité sur $f^{-1}(1)$. On a $u_o = ep$, $u_1 = Id$ (0 (resp. 1) désignant l'application constante $E \longrightarrow [1]$ de valeur 0 (resp. 1)), et il est immédiat que les u_f réalisent une homotopie entre u_o et u_1 (I 1.1.5) ; la proposition est démontrée.

Remarques 1.4.1. a) La démonstration précédente montre que les augmentations $Dec^1_+(X) \longrightarrow X_o$, $Dec_1^+(X) \longrightarrow X_o$ (resp. $X^o \longrightarrow Dec^1_+(X)$, $X^o \longrightarrow Dec_1^+(X)$) sont en fait des X_o-homotopismes (I 1.1.6). En effet, avec les notations ci-dessus, on a $eu_f = e$.

b) Supposons que C soit une catégorie additive. Alors $s_o : X_n \longrightarrow X_{n+1}$ (resp. $s^o : X^{n+1} \longrightarrow X^n$) est un opérateur d'homotopie pour le complexe de chaînes (resp. cochaînes) augmenté défini par $Dec^1(X)$. De même $(-1)^n s_n : X_n \longrightarrow X_{n+1}$ (resp. $(-1)^n s^n : X^{n+1} \longrightarrow X^n$) est un opérateur d'homotopie pour le complexe défini par $Dec_1(X)$.

1.5. X désignant toujours un objet simplicial (resp. cosimplicial de C , notons

(1.5.1) $$\mathrm{Dec}(X)$$

le foncteur $(E,F) \longmapsto X(E \amalg F)$ sur la sous-catégorie pleine de $\overline{\Delta} \times \overline{\Delta}$ formée des couples (E,F) **tels** que E et F ne soient pas tous deux vides. La restriction $\mathrm{Dec}^+(X)$ de $\mathrm{Dec}(X)$ à $\Delta \times \Delta$ est un objet bisimplicial (resp. bi-cosimplicial) de C , muni de deux augmentations vers X , l'une, "horizontale", donnée par les applications $E \amalg$ "vide" : $E \longrightarrow E \amalg F$, l'autre, "verticale", donnée par les applications "vide" $\amalg F : F \longrightarrow E \amalg F$. On appelle $\mathrm{Dec}(X)$ le <u>décalé total</u> de X . Sa p-ième colonne, $F \longmapsto X([p] \amalg F)$, est $\mathrm{Dec}_{p+1}(X)$ (1.3.1) ; sa q-ième ligne, $E \longmapsto X(E \amalg [q])$, est $\mathrm{Dec}^{q+1}(X)$. On peut voir $\mathrm{Dec}^+(X)$ au choix comme l'objet simplicial (resp. cosimplicial) $[p] \longmapsto \mathrm{Dec}^+_{p+1}(X)$ ou comme l'objet simplicial (resp. cosimplicial) $[q] \longmapsto \mathrm{Dec}^{q+1}_+(X)$ (le + désignant un objet simplicial (resp. cosimplicial) sous-jacent. L'augmentation horizontale de $\mathrm{Dec}^+(X)$ est donnée par les opérateurs de face de plus bas degré, l'augmentation verticale par les opérateurs de face de plus haut degré. Voici un dessin de $\mathrm{Dec}(X)$ dans le cas simplicial :

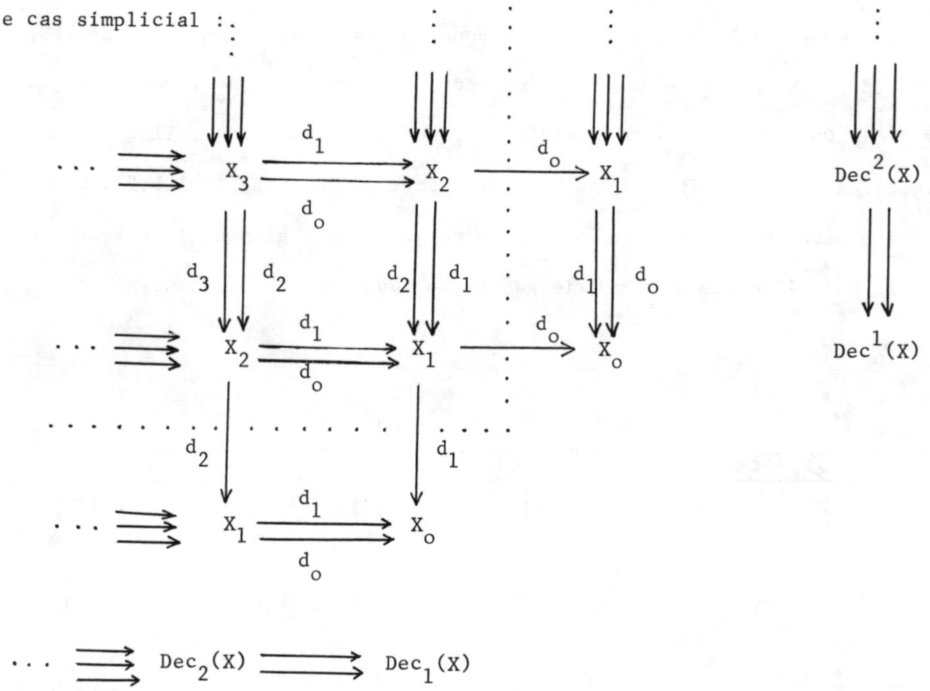

($Dec^+(X)$ est à l'intérieur du domaine délimité par le pointillé).

1.6. Notons $dec^+(X)$ l'objet simplicial (resp. cosimplicial) diagonal défini par $Dec^+(X)$, i.e. $E \longmapsto X(E,E)$. Les augmentations horizontales et verticales de $Dec^+(X)$ définissent des morphismes

$$(1.6.1) \qquad h, v : dec^+(X) \rightrightarrows X \quad (\text{resp. } X \rightrightarrows dec^+(X))$$

(en d'autres termes, h est défini par les applications $E \amalg$ "vide" : $E \longrightarrow E \amalg E$, v par les applications "vide"$\amalg E : E \longrightarrow E \amalg E$).

<u>Proposition</u> 1.6.2. <u>Les flèches</u> h <u>et</u> v <u>ont des images égales et inversibles dans la catégorie des objets simpliciaux</u> (resp. <u>cosimpliciaux</u>) <u>de</u> C <u>à homotopie près</u> (I (1.1.5.1)) ([1]).

<u>Preuve</u>. Le fait que h et v soient des homotopismes se prouve essentiellement comme (1.4), nous laisserons les détails au lecteur. Prouvons l'autre assertion. Comme dans la démonstration de (1.4), on peut se borner au cas cosimplicial et à la situation universelle : $C = \Delta$, X le foncteur identique. Pour $f \in Hom_\Delta(E,[1])$, notons $u_f : E \longrightarrow E \amalg E$ l'application croissante qui envoie bijectivement E sur $f^{-1}(1) \amalg f^{-1}(0)$. On a donc $u_o = v =$ "vide"$\amalg E$, $u_1 = h = E \amalg$"vide". Il est immédiat que les u_f définissent une homotopie entre v et h (I 1.1.5), d'où la proposition. (De manière imagée, on peut dire qu'on fait glisser la colonne de mercure de la moitié droite à la moitié gauche du tube, comme sur le dessin :

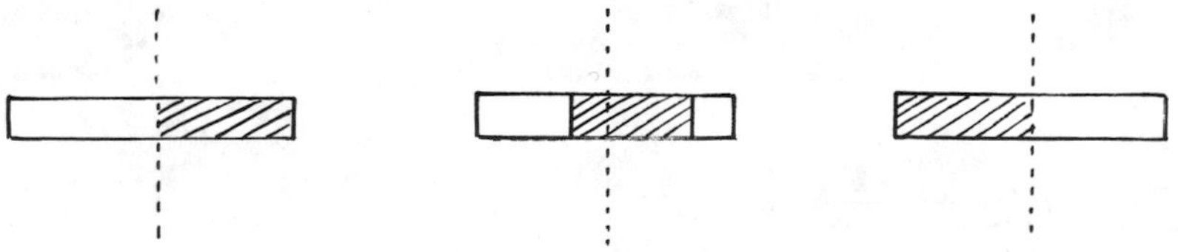

([1]) Cet énoncé ne servira qu'en (VIII 1.4.6).

2. Nerfs.

Ce numéro est consacré à une revue de quelques constructions classiques, voir Grothendieck ([7] n° 212, 4.1), Gabriel-Zisman ([4] II 4), Giraud ([5] §2), Segal [20].

2.1. Soit X une catégorie. On appelle <u>nerf de</u> X, et l'on note

(2.1.1) $$\mathrm{Ner}(X) ,$$

l'ensemble simplicial (i.e. le préfaisceau sur Δ) $E \longmapsto \mathrm{Hom}(E,X)$ = ensemble des foncteurs de E dans X, un ensemble ordonné étant vu comme une catégorie de la manière habituelle, (une flèche de x à y pour $x \leq y$). On a donc :

(2.1.2) (i) $\mathrm{Ner}_o(X) = \mathrm{ob}(X)$, $\mathrm{Ner}_1(X) = \mathrm{fl}(X)$,

$d_o(x) = \mathrm{but}(x)$, $d_1(x) = \mathrm{source}(x)$ pour $x \in \mathrm{fl}(X)$,

$\mathrm{Ner}_n(X)$ = ensemble des suites $(x_1,\ldots,x_n)$ de flèches de X telles que $\mathrm{but}(x_i) = \mathrm{source}(x_{i+1})$ pour $1 \leq i \leq n-1$,

(ii) pour $x = (x_1,\ldots,x_n) \in \mathrm{Ner}_n(X)$, $n \geq 2$,

$d_o(x) = (x_2,\ldots,x_n)$,

$d_i(x) = (x_1,\ldots,x_{i-1},x_{i+1}x_i,x_{i+2},\ldots,x_n)$ $(0 < i < n)$

$d_n(x) = (x_1,\ldots,x_{n-1})$,

(iii) pour $x \in \mathrm{ob}\, X$, $s_o(x) = \mathrm{Id}_x$, et, pour $x = (x_1,\ldots,x_n) \in \mathrm{Ner}_n(X)$, $n \geq 1$,

$s_o(x) = (\mathrm{Id}_{\mathrm{source}(x_1)},x_1,\ldots,x_n)$,

$s_i(x) = (x_1,\ldots,x_i,\mathrm{Id}_{\mathrm{but}(x_i)},x_{i+1},\ldots,x_n)$ $(0 < i < n)$,

$s_n(x) = (x_1,\ldots,x_n,\mathrm{Id}_{\mathrm{but}(x_n)})$.

2.1.3. Exemples. a) Si X est une catégorie discrète, $\mathrm{Ner}(X)$ n'est autre que l'ensemble simplicial trivial défini par X (I 1.1.2).

b) Pour $[n] \in \mathrm{ob}\,\Delta$, $\mathrm{Ner}([n])$ est l'ensemble simplicial standard $\Delta(n)$ (préfaisceau sur Δ représenté par $[n]$).

2.2. Un univers $\underline{U}$ étant fixé, $X \longmapsto \mathrm{Ner}(X)$ est un foncteur

(2.2.1) $$\mathrm{Ner} : (\mathrm{Cat}) \longrightarrow \mathrm{Simpl}(\mathrm{Ens})$$

de la catégorie des $\underline{U}$-petites catégories dans celle des $\underline{U}$-ensembles simpliciaux. Il est pleinement fidèle et commute aux limites projectives. Comme le fait remarquer Segal ([20] 2.1), ceci implique :

Proposition 2.2.2. *Soient* $F, G : X \rightrightarrows Y$ *des foncteurs. Le foncteur* Ner *définit un isomorphisme*

$$\mathrm{Hom}(F,G) \xrightarrow{\sim} \mathrm{Homot}(\mathrm{Ner}(F), \mathrm{Ner}(G)) \quad ,$$

où le second membre désigne l'ensemble des homotopies entre $\mathrm{Ner}(F)$ *et* $\mathrm{Ner}(G)$.

En effet, un morphisme de foncteurs $u : F \longrightarrow G$ s'interprète comme un foncteur $u : [1] \times X \longrightarrow Y$ tel que $u_o = F$, $u_1 = G$.

Définition 2.2.3.0. *Soient* I *une catégorie,* $u : A \longrightarrow B$ *un morphisme de foncteurs de* I *dans une catégorie possédant des produits fibrés. On dit que* u *est cartésien si, pour toute flèche* $f : i \longrightarrow j$ *de* I, *le carré*

$$\begin{array}{ccc} A_i & \xrightarrow{A_f} & A_j \\ {\scriptstyle u_i}\downarrow & & \downarrow{\scriptstyle u_j} \\ B_i & \xrightarrow{B_f} & B_j \end{array}$$

est cartésien.

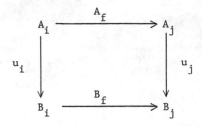

Proposition 2.2.3. *Soit* Y *un ensemble simplicial*. *Les conditions suivantes sont équivalentes* :

(i) Y *est dans l'image essentielle de* (2.2.1) ;

(ii) Y *transforme sommes amalgamées en produits fibrés* ;

(iii) *pour* $n \geq 2$, *la flèche canonique*

$$Y_n \longrightarrow Y_1 \times_{(d_o,d_1)} \times \dots \times_{(d_o,d_1)} Y_1 \qquad \text{(n facteurs)} \quad ,$$

provenant de l'identification

$$[1] \underset{[0]}{\overset{(d^o,d^1)}{\amalg}} \dots \underset{[0]}{\overset{(d^o,d^1)}{\amalg}} [1] \xrightarrow{\sim} [n] \quad ,$$

est un isomorphisme ;

(iii') pour $n \geq 2$, *la flèche canonique*

$$Y_n \longrightarrow Y_{n-1} \times_{Y_o} Y_1 \quad ,$$

provenant de l'identification

$$[n-1] \underset{[0]}{\overset{(d^o\dots d^o,d^1)}{\amalg}} [1] \xrightarrow{\sim} [n] \quad ,$$

est un isomorphisme ;

(iv) *la flèche canonique de* (iii),

$$Y_2 \longrightarrow Y_1 \times_{(d_o,d_1)} Y_1 \quad ,$$

est un isomorphisme (*en d'autres termes*, *le carré*

$$\begin{array}{ccc} Y_2 & \xrightarrow{d_o} & Y_1 \\ {\scriptstyle d_2}\downarrow & & \downarrow{\scriptstyle d_1} \\ Y_1 & \xrightarrow{d_o} & Y_o \end{array}$$

est cartésien) *et la flèche canonique* (SGA 4 V App.)

$$Y \longrightarrow \mathrm{cosq}_2(Y)$$

est un isomorphisme ;

(v) *la flèche canonique* $d_o : Dec_2(X) \longrightarrow Dec_1(X)$ (1.5) *est cartésienne* (2.2.3.0) ;

(v') *pour* $n \geq 1$, $0 \leq i < n$, *la flèche canonique* $d_i : Dec_{n+1}(X) \longrightarrow Dec_n(X)$ (1.5) *est cartésienne* ;

(vi) *la flèche canonique* $d_1 : Dec^2(X) \longrightarrow Dec^1(X)$ (1.5) *est cartésienne* ;

(vi') *pour* $n \geq 1$, $0 < i \leq n$, *la flèche canonique* $d_i : Dec^{n+1}(X) \longrightarrow Dec^n(X)$ (1.5) *est cartésienne.*

La démonstration ne présente aucune difficulté, nous l'omettrons. (Pour l'équivalence des conditions (i) à (iii'), le lecteur pourra se reporter par exemple à Giraud ([5] §2)).

Les conditions équivalentes de (2.2.3) n'imposent aucune restriction sur les invariants d'homotopie de Y. En fait, comme Quillen l'a montré (voir plus bas n° 3), on peut réaliser n'importe quel "type d'homotopie" par le nerf d'une catégorie.

2.3. Soit X une catégorie, notons X^o la catégorie opposée. Pour $E \in ob\ \Delta$, on a $Hom(E,X^o) = Hom(E^{op},X)$, d'où

(2.3.1) $$Ner(X^o) = Ner(X)^{op} ,$$

"op" désignant l'involution "passage à l'ordre opposé" (1.2.4) sur Δ, et, par extension, l'involution correspondante sur la catégorie des objets simpliciaux (resp. cosimpliciaux) d'une catégorie donnée.

2.4. Soit X une catégorie. Notons $Dec^1_+(X)$ la catégorie suivante. Les objets de $Dec^1_+(X)$ sont les flèches de X ; les flèches de $Dec^1_+(X)$ sont les diagrammes commutatifs

$u =$ 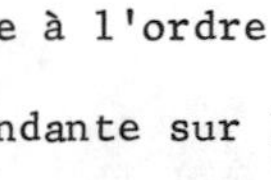

;

$but(u) = y$, $source(u) = z$; la composition des flèches est induite par celle de la catégorie des flèches de X, une flèche u de $Dec^1_+(X)$ étant considérée comme une flèche $z \longrightarrow y$ de la catégorie des flèches de X . On vérifie facilement qu'on a

(2.4.1) $$\mathrm{Ner}(\mathrm{Dec}^1_+(X)) = \mathrm{Dec}^1_+(\mathrm{Ner}(X)) \quad ,$$

où $\mathrm{Dec}^1_+(-)$ désigne l'objet simplicial sous-jacent à $\mathrm{Dec}^1(-)$ (1.3). De plus, l'augmentation de $\mathrm{Dec}^1(\mathrm{Ner}(X))$ est l'image, par le foncteur Ner , de la projection canonique de $\mathrm{Dec}^1_+(X)$ sur la catégorie discrète $\mathrm{ob}(X)$ par le foncteur "but". Le fait que celle-ci soit une équivalence d'homotopie résulte ici trivialement de (2.2.2).

De manière analogue, on définit une catégorie $\mathrm{Dec}^+_1(X)$, ayant mêmes objets et mêmes flèches que $\mathrm{Dec}^1_+(X)$, avec cette fois $\mathrm{but}(u) = z$, $\mathrm{source}(u) = x$, la composition étant donnée par celle de la catégorie des flèches de X , u étant vu comme une flèche $x \longrightarrow z$. On a

(2.4.2) $$\mathrm{Ner}(\mathrm{Dec}^+_1(X)) = \mathrm{Dec}^+_1(\mathrm{Ner}(X)) \quad ,$$

et l'augmentation est donnée par la projection naturelle (foncteur "source") de $\mathrm{Dec}^+_1(X)$ sur la catégorie discrète $\mathrm{ob}(X)$.

Remarquons en passant qu'il était évident sur les conditions (2.2.3 v' et vi') que les décalés du nerf d'une catégorie sont des nerfs de catégories.

De (2.4.1), (2.4.2), (1.4.1 a)), on déduit le corollaire suivant, (dont la démonstration directe, à l'aide de (2.2.2), est d'ailleurs immédiate) :

Corollaire 2.4.3. *Si X est une catégorie possédant un objet final (resp. initial), le nerf de X est contractile.*

En particulier, le nerf d'un ensemble ordonné possédant un plus grand (resp. petit) élément est contractile (on retrouve ainsi que les $\Delta(n)$ sont contractiles (2.1.3 b)) !).

2.5. Soient G un monoïde (associatif et à élément unité) et X un ensemble sur lequel G opère à gauche. Ces données définissent une catégorie $[G,X]$ ayant pour ensemble d'objets (resp. flèches) X (resp. $G \times X$), avec, pour $g, h \in G$, $x \in X$, $\mathrm{source}(g,x) = x$, $\mathrm{but}(g,x) = gx$, la loi de composition étant donnée par $(h,gx)(g,x) = (hg,x)$. La catégorie $[G,X]$ dépend fonctoriellement de (G,X) par rapport aux flèches $(u,f) : (G,X) \longrightarrow (H,Y)$ telles que $f(gx) = u(g)f(x)$. On notera simplement

(2.5.1) $$\mathrm{Ner}(G,X)$$

le nerf de $[G,X]$. Comme une suite de n flèches composables $((g_1,x_1),\dots,(g_n,x_n))$ est uniquement déterminée par la suite $(g_1,\dots,g_n,x_1)$, on tire de (2.1.2) :

(2.5.2) $$\mathrm{Ner}_n(G,X) = G^n \times X \quad ;$$

$$\text{pour } n \geq 1,\ u = (g_1,\dots,g_n,x) \in \mathrm{Ner}_n(G,X) \quad ,$$

$$d_o u = (g_2,\dots,g_n,g_1 x) \quad ,$$

$$d_i u = (g_1,\dots,g_{i-1},g_{i+1}g_i,g_{i+2},\dots,g_n,x) \qquad (0 < i < n),$$

$$d_n u = (g_1,\dots,g_{n-1},x) \quad ,$$

$$s_o x = (1,x) \quad ,$$

$$s_o u = (1,g_1,\dots,g_n,x) \quad ,$$

$$s_i u = (g_1,\dots,g_i,1,g_{i+1},\dots,g_n,x) \qquad (0 < i) \quad .$$

On notera $[G]$ la catégorie $[G,Y]$ pour Y réduit à un point, et $\mathrm{Ner}(G)$ le nerf correspondant. La projection de X sur un point induit un foncteur $[G,X] \longrightarrow [G]$, d'où une flèche

(2.5.3) $$\mathrm{Ner}(G,X) \longrightarrow \mathrm{Ner}(G) \quad ,$$

donnée en degré n par la projection canonique sur G^n. On observera que la décalée (1.3) de (2.5.3) par oubli du premier opérateur de face est cartésienne au sens de (2.2.3.0), mais pas en général la flèche (2.5.3) elle-même : plus précisément, (2.5.3) est cartésienne si et seulement si G agit par automorphismes sur X .

Si Y est un ensemble sur lequel G opère à droite, on définit de manière analogue une catégorie $[Y,G]$, ayant pour ensemble d'objets (resp. flèches) Y (resp. $Y \times G$), dont on désigne le nerf par

(2.5.4) $$\mathrm{Ner}(Y,G) \quad .$$

Une suite de n flèches composables $((y_1,g_1),\ldots,(y_n,g_n))$ étant déterminée par la suite $(y_1,g_1,\ldots,g_n)$, on a

$$\mathrm{Ner}_n(Y,G) = Y \times G^n \quad ,$$

et les opérateurs de face et de dégénérescence sont donnés par des formules analogues à (2.5.2) que le lecteur explicitera.

<u>Exercice</u> 2.5.5. Soit G_d (resp. G_s) l'ensemble G sur lequel G opère par multiplication à droite (resp. gauche). Montrer qu'on a :

$$\mathrm{Ner}(G_d,G) = \mathrm{Dec}_1^+(\mathrm{Ner}(G)) \quad ,$$

$$\mathrm{Ner}(G,G_s) = \mathrm{Dec}_+^1(\mathrm{Ner}(G))^{op} = \mathrm{Dec}_1^+(\mathrm{Ner}(G^o)) \quad ,$$

où G^o désigne le monoïde opposé à G .

2.6. Soit X une catégorie. Rappelons qu'on dit que X est un <u>groupoïde</u> si toute flèche de X est inversible.

<u>Proposition</u> 2.6.1. <u>Soient</u> X <u>une catégorie,</u> <u>et</u> Y <u>son nerf</u>. <u>Les conditions suivantes sont équivalentes</u> :

(i) X <u>est un groupoïde</u> ;

(ii) <u>pour tout couple de flèches</u> (x,z) <u>de même origine il existe une flèche</u> y <u>telle que</u> $z = yx$, <u>et pour tout couple de flèches</u> (y,z) <u>de même but il</u>

existe une flèche x telle que $z = yx$;

(iii) Y vérifie la condition d'extension de Kan ([4] IV 3.1) ;

(iv) les carrés

$$\begin{array}{ccc} Y_2 & \xrightarrow{d_1} & Y_1 \\ {\scriptstyle d_2}\downarrow & & \downarrow{\scriptstyle d_1} \\ Y_1 & \xrightarrow{d_1} & Y_o \end{array} \qquad \text{et} \qquad \begin{array}{ccc} Y_2 & \xrightarrow{d_1} & Y_1 \\ {\scriptstyle d_o}\downarrow & & \downarrow{\scriptstyle d_o} \\ Y_1 & \xrightarrow{d_o} & Y_o \end{array}$$

sont cartésiens ;

(v) pour toute flèche $[m] \longrightarrow [n]$ de Δ, la flèche correspondante $Dec_{n+1}(Y) \longrightarrow Dec_{m+1}(Y)$ (1.5) est cartésienne (2.2.3.0) ;

(vi) pour toute flèche $[m] \longrightarrow [n]$ de Δ, la flèche correspondante $Dec^{n+1}(Y) \longrightarrow Dec^{m+1}(Y)$ (1.5) est cartésienne (loc. cit.) ;

(vii) il existe un foncteur $t : X \longrightarrow X^o$ induisant l'identité sur les objets et tel que les carrés ci-dessous soient commutatifs :

$$\begin{array}{ccc} Y_1 & \xrightarrow{(Id,t)} & Y_2 \\ {\scriptstyle d_o}\downarrow & & \downarrow{\scriptstyle d_1} \\ Y_o & \xrightarrow{s_o} & Y_1 \end{array} \qquad \begin{array}{ccc} Y_1 & \xrightarrow{(t,Id)} & Y_2 \\ {\scriptstyle d_1}\downarrow & & \downarrow{\scriptstyle d_1} \\ Y_o & \xrightarrow{s_o} & Y_1 \end{array} .$$

Nous laisserons la démonstration en exercice au lecteur. Signalons que c'est surtout l'équivalence (i) $\Longleftrightarrow$ (iv) (cf. (SGA 3 V 1)) qui nous servira dans la suite, notamment dans les questions de déformations de schémas en groupes.

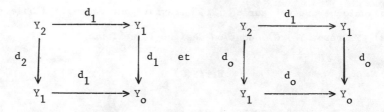

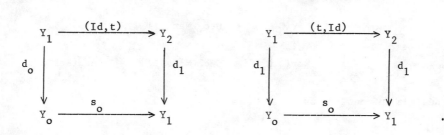

Remarque 2.6.2. La condition (iii), jointe au fait que Y s'identifie à son 2-cosquelette (2.2.3 (iv)), implique que l'on a, pour tout objet x de X, $\pi_i(Y,x) = 0$ pour $i \geq 2$. En particulier, si X est connexe (i.e. deux objets de X peuvent toujours être joints par une flèche), la réalisation géométrique du nerf de X est un espace d'Eilenberg-MacLane de type $(\Pi , 1)$, où Π est

le groupe fondamental de X ([4] II 6.2, IV 5, App. 1).

Exemples 2.6.3. a) Soit X un ensemble, notons Sc(X) le groupoïde simplement connexe défini par X ([4] II 6.1.2) : ob(Sc(X)) = X , fl(Sc(X)) = X × X , source(x,y) = x, but(x,y) = y , avec la composition (y,z)(x,y) = (x,z). On a :

$$Ner(Sc(X)) = cosq_o(X) \quad ,$$

i.e. $Ner_n(Sc(X)) = X^{n+1}$, avec, pour $x = (x_o,\dots,x_n) \in X^{n+1}$,

$d_i x = (x_o,\dots,x_{i-1},x_{i+1},\dots,x_n)$,

$s_i x = (x_o,\dots,x_i ,x_i,\dots,x_n)$.

b) Soit G un groupe agissant sur un ensemble X . La catégorie [G,X] (2.5) est un groupoïde. On a un foncteur naturel

$$[G,X] \longrightarrow Sc(X) \quad ,$$

qui est l'identité sur les objets et envoie la flèche (g,x) de [G,X] sur (x,gx). La flèche correspondante

$$Ner(G,X) \longrightarrow Ner(Sc(X))$$

(qui s'interprète aussi comme la projection de Ner(G,X) sur son 0-cosquelette) est injective (resp. surjective, resp. bijective) si et seulement si G agit librement sur X (resp. transitivement, resp. X est un pseudo-torseur sous G , i.e. la flèche $G \times X \longrightarrow X \times X$, $(g,x) \longmapsto (gx,x)$ est un isomorphisme).

2.7. Soit T une catégorie possédant des produits fibrés. On appelle objet en catégories (ou catégorie) dans T tout préfaisceau X sur T à valeur dans (Cat) tel que ob(X) et fl(X) soient représentables. Le préfaisceau Ner(X) est alors représentable par un objet simplicial de T , qu'on notera encore Ner(X). Si l'on pose Ner(X) = Y , on a $Y_n = Y_1 \times_{(d_o,d_1)} \cdots \times_{(d_o,d_1)} Y_1$ (n facteurs), et les opérateurs de face et dégénérescence sont donnés intrinsèquement en termes des flèches

d_o = but : $Y_1 \longrightarrow Y_o$, source = $d_1 : Y_1 \longrightarrow Y_o$, identité = $s_o : Y_o \longrightarrow Y_1$, composition = $d_1 : Y_2 \longrightarrow Y_1$ par des formules déduites de (2.1.2), que le lecteur explicitera s'il en a envie.

Les objets en catégories de T forment de façon évidente une catégorie, qu'on notera $Cat(T)$. Le foncteur

(2.7.1) $$Ner : Cat(T) \longrightarrow Simpl(T)$$

est pleinement fidèle, et son image essentielle est formée des objets simpliciaux Y qui vérifient les conditions équivalentes de (2.2.3), où la catégorie des ensembles est remplacée par T .

Nous laissons au lecteur le soin de paraphraser, dans le cadre des objets en catégories de T , les considérations des n°s 2.3 à 2.6. Nous nous bornerons à expliciter deux exemples.

Exemple 2.7.2. Soit A une catégorie abélienne. Rappelons ([3], (I 1.3)) qu'on a une équivalence de catégories :

$$Simpl(A) \underset{K}{\overset{N}{\rightleftarrows}} C.(A) \quad .$$

Soit $L = (0 \longrightarrow L_1 \xrightarrow{d} L_o \longrightarrow 0)$ un complexe de A . Explicitant les formules de (loc. cit.), on trouve que le transformé de Dold-Puppe de L n'est autre que le nerf du groupoïde $[L_1,L_o]$, où l'objet en groupes L_1 agit sur L_o par translations via d :

$$N(Ner(L_1,L_o)) = L \quad .$$

En particulier, pour tout objet E de A , on a

$$N(Ner(E)) = E[1] \quad .$$

Exemple 2.7.3. On suppose que la catégorie T de (2.7) possède un objet final e . La donnée d'un monoïde (associatif et unitaire) G de T définit un objet en catégories $[G]$ de T , d'où un objet simplicial $Ner(G) \in ob\ Simpl(T)$. La donnée d'un G-objet X définit une catégorie $[G,X]$ au-dessus de $[G]$, d'où un objet simplicial $Ner(G,X)$ au-dessus de $Ner(G)$.

Proposition 2.7.3.1. Pour G fixé, le foncteur $X \mapsto Ner(G,X)$ de la catégorie des G-objets de T dans la catégorie des objets simpliciaux de T au-dessus de $Ner(G)$ est pleinement fidèle, et son image essentielle se compose des Y tels que, pour tout $n \in \mathbb{N}$, le carré

$$(*) \qquad \begin{array}{ccc} Y_n & \xrightarrow{d_1 \dots d_n} & Y_o \\ \downarrow & & \downarrow \\ G^n & \longrightarrow & e \end{array}$$

soit cartésien.

Preuve. Pour la première assertion, il suffit de remarquer qu'un G-morphisme $X \longrightarrow Y$ est la même chose qu'un $[G]$-foncteur $[G,X] \longrightarrow [G,Y]$, donc qu'un $Ner(G)$-morphisme $Ner(G,X) \longrightarrow Ner(G,Y)$ d'après la pleine fidélité de (2.7.1). D'autre part, soit Y un objet simplicial au-dessus de $Ner(G)$ tel que, pour tout $n \in \mathbb{N}$, le carré (*) soit cartésien. Alors $Dec_1(Y)$ (1.3) est cartésien au-dessus de $Dec_1(Ner(G))$, donc $Dec_2(Y)$ est cartésien au-dessus de $Dec_2(Ner(G))$, et comme le carré

$$\begin{array}{ccc} Dec_2(Y) & \xrightarrow{d_o} & Dec_1(Y) \\ \downarrow & & \downarrow \\ Dec_2(Ner(G)) & \xrightarrow{d_o} & Dec_1(Ner(G)) \end{array}$$

est commutatif, il en résulte que $d_o : Dec_2(Y) \longrightarrow Dec_1(Y)$ est cartésien, ce qui implique, d'après (2.2.3 (v)), que Y est isomorphe au nerf d'une catégorie au-dessus de $[G]$. Utilisant que (*) pour $n = 1$ est cartésien, on voit que celle-ci est nécessairement du type $[G,X]$ pour un G-objet X , ce qui achève la démonstration.

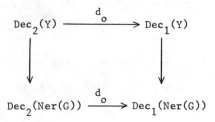

3. Types d'homotopie des catégories, d'après Quillen.

Les résultats de ce numéro sont dûs à D.G. Quillen.

3.1. Si X est un ensemble simplicial, i.e. un préfaisceau sur Δ, on désigne par

(3.1.1) $$\Delta / X$$

la catégorie des objets de Δ au-dessus de X : un objet de Δ/X est un couple (E,x), où E est un objet de Δ et x un point de X à valeurs dans E, une flèche $(E,x) \longrightarrow (F,y)$ est une flèche $f : E \longrightarrow F$ telle que $yf = x$. La catégorie Δ/X dépend fonctoriellement de X : à un morphisme $u : X \longrightarrow Y$ est associé le foncteur $(E,x) \longmapsto (E,ux)$.

Soit C une catégorie. On définit comme suit des foncteurs

(3.1.2) $$\begin{cases} \inf : (\Delta/\mathrm{Ner}(C))^{o} \longrightarrow C , \\ \\ \sup : \Delta/\mathrm{Ner}(C) \longrightarrow C . \end{cases}$$

Pour $E \in \mathrm{ob}\,\Delta$, notons $\inf(E)$ (resp. $\sup(E)$) le plus petit (resp. plus grand) élément de E. Pour $f : E \longrightarrow F$, flèche de Δ, notons

$$a_f : \inf(F) \longrightarrow f(\inf(E)) \quad , \quad b_f : f(\sup(E)) \longrightarrow \sup(F)$$

les flèches de F définies par les relations $\inf(F) \leq f(\inf(E))$, $f(\sup(E)) \leq \sup(F)$ (F étant vu comme une catégorie). Le foncteur inf de (3.1.2) associe par définition à chaque objet (E,x) de $\Delta/\mathrm{Ner}(C)$ l'objet $x(\inf(E))$ de C (rappelons (2.1) que les points de $\mathrm{Ner}(C)$ à valeurs dans E sont les foncteurs de E dans C), et à chaque flèche $f : (E,x) \rightarrow (F,y)$ de $\Delta/\mathrm{Ner}(C)$ la flèche $y(a_f) : y(\inf(F)) \longrightarrow yf(\inf(E)) = x(\inf(E))$. Le foncteur sup de (3.1.2) est défini de manière analogue. Il est clair que inf et sup sont fonctoriels en la catégorie C.

3.2. Soit $f : X \longrightarrow Y$ un morphisme d'ensembles simpliciaux. Rappelons (I 2.2.1) qu'on dit que f est un quasi-isomorphisme si $\pi_o(f) : \pi_o(X) \longrightarrow \pi_o(Y)$ est un isomorphisme et si $\pi_i(f,x) : \pi_i(X,x) \longrightarrow \pi_i(Y,fx)$ est un isomorphisme pour tout $i \geq 1$ et tout $x \in X$. Le critère ci-dessous dû à Artin-Mazur-Quillen, est souvent pratique.

<u>Critère</u> 3.2.1. ([17] prop. 4 p. 3.19). Les conditions suivantes sont équivalentes :

(i) f est un quasi-isomorphisme ;

(ii) pour tout système local d'ensembles (resp. de groupes, resp. de groupes abéliens) L sur Y, $H^i(f) : H^i(Y,L) \longrightarrow H^i(X,f^*L)$ est un isomorphisme pour $i = 0$ (resp. $i \leq 1$, resp. tout i).

La catégorie déduite de celle des ensembles simpliciaux par localisation (I 1.4.1) par rapport aux quasi-isomorphismes s'appelle <u>catégorie dérivée</u> (ensembliste) et se note $D_\cdot(\mathrm{Ens})$ (c'est la catégorie $D_\cdot(T)$ de (I 2.3.5) pour T le topos ponctuel ; elle est introduite dans [4]).

<u>Théorème</u> 3.3. (i) <u>Soit</u> C <u>une catégorie</u>. <u>Les flèches</u> $\mathrm{Ner}(\inf)$, $\mathrm{Ner}(\sup)$ (3.1.2) <u>sont des quasi-isomorphismes</u>.

(ii) <u>Soit</u> X <u>un ensemble simplicial</u>. <u>Il existe un isomorphisme canonique</u>, <u>fonctoriel</u>

$$X \xrightarrow{\sim} \mathrm{Ner}(\Delta/X)$$

<u>dans la catégorie dérivée</u> $D_\cdot(\mathrm{Ens})$.

<u>Corollaire</u> 3.3.1. <u>Notons</u> $D_\cdot(\mathrm{Cat})$ <u>la catégorie localisée</u> (I 1.4.1) <u>de</u> (Cat) <u>par rapport aux foncteurs dont le nerf est un quasi-isomorphisme</u>. <u>Le foncteur</u> $\mathrm{Ner} : (\mathrm{Cat}) \longrightarrow \mathrm{Simpl(Ens)}$ <u>induit une équivalence de catégories</u>

$$(*) \qquad \mathrm{Ner} : D_\cdot(\mathrm{Cat}) \longrightarrow D_\cdot(\mathrm{Ens}).$$

<u>Le foncteur</u> $\mathrm{Simpl(Ens)} \longrightarrow (\mathrm{Cat})$, $X \longmapsto \Delta/X$, <u>passe au quotient et définit un foncteur quasi-inverse de</u> (*).

3.4. Preuve de (3.3 (i)). Elle est essentiellement donnée dans Gabriel-Zisman ([4] App. II, § 3). Tout d'abord, on peut se borner à prouver l'assertion relative au foncteur inf , la démonstration dans le cas de sup étant analogue. Si L est un préfaisceau (d'ensembles, resp. de groupes, resp. de groupes abéliens) sur C , on note

(3.4.1) $$H^i(C,L) \quad ,$$

pour $i = 0$ (resp. $i \leq 1$, resp. $i \in \mathbb{Z}$) la cohomologie du topos $C^\wedge$ à valeurs dans L , i.e. les foncteurs dérivés de $\varprojlim_C$. On dit que L est un système local si L est un faisceau localement constant, i.e. transforme toute flèche de C en un isomorphisme. Rappelons d'autre part (loc. cit., 4.5) qu'étant donné un ensemble simplicial X on appelle système de coefficients covariant (resp. contravariant) sur X tout préfaisceau sur $(\Delta/X)^o$ (resp. Δ/X) ; un tel système est dit local si le préfaisceau en question est localement constant. Cela étant, par composition avec le foncteur inf, tout préfaisceau sur C induit un système covariant sur Ner(C), qu'on désigne encore par la même lettre. On montre dans (loc. cit., 3.3) que pour tout préfaisceau L sur C , il existe des isomorphismes fonctoriels canoniques

(3.4.2) $$H^i(C,L) \xrightarrow{\sim} H^i(\mathrm{Ner}(C), L)$$

(la démonstration de (loc. cit.) ne couvre en toute rigueur que le cas des préfaisceaux abéliens, mais le cas des préfaisceaux d'ensembles (resp. de groupes) se traite directement sans difficulté). On montre d'autre part dans (loc. cit., 4.2) (avec un grain de sel analogue) que, si X est un ensemble simplicial et L un système de coefficients covariant sur X , il existe des isomorphismes fonctoriels canoniques

(3.4.3) $$H^i(X,L) \xrightarrow{\sim} H^i(\Delta/X,L) \quad .$$

Dès lors, pour prouver que Ner(inf) est un quasi-isomorphisme, il suffit d'appliquer le critère (3.2.1), en remarquant que le diagramme

$$\begin{array}{ccc} H^i(\mathrm{Ner}(C),L) & \xrightarrow{\mathrm{Nerf(inf)}} & H^i(\mathrm{Ner}(\Delta/\mathrm{Ner}(C)),L) \\ (3.4.3) \searrow \simeq & & \simeq \nearrow (3.4.2) \\ & H^i(\Delta/\mathrm{Ner}(C),L) & \end{array}$$

est commutatif.

Signalons en passant que le foncteur "composition avec inf" induit une équivalence de la catégorie des systèmes locaux sur C dans la catégorie des systèmes locaux (covariants) sur $\mathrm{Ner}(C)$, de sorte que (3.4.2) entraîne :

Corollaire 3.4.4. *Soit* $u : C \longrightarrow C'$ *un foncteur. Pour que* $\mathrm{Ner}(u)$ *soit un quasi-isomorphisme, il faut et il suffit que, pour tout système local d'ensembles* (resp. *de groupes*, resp. *de groupes abéliens*) L *sur* C', *la flèche* $H^i(u) : H^i(C',L) \longrightarrow H^i(C,u^*L)$ *soit un isomorphisme pour* $i = 0$ (resp. $i = 1$, resp. $i \in \mathbb{Z}$).

Les deux numéros qui suivent sont préliminaires à la démonstration de (3.3 (ii)).

Lemme 3.5. *Soient* X *un ensemble bi-simplicial,* Y *un ensemble simplicial,* $f : X \longrightarrow Y$ *un morphisme d'ensembles bi-simpliciaux,* Y *étant considéré comme ensemble bi-simplicial trivial dans la direction verticale* ($Y_{p,.} = Y_p$). *On suppose que, pour tout* $n \in \mathbb{N}$, $f_{n,.} : X_{n,.} \longrightarrow Y_n$ *est un quasi-isomorphisme. Alors la flèche* $f^{diag} : X^{diag} \longrightarrow Y$ *induite par* f *sur les sous-objets diagonaux est un quasi-isomorphisme.*

Preuve. On applique (3.2.1). Soit L un système local sur Y. Pour fixer les idées, nous nous placerons dans le cas où L est un système de groupes abéliens, la démonstration dans les autres cas est analogue. Posons pour abréger $X^{diag} = X$, $f^{diag} = f'$, notons f^*L (resp. L') le système local induit sur X (resp. X'). Il s'agit de prouver que la restriction

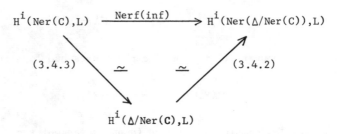

$$H^i(Y,L) \longrightarrow H^i(X',L')$$

est un isomorphisme pour tout i , en d'autres termes que le morphisme

$$(*) \qquad C^\cdot(Y,L) \longrightarrow C^\cdot(X',L')$$

induit par f sur les complexes standard (duaux des complexes $C.$ définis dans ([4] App. II, § 4)) est un quasi-isomorphisme. Mais $C^\cdot(X',L')$ n'est autre que le sous-complexe diagonal du complexe standard $C^\cdot(X,f^*L)$. Par hypothèse, le morphisme de bicomplexes

$$C^\cdot(Y,L) \longrightarrow C^\cdot(X,f^*L)$$

induit un quasi-isomorphisme sur chaque colonne. Il induit donc un quasi-isomorphisme sur les complexes simples associés, et par Eilenberg-Zilber il en résulte que (*) est un quasi-isomorphisme, ce qui achève la démonstration.

3.6. Rappelons une construction standard ([18] p. 69). Soit C une catégorie possédant des (petites) sommes, et soit $(P_i)_{i\in I}$ une (petite) famille de générateurs de C. Le foncteur

$$P_* : C \longrightarrow Ens/I \quad , \quad X \longmapsto \prod Hom(P_i,X)$$

admet un adjoint à gauche

$$P^* : Ens/I \longrightarrow C \quad , \quad (Y_i)_{i\in I} \longmapsto \coprod Y_i \times P_i$$

(la notation $Y_i \times P_i$ désignant la somme de Y_i copies de P_i). A ce couple de foncteurs adjoints est associée une résolution standard (P^*,P_*). (I 1.5.2). Pour $X \in ob\ C$, $(P^*,P_*).(X)$ est un objet simplicial de C augmenté vers X , dont les composantes sont des sommes de P_i . Pour chaque $i \in I$, l'ensemble simplicial augmenté $Hom(P_i,(P^*,P_*).X)$ est homotopiquement trivial.

Désignons par P/X la sous-catégorie pleine de C/X formée des flèches dont la source est l'un des P_i , et notons

$$s : P/X \longrightarrow C$$

le foncteur source. Désignons par

$$S.(P,X) \in \text{ob } \operatorname{Simpl}(C)$$

l'objet simplicial $E \longmapsto \coprod_{x \in \operatorname{Hom}(E,P/X)} sx(\inf(E))$ avec les notations de (3.1). Il dépend fonctoriellement de X , vers lequel il est naturellement augmenté.

<u>Lemme</u> 3.6.1. <u>Supposons que les foncteurs</u> $\operatorname{Hom}(P_i,-)$ <u>commutent aux</u> (<u>petites</u>) <u>sommes</u>. <u>Alors il existe un isomorphisme fonctoriel canonique</u>

$$(P^*,P_*).(X) \xrightarrow{\sim} S.(P,X) \quad .$$

La démonstration est laissée en exercice au lecteur.

3.7. <u>Preuve de</u> (3.3 (ii)). Prenons comme famille P de générateurs de $\operatorname{Simpl}(Ens)$ la famille des préfaisceaux représentables (i.e. des $\Delta(n)$). Notons simplement $S.(X)$ l'objet simplicial $S.(P,X)$ défini en (3.6). C'est un objet simplicial de $\operatorname{Simpl}(Ens)$, augmenté vers X , dont la composante de degré n est la somme disjointe des $\Delta(r_o)$ suivant la famille des "chaînes" $[r_o] \longrightarrow \dots \longrightarrow [r_n] \longrightarrow X$, éléments de $\operatorname{Ner}_n(\Delta/X)$. On peut considérer $S.(X)$ comme un ensemble bisimplicial, dont $S_n(X)$ est la n-ième colonne. D'après (3.6.1), dont l'hypothèse est visiblement vérifiée, l'augmentation $S.(X) \longrightarrow X$ induit une équivalence d'homotopie sur chaque ligne. D'autre part, on définit une augmentation "verticale" $S.(X) \longrightarrow \operatorname{Ner}(\Delta/X)$ en projetant chaque $\Delta(n)$ sur un point ; celle-ci induit une équivalence d'homotopie sur chaque colonne. D'après (3.5), les flèches induites sur les sous-objets diagonaux par les augmentations verticales et horizontales sont des quasi-isomorphismes :

(3.7.1) $$\mathrm{Ner}(\Delta/X) \longleftarrow S.(X)^{\mathrm{diag}} \longrightarrow X \quad .$$

Cela achève la démonstration de (3.3 (ii)) et, partant, celle de (3.3).

<u>Corollaire</u> 3.8. <u>Soit</u> C <u>une catégorie</u>. <u>Il existe un isomorphisme fonctoriel canonique</u>, <u>dans la catégorie dérivée</u>, <u>entre</u> C <u>et la catégorie duale</u> C^o .

<u>Preuve</u>. Les foncteurs

$$C \xleftarrow{\ \sup\ } \Delta/\mathrm{Ner}(C) \xrightarrow{(\inf)^o} C^o$$

sont en effet des quasi-isomorphismes (pour le second, cela résulte du fait que si un foncteur est un quasi-isomorphisme il en est de même de son dual, d'après (3.4.4) et ([4] App. II, 4.4)).

3.9. Soient I une petite catégorie, A une catégorie possédant des petites sommes, et

$$X : I^o \longrightarrow A$$

un foncteur. Notons

(3.9.1) $$C.(X) \in \mathrm{ob}\ \mathrm{Simpl}(A)$$

l'objet simplicial suivant : à $E \in \mathrm{ob}\ \Delta$ on associe l'objet de A

$$\coprod_{x \in \mathrm{Hom}(E,I)} X(x(\sup E))$$

(notations de (3.1.2)) ; la flèche correspondante à $f : E \longrightarrow F$, flèche de Δ , envoie la composante $X(y(\sup F))$ dans $X(yf(\sup E))$ par $X(b_f)$ (notations de loc. cit.).

<u>Cas particuliers</u> 3.9.2. a) Pour $I = \Delta$, $A = \mathrm{Ens}$, on a $C.(X) = \mathrm{Ner}(\Delta/X)$.

b) Dans la situation de (3.6), on a $C.(s) = S.(P,X)$.

Voici une dernière application de (3.3) :

<u>Corollaire</u> 3.9.3. <u>Soit</u> A <u>une catégorie additive possédant des petites sommes, et soit</u> X <u>un objet simplicial de</u> A. <u>Il existe une équivalence d'homotopie fonctorielle, canonique</u>

$$X \longrightarrow C.(X) \quad .$$

<u>Preuve</u>. Des réductions standard, analogues à celles utilisées dans la démonstration du théorème d' Eilenberg-Zilber ([3] § 2), montrent qu'il suffit de construire, fonctoriellement en l'ensemble simplicial T, une équivalence d'homotopie entre les groupes abéliens simpliciaux $\mathbb{Z}(T)$ et $C.(\mathbb{Z}(T))$. Or, il résulte aussitôt de (3.9.2 a)) qu'on a

$$C.(\mathbb{Z}(T)) = \mathbb{Z}(\mathrm{Ner}(\Delta/T)) \quad .$$

On a vu d'autre part (3.7) que l'augmentation $S.(T) \longrightarrow T$ (resp. $S.(T) \longrightarrow \mathrm{Ner}(\Delta/T)$) induit une équivalence d'homotopie sur chaque ligne (resp. colonne) : par suite (Eilenberg-Zilber), les flèches

$$\mathbb{Z}(\mathrm{Ner}(\Delta/T)) \longleftarrow \mathbb{Z}(S.(T)^{\mathrm{diag}}) \longrightarrow \mathbb{Z}(T)$$

déduites de (3.7.1) par application du foncteur $\mathbb{Z}(-)$ sont des équivalences d'homotopie, ce qui achève la preuve.

Si $I = I_1 \times \ldots \times I_n$ est un produit de petites catégories et $X : I^{\circ} \longrightarrow A$ un foncteur comme au début de (3.9), $C.(X)$ (3.9.1) n'est autre que l'objet simplicial diagonal de l'objet n-simplicial

(3.9.4) $$C.^{\mathrm{mult}}(X) \in \mathrm{ob}\ n\text{-}\mathrm{Simpl}(A) \quad ,$$

$$E = (E_1,\ldots,E_n) \longmapsto \coprod_{\begin{cases} x_1 : E_1 \to I_1 \\ \ldots \\ x_n : E_n \to I_n \end{cases}} X(x_1(\sup E_1),\ldots,x_n(\sup E_n)) \quad .$$

Appliquant Eilenberg-Zilber, on déduit de (3.9.3) :

Corollaire 3.9.5. *Soit* A *une catégorie additive possédant des petites sommes, et soit* X *un objet n-simplicial de* A . *Il existe une équivalence d'homotopie canonique et fonctorielle entre* $C.(X)$ *et l'objet simplicial diagonal de* X .

Enfin, on a des énoncés duaux des précédents. Si A est une catégorie possédant des petits produits, on associe à $X : I^{o} \longrightarrow A$ l'objet cosimplicial

(3.9.6) $$C^{\cdot}(X) \in \text{ob } \mathrm{Cosimpl}(A) \quad ,$$

$$E \longmapsto \prod_{x \in \mathrm{Hom}(E,I)} X(x(\inf E)) \quad .$$

Si A est une catégorie additive et X un objet cosimplicial de A , l'énoncé dual de (3.9.3) dit qu'il existe une équivalence d'homotopie canonique et fonctorielle entre X et $C^{\cdot}(X)$. On a une variante duale de (3.9.5) pour les objets n-cosimpliciaux ; nous la laissons au lecteur.

4. Objets simpliciaux stricts.

Les résultats de ce n° ne seront utilisés qu'aux n°s 9 et 11.

4.1. Notations et terminologie.

Rappelons que $\overline{\Delta}$ (resp. Δ) désigne la catégorie des ensembles finis (resp. finis non vides) totalement ordonnés et applications croissantes. On désigne par

$$\overline{\Delta}' \text{ (resp. } \Delta')$$

la sous-catégorie de $\overline{\Delta}$ (resp. Δ) formée des mêmes objets, avec pour morphismes les applications croissantes injectives. Si C est une catégorie, les foncteurs de Δ' (resp. Δ'^{o}) dans C s'appellent objets cosimpliciaux stricts (resp. simpliciaux stricts) de C ; les foncteurs de $\overline{\Delta}'$ (resp. $\overline{\Delta}'^{o}$) dans C s'appellent objets cosimpliciaux (resp. simpliciaux) stricts augmentés (l'augmentation étant la flèche correspondant à l'unique application $\emptyset \longrightarrow [0]$).

Pour $a \in \mathbb{Z}$, on désigne par

$$\overline{\Delta}'_{[a} \quad (\text{resp. } \Delta'_{[a})$$

la sous-catégorie pleine de $\overline{\Delta}'$ (resp. Δ') formée des objets de cardinal $\geq a+1$ (donc $\overline{\Delta}'_{[a} = \Delta'_{[a}$ si $a \geq 0$, $\overline{\Delta}'_{[-1} = \overline{\Delta}'$, $\Delta'_{[o} = \Delta'$). Pour $b \in \mathbb{Z} \cup \{+\infty\}$, on désigne par

$$\overline{\Delta}'_{b]} \quad (\text{resp. } \Delta'_{b]})$$

la sous-catégorie pleine de $\overline{\Delta}'$ (resp. Δ') formée des objets de cardinal $\leq b+1$ (donc $\overline{\Delta}'_{+\infty]} = \overline{\Delta}'$, $\Delta'_{+\infty]} = \Delta'$). Enfin, si $[a,b]$ est un intervalle de $\mathbb{Z} \cup \{+\infty\}$, avec $a \neq +\infty$, on pose

$$\overline{\Delta}'_{[a,b]} = \overline{\Delta}'_{[a} \cap \overline{\Delta}'_{b]} \quad (\text{resp. } \Delta'_{[a,b]} = \Delta'_{[a} \cap \Delta'_{b]}) \quad .$$

Si X est un foncteur de $(\overline{\Delta}'_{b]})^o$ (resp. $(\Delta'_{b]})^o$)) dans une catégorie additive A, le <u>complexe</u> (de chaînes augmenté, resp. de chaînes) <u>associé à</u> X est par définition le complexe de composantes les X_i ($=X([i])$ pour $i \leq b$ [1], 0 ailleurs, avec la différentielle $d = \Sigma (-1)^i d_i$.

<u>Proposition</u> 4.2. <u>Notons</u> $\underline{Z}$ <u>le complexe de chaînes tel que</u> $\underline{Z}_i = \mathbb{Z}$ <u>pour tout</u> i , <u>et</u>, <u>pour</u> $i > 0$, $d_i = \mathrm{Id}$ (resp. 0) <u>si</u> i <u>est pair</u> (resp. <u>impair</u>) :

$$\underline{Z} = (\ldots \mathbb{Z} \xrightarrow{\mathrm{Id}} \mathbb{Z} \xrightarrow{0} \mathbb{Z} \longrightarrow 0) \quad .$$

<u>Pour</u> $n \in \mathbb{N} \cup \{+\infty\}$, <u>il existe un isomorphisme canonique de</u> $D(\mathbb{Z})$ [2]

$$(4.2) \qquad \mathbb{Z}(\mathrm{Ner}(\Delta'_{n]})) \xrightarrow{\sim} \tau_{[-n}(\underline{Z}) \quad ,$$

<u>où</u> $\mathbb{Z}(-)$ <u>est le foncteur groupe abélien libre engendré</u>, Ner <u>le foncteur nerf</u> (2.2.1), <u>et</u> $\tau_{[-n}(\underline{Z})$ <u>le tronqué naïf de</u> $\underline{Z}$, <u>égal à</u> $\underline{Z}$ <u>en degré</u> $\geq -n$,

---

(1) Comme d'habitude, $[n]$ désigne l'intervalle $[0,n]$ de $\mathbb{N}$, et $[-1] = \emptyset$.
(2) $D(\mathbb{Z})$ (ou $D(Ab)$) désigne la catégorie dérivée des groupes abéliens.

0 *ailleurs*. *Pour* $0 \le m \le n \le \{+\infty\}$, *on a un carré commutatif*

$$\begin{array}{ccc}
\mathbb{Z}(\mathrm{Ner}(\Delta'_{m]})) & \xrightarrow{(4.2)_m} & \tau_{[-m}(\underline{Z}) \\
\downarrow & & \downarrow \\
\mathbb{Z}(\mathrm{Ner}(\Delta'_{n]})) & \xrightarrow{(4.2)_n} & \tau_{[-n}(\underline{Z})
\end{array} ,$$

où les flèches verticales sont définies par l'inclusion $\Delta'_{m]} \longrightarrow \Delta'_{n]}$.

Preuve. Elle est analogue à celle de (3.3 (ii)). Notons $(\Delta'_{n]})^{\hat{}}$ la catégorie des préfaisceaux sur $\Delta'_{n]}$, e_n l'objet final de $(\Delta'_{n]})^{\hat{}}$. La famille de générateurs de $(\Delta'_{n]})^{\hat{}}$ formée par les préfaisceaux représentables $\mathrm{Hom}(-,[k])$, $k \le n$, fournit, d'après (3.6), une résolution standard

$$(*) \qquad S.(e_n) \longrightarrow e_n ,$$

$S_p(e_n) = \coprod_{[k_o] \to \dots \to [k_p]} \mathrm{Hom}(-,[k_o])$. Pour chaque $[q] \in \mathrm{ob}\, \Delta'_{n]}$, la q-ième ligne $(*)([q])$ est homotopiquement triviale. D'autre part, la projection de chaque $\mathrm{Hom}([0], [k])$ sur un point définit une augmentation verticale

$$(**) \qquad S.(e_n) \longrightarrow \mathrm{Ner}(\Delta'_{n]}) .$$

Appliquant le foncteur $\mathbb{Z}(-)$ et passant aux complexes de chaînes, on obtient un bicomplexe muni d'une augmentation horizontale (resp. verticale) induite par $(*)$ (resp. $(**)$) :

$$(***) \qquad \begin{array}{ccc}
\mathbb{Z}(S.(e_n)) & \longrightarrow & \mathbb{Z}(e_n) = \tau_{[-n}(\underline{Z}) \\
\downarrow & & \\
\mathbb{Z}(\mathrm{Ner}(\Delta'_{n]})) & &
\end{array} .$$

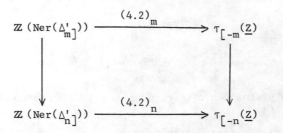

Comme chaque ligne est homotopiquement triviale, la flèche horizontale induit un quasi-isomorphisme sur les complexes simples associés. D'autre part, chaque colonne est somme de complexes augmentés du type $\mathbb{Z}(\mathrm{Hom}_{\Delta'}(-, [k])) \longrightarrow \mathbb{Z}$. Or le complexe augmenté $\mathbb{Z}(\mathrm{Hom}_{\Delta'}(-,[k])) \longrightarrow \mathbb{Z}$ n'est autre que le normalisé du complexe de chaînes augmenté $\mathbb{Z}(\Delta(k)) \longrightarrow \mathbb{Z}$, où $\Delta(k)$ est l'ensemble simplicial standard $\mathrm{Hom}_{\Delta}(-, [k])$, donc il est homotopiquement trivial. Par suite, chaque colonne de (***) est homotopiquement triviale, et la flèche verticale induit un quasi-isomorphisme sur les complexes simples associés. On définit alors $(4.2)_n$ comme le composé de l'inverse de la flèche verticale et de la flèche horizontale. La dernière partie de la proposition est immédiate.

<u>Remarque</u> 4.2.1. Le même argument montre que, pour $X \in \mathrm{ob}\,(\Delta'_{n]})^{\wedge}$, il existe un isomorphisme canonique de $D(\mathbb{Z})$

$$\mathbb{Z}(\mathrm{Ner}(\Delta'_{n]}/X)) \xrightarrow{\sim} \mathbb{Z}(X) \quad .$$

Par des raisonnements standard ("modèles acycliques") on en déduit que, si A est une catégorie additive, il existe, pour tout foncteur $Y : (\Delta'_{n]})^{o} \longrightarrow A$, une équivalence d'homotopie canonique, fonctorielle, entre le complexe de chaînes de Y et le complexe de chaînes de $C.(Y)$ (3.9.1).

<u>Corollaire</u> 4.2.2. <u>On a</u>, <u>dans</u> $D(\mathbb{Z})$,

$$\text{(i)} \quad \mathbb{Z}(\mathrm{Ner}(\Delta'_{n]})) = \begin{cases} \mathbb{Z} & \underline{\text{si}}\ n\ \underline{\text{est pair ou}}\ n = +\infty \\ \mathbb{Z} \oplus \mathbb{Z}[n] & \underline{\text{si}}\ n\ \underline{\text{est impair}} \end{cases}$$

$$\text{(ii)} \quad \mathbb{Z}(\mathrm{Ner}(\Delta'_{n]}))/\mathbb{Z}(\mathrm{Ner}(\Delta'_{n-1]})) = \mathbb{Z}[n] \qquad (n < +\infty) \ .$$

Lemme 4.3. Pour tout $p \in \mathbb{Z}$, $\mathrm{Ner}(\overline{\Delta}'_{[p})$ est connexe et simplement connexe.

Preuve. Il est clair que $\mathrm{Ner}(\overline{\Delta}'_{[p})$ est connexe. D'autre part, dire que $\mathrm{Ner}(\overline{\Delta}'_{[p})$ est simplement connexe signifie (cf. (3.4)) que tout préfaisceau localement constant (i.e. transformant toute flèche en un isomorphisme) sur $\overline{\Delta}'_{[p}$ est isomorphe à un préfaisceau constant (i.e. transformant toute flèche en l'identité). Or, si X est un préfaisceau localement constant sur $\overline{\Delta}'_{[p}$, on peut, quitte à remplacer X par un préfaisceau isomorphe, supposer que, pour tout n, $X_n = X_p$, et $d_0 : X_n \longrightarrow X_{n-1}$ est l'identité de X_p. Les relations entre les d_i ($d_i d_j = d_{j-1} d_i$ pour $i < j$) impliquent alors immédiatement que X est constant.

Théoreme 4.4 (Deligne). Pour tout $p \in \mathbb{Z}$, la flèche

$$\mathbb{Z}(\mathrm{Ner}(\overline{\Delta}'_{[p+1})) \longrightarrow \mathbb{Z}(\mathrm{Ner}(\overline{\Delta}'_{[p}))$$

induite par l'inclusion $\overline{\Delta}'_{[p+1} \longrightarrow \overline{\Delta}'_{[p}$ est un quasi-isomorphisme.

Comme la catégorie $\overline{\Delta}'$ possède un objet initial, son nerf est contractile (2.4.3). Compte tenu de (4.3) et du critère d'Artin-Mazur (3.2.1), on déduit de (4.4) le résultat en apparence plus fort :

Corollaire 4.4.1. Pour tout $p \in \mathbb{Z}$, la catégorie $\overline{\Delta}'_{[p}$ a le type d'homotopie du point, i.e. (3.3.1) $\mathrm{Ner}(\overline{\Delta}'_{[p})$ est isomorphe à un point dans D.(Ens).

4.5. Démonstration de (4.4) [1]. On a déjà observé que le nerf de $\overline{\Delta}'$ est contractile. D'autre part, compte tenu de (4.3), (4.2.2 (i)) implique (par le critère d'Artin-Mazur) que $\mathrm{Ner}(\Delta')$ a le type d'homotopie du point. On peut donc se borner à $p \geq 0$. Notons

---

[1] Cette démonstration m'a été communiquée par P. Deligne.

(4.5.1) $$C.(p) = N\mathbb{Z}(\Delta'_{[p})$$

le complexe normalisé de $\mathbb{Z}(\mathrm{Ner}(\Delta'_{[p}))$. Regardant $C.(p)$ comme quotient de $\mathbb{Z}(\mathrm{Ner}(\Delta'_{[p}))$ par le sous-complexe dégénéré, et appliquant les formules (2.1.2), on trouve qu'on a :

$$\begin{cases} C_n(p) = \bigoplus\limits_{\begin{cases}[r_o] \to \dots \to [r_n] \in \mathrm{Ner}_n(\Delta') \\ p \leq r_o < \dots < r_n\end{cases}} \mathbb{Z} , \\ d = \Sigma(-1)^i d_i : C_n(p) \longrightarrow C_{n-1}(p) , \end{cases}$$

les d_i étant donnés par (2.1.2). Posons

(4.5.2) $$Q.(p) = C.(p)/C.(p+1) ;$$

vu l'exactitude du foncteur N, c'est aussi le normalisé de $\mathbb{Z}(\mathrm{Ner}(\Delta'_{[p}))/\mathbb{Z}(\mathrm{Ner}(\Delta'_{[p+1}))$, et il s'agit donc de démontrer que $Q.(p)$ est acyclique. Les formules précédentes fournissent :

$$\begin{cases} Q_n(p) = \bigoplus\limits_{\begin{cases}[p] \to [r_1] \to \dots \to [r_n] \\ p < r_1 < \dots < r_n\end{cases}} \mathbb{Z} , \\ d = \sum\limits_{i>0} (-1)^i d_i : Q_n(p) \longrightarrow Q_{n-1}(p) . \end{cases}$$

Introduisons la filtration :

(4.5.3) $$\dots F_k Q.(p) \subset F_{k+1} Q.(p) \subset \dots \subset Q.(p) ,$$

$$F_k Q_n(p) = \bigoplus\limits_{\begin{cases}[p] \to [r_1] \to \dots \to [r_n] \\ p < r_1 < \dots < r_n \leq k\end{cases}} \mathbb{Z}$$

On a :

$$\begin{cases} F_k Q.(p) = 0 & \text{pour} \quad k < p \quad , \\ \bigcup_k F_k Q.(p) = Q.(p) & . \end{cases}$$

Notons

(4.5.4) $L.(p)$

le complexe suivant :

$$L_k(p) = \mathbb{Z}\,(\mathrm{Hom}_{\Delta'}([p], [k]) \quad ,$$

$$\text{pour} \quad f \in \mathrm{Hom}_{\Delta'}([p], [k]) \ , \quad df = \sum_{\begin{cases} g \in \mathrm{Hom}_{\Delta'}([p], [k-1]) \\ d^i g = f \end{cases}} (-1)^i g \quad .$$

Nous munirons $L.(p)$ de la filtration croissante définie par les tronqués naïfs successifs :

$$F_k L.(p) = (0 \longrightarrow L_k(p) \longrightarrow L_{k-1}(p) \longrightarrow \ldots \longrightarrow L_o(p) \longrightarrow 0) \quad .$$

(Noter que $F_k L.(p) = 0$ pour $k < p$). La démonstration de (4.4) va consister à :

(i) établir que $L.(p)$ est acyclique,

(ii) construire un "quasi-isomorphisme filtré" $L.(p) \longrightarrow Q.(p)$.

<u>Lemme</u> 4.5.5. $L.(p)$ <u>est acyclique</u>.

<u>Preuve</u>. Le dual de $L.(p)$ est le complexe $\mathbb{Z}\,(\mathrm{Hom}_{\Delta'}([p], [-]))$. Ce complexe admet l'opérateur d'homotopie H suivant : pour $f \in \mathrm{Hom}_{\Delta'}([p], [k])$, $Hf = (-1)^k g$ si $f = d^k g$, et $Hf = 0$ sinon. Comme $L.(p)$ est libre de rang fini en chaque degré, donc isomorphe à son bidual, on a gagné.

Fixons maintenant $f \in \mathrm{Hom}_{\Delta'}([p], [k])$. Tout $(k-p)$-simplexe de $\mathrm{Ner}(\Delta')$ allant de $[p]$ à $[k]$ et ayant pour composé f s'écrit de manière unique sous la forme

(4.5.6) $$s(f) = (s([p]) \hookrightarrow s([p+1]) \hookrightarrow \dots \hookrightarrow s([k]))$$

pour une permutation s de $[k]$ telle que $s(i) = f(i)$ pour tout $i \leq p$ ($s([p+j])$ désigne l'image par s de l'intervalle $[0,p+j]$, et les flèches de (4.5.6) sont les inclusions naturelles des images successives munies de l'ordre induit par celui de $[p]$). Notons

(4.5.7) $$a : L_k(p) \longrightarrow Q_k(p)$$

l'homomorphisme défini par

$$a(f) = \sum_{\substack{s \in \mathrm{Aut}([0,k]) \\ s|[0,p] = f}} \varepsilon(s)s(f) \quad ,$$

pour $f \in \mathrm{Hom}_{\Delta'}([p], [k])$, $\varepsilon(-)$ désignant la signature.

<u>Lemme</u> 4.5.8. <u>On a</u> :

$$da = (-1)^p \, ad \quad .$$

<u>Preuve</u>. Soit $f \in \mathrm{Hom}_{\Delta'}([p], [k])$. Pour $0 < i < k$, on a $d_i a(f) = 0$. En effet, pour chaque $(k-p-1)$-simplexe non dégénéré $c : [p] \rightarrow \dots \rightarrow [k]$ de composé f , il existe exactement deux $(k-p)$-simplexes non dégénérés c' et c'' de composé f tels que $d_i c' = d_i c'' = c$, et ils sont de la forme $c' = s'(f)$, $c'' = s''(f)$, avec $s' = s''t$, où t est la transposition échangeant $p+i$ et $p+i+1$, de sorte que $d_i(\varepsilon(s')s'(f) + \varepsilon(s'')s''(f)) = 0$. Je dis maintenant qu'on a $d_k a(f) = (-1)^k adf$. En effet, soit $i \in [k] - f([p])$, i.e. tel que $f = d^i g$ pour $g \in \mathrm{Hom}_{\Delta'}([p],[k-1])$. Toute permutation s de k telle que $s([k-1]) = [k] - \{i\}$ s'écrit $s = t^i s'$, où s' est une permutation de $[k-1]$ (plus exactement, une permutation de $[k]$ laissant k fixe) et t^i la transposition échangeant i et k ; on a $d_k s(f) = s'(g)$, d'où $d_k(\varepsilon(s)s(f)) = (-1)^{k-i} \, \varepsilon(s')s'(g)$. Le résultat annoncé s'en déduit aisément,

et comme $da(f) = (-1)^{k-p} d_k a(f)$, le lemme en résulte.

On a donc un morphisme de complexes :

(4.5.9) $$a' : L.(p) \longrightarrow Q.(p) \quad , \quad a'_k = (-1)^{kp} a_k \quad ,$$

compatible aux filtrations définies plus haut. Compte tenu de (4.5.5), (4.4) va résulter du

<u>Lemme</u> 4.5.10. $Gr(a')$ <u>est un quasi-isomorphisme</u>.

<u>Preuve</u>. Soit $k \geq p$. Il s'agit de démontrer que le complexe augmenté

$$X = (0 \longrightarrow L_k(p) \xrightarrow{a'_k} Gr_k Q.(p))$$

est acyclique. On a :

$$Gr_k Q_n(p) = \bigoplus_{\left\{\begin{array}{l}[p] \to [r_1] \to \ldots \to [r_n] = [k] \\ p < r_1 < \ldots < r_n\end{array}\right.} \mathbb{Z} \quad , \quad d = \sum_{0<i<n} (-1)^i d_i \quad .$$

Pour $f \in Hom_{\Delta'}([p], [k])$, notons $Y(f)$ le sous-complexe de $Gr_k Q.(p)$ engendré, en degré n, par les n-simplexes de composé f. On a :

$$X = \bigoplus_{f \in Hom_{\Delta'}([p],[k])} (0 \longrightarrow \mathbb{Z}.f \xrightarrow{a} Y(f)) \quad .$$

On doit donc prouver que, pour chaque $f \in Hom_{\Delta'}([p], [k])$,

(i) $$a : \mathbb{Z}.f \xrightarrow{\sim} H_{k-p} Y(f) \quad ,$$

(ii) $$H_i Y(f) = 0 \quad \text{pour} \quad i \neq k-p \quad .$$

Soit $x = \sum_{\substack{s \in Aut([k]) \\ s|[p] = f}} n(s)s(f)$ tel que $dx = 0$. Raisonnant comme dans la preuve de (4.5.8), on voit que, si t est une transposition échangeant deux éléments consécutifs de $[p+1,k]$, on a $n(s) + n(st) = 0$ pour tout $s \in Aut([k])$ tel que $s|[p] = f$. Or chaque s de ce type s'écrit de manière unique

$s = s_f s'$, où s_f est le shuffle défini par f, et $s' \in \mathrm{Aut}([p+1,k])$, et l'on peut supposer que $n(s_f) = \varepsilon(s_f)$. Décomposant les s' en produits de transpositions échangeant deux éléments consécutifs, et raisonnant par récurrence sur la longueur des mots correspondants, on tire des relations $n(s) + n(st) = 0$ que $n(s) = \varepsilon(s)$ pour tout s, d'où $x = a(f)$ (4.5.7), ce qui prouve (i). Observons maintenant qu'on a

$$Y(f) \xrightarrow{\sim} N\mathbb{Z}(\mathrm{Ner}(\Delta'_{[k-p-1]}))/N\mathbb{Z}(\mathrm{Ner}(\Delta'_{[k-p-2]})) \quad [1] \quad .$$

D'après (4.2.2 (ii)), le second membre s'identifie, dans $D(\mathbb{Z})$, à $\mathbb{Z}[k-p]$, ce qui prouve (ii). Ceci achève la preuve de (4.5.10), et, partant, celle de (4.4).

4.6. Application au calcul de certaines limites suivant $\overline{\Delta}'$.

Rappelons d'abord quelques généralités sur les foncteurs $\mathrm{L}\varinjlim$ (cf. ([4] App.)). Soit A une catégorie abélienne vérifiant (AB 5). Soit I une petite catégorie. Notons A^I la catégorie des foncteurs de I dans A. C'est une catégorie abélienne, où les sommes, noyaux, conoyaux, etc. se calculent "terme à terme". On dispose du foncteur limite inductive suivant I :

(4.6.1) $$\varinjlim_I \; : \; A^I \longrightarrow A \quad ,$$

adjoint à gauche au foncteur ($Y \longmapsto$ foncteur constant de valeur Y). C'est un foncteur additif, dont on veut construire le dérivé gauche. On a besoin pour cela de réinterpréter la construction (3.9.1). Le foncteur oubli

$$o_* \; : \; A^I \longrightarrow A^{ob(I)}$$

possède un adjoint à gauche

(4.6.2) $$o^* : A^{ob(I)} \longrightarrow A^I \quad ,$$

associant à une famille $Y = (Y_\alpha)_{\alpha \in ob(I)}$ le foncteur $o^*(Y) : i \longmapsto \bigoplus_{j \to i} Y_j$. Un objet de A^I de la forme $o^*(Y)$ sera dit <u>induit</u>.

Le couple de foncteurs adjoint (o^*, o_*) fournit une résolution standard (I 1.5.2)

(4.6.3) $$(o^*, o_*).X \longrightarrow X$$

pour $X \in \mathrm{ob}\, A^I$. On vérifie facilement qu'on a

(4.6.4) $$\varinjlim_I (o^*, o_*).X = C.(X) \quad ,$$

où $C.(X)$ est l'objet simplicial (3.9.1) (la catégorie I de (3.9) étant ici I^o), donné par

$$C_n(X) = \bigoplus_{i_o \to \dots \to i_n} X(i_o) \quad .$$

La résolution (4.6.3) fournit une augmentation

(4.6.5) $$C.(X) \longrightarrow \varinjlim_I X \quad ,$$

qui est un homotopisme quand X est induit (I 1.5.3). Le foncteur $\varinjlim_I$ (4.6.1) s'étend en un foncteur, noté encore $\varinjlim_I$, de $C(A^I)$ (resp. $\mathrm{Hot}(A^I)$) dans $C(A)$ (resp. $\mathrm{Hot}(A)$). Utilisant que les foncteurs $C_n(-) : A^I \longrightarrow A$ sont exacts, on vérifie trivialement les lemmes suivants :

Lemme 4.6.6. Le foncteur $\int C.(-) : C(A^I) \longrightarrow C(A)$ transforme quasi-isomorphismes en quasi-isomorphismes. (1)

Lemme 4.6.7. Si X est un complexe de A^I, borné supérieurement, et dont les composantes sont induites (4.6.2), la flèche définie par (4.6.5)

$$\int C.(X) \longrightarrow \varinjlim_I X$$

est un quasi-isomorphisme.

---

(1) $\int$ désigne un complexe simple associé.

Enfin, comme les foncteurs $(o^*,o_*)_n : A^I \longrightarrow A^I$ sont exacts, pour tout $X \in \mathrm{ob}\, C(A^I)$, la flèche induite par (4.6.3)

$$\int (o^*,o_*).X \longrightarrow X$$

est un quasi-isomorphisme. On déduit de ce qui précède que, pour $X \in \mathrm{ob}\, D^-(A^I)$, le pro-objet de $D^-(A)$,

$$\underset{X' \to X}{\text{"}\varprojlim\text{"}} \; (\varinjlim_I X') \quad ,$$

où $X' \longrightarrow X$ parcourt les classes d'homotopie de quasi-isomorphismes de but X, est essentiellement constant de valeur $\varinjlim_I X'$, où X' est borné supérieurement et à composantes induites. En d'autres termes, le foncteur $\varinjlim_I$ possède un dérivé gauche au sens de Deligne ((SGA A XVII 1.2.1), (I 1.4.4))

(4.6.8) $$L\varinjlim_I \; : \; D^-(A^I) \longrightarrow D^-(A) \quad .$$

Celui-ci est un foncteur exact. D'autre part, par construction, la flèche canonique

(4.6.9) $$L\varinjlim_I \; X \longrightarrow C.(X)$$

est un isomorphisme.

Si A possède assez d'injectifs, il en est de même de A^I (utiliser l'adjoint à droite au foncteur oubli $o_* : A^I \longrightarrow A^{\mathrm{ob}(I)}$), et la formule d'adjonction

$$\mathrm{Hom}(\varinjlim_I \; X,Y) \;=\; \mathrm{Hom}(X,Y)$$

pour $X \in \mathrm{ob}\, A^I$, $Y \in \mathrm{ob}\, A$, fournit des isomorphismes canoniques fonctoriels

(4.6.10) $$\mathrm{Hom}_{D(A)}(L\varinjlim_I X,\; Y) = \mathrm{Hom}_{D(A^I)}(X,Y)$$

pour $X \in \mathrm{ob}\, D^-(A^I)$, $Y \in \mathrm{ob}\, D(A)$, et

(4.6.11) $$\mathrm{RHom}(L\varinjlim_I \; X,Y) = \mathrm{RHom}(X,Y) \quad ,$$

pour $X \in \mathrm{ob}\, D^-(A^I)$, $Y \in \mathrm{ob}\, D^+(A)$. En particulier, on peut regarder $D^-(A)$ comme une sous-catégorie pleine de $D^-(A^I)$. La vérification de ces formules est "standard". Faisons-la rapidement pour être complet. On note d'abord qu'on a

$$\mathrm{Hot}(\varinjlim_I X, Y) = \mathrm{Hot}(X,Y)$$

pour $X \in \mathrm{ob}\, C(A^I)$, $Y \in \mathrm{ob}\, C(A)$, où Hot désigne comme d'habitude l'ensemble des classes d'homotopie de morphismes. La formule (4.6.10) résulte alors des isomorphismes canoniques fonctoriels suivants, où les limites sont prises suivant les classes d'homotopie de quasi-isomorphismes :

$$\begin{aligned}
\mathrm{Hom}_{D(A)}(L\varinjlim_I X, Y) &= \varinjlim_{X' \to X} \mathrm{Hom}_{D(A)}(\varinjlim_I X', Y) \\
&= \varinjlim_{\substack{X' \to X \\ Y \to Y'}} \mathrm{Hot}_A(\varinjlim_I X', Y') \\
&= \varinjlim_{\substack{X' \to X \\ Y \to Y'}} \mathrm{Hot}_{A^I}(X',Y') \\
&= \varinjlim_{Y \to Y'} \mathrm{Hom}_{D(A^I)}(X,Y') \\
&= \mathrm{Hom}_{D(A^I)}(X,Y) \quad .
\end{aligned}$$

Quant à la formule (4.6.11), on la prouve par réduction au cas où X est induit, i.e. finalement au cas où la catégorie I est discrète.

Le résultat que voici jouera un rôle technique important aux n°s 9 et 11.

<u>Proposition</u> 4.6.12. <u>Soit</u> $X \in \mathrm{ob}\, D^-(A^{\overline{\Delta}'})$. <u>On suppose que, pour tout</u> $i \in \mathbb{Z}$, <u>il existe un entier</u> $n(i) \geq -1$ <u>tel que la restriction de</u> $H^i(X)$ <u>à</u> $\overline{\Delta}'_{[n(i)}$ <u>soit un foncteur localement constant</u>. <u>Alors la flèche canonique</u>

$$\underset{\overrightarrow{\overline{\Delta}'}}{\mathrm{Llim}}\ X \longrightarrow \underset{\overrightarrow{\overline{\Delta}'}}{\lim}\ X$$

<u>est un isomorphisme</u>, <u>et</u>, <u>pour tout</u> $i \in \mathbb{Z}$, <u>la flèche canonique</u>

$$H^i(X_{n(i)}) \longrightarrow H^i(\underset{\overrightarrow{\overline{\Delta}'}}{\lim}\ X)$$

<u>est un isomorphisme</u>.

<u>Preuve</u>. Comme, pour tout $m \in \mathbb{Z}$, le foncteur $\underset{\overrightarrow{I}}{\mathrm{Llim}}$ (4.6.8) envoie $D^{m]}(A^I)$ dans $D^{m]}(A)$ ([1]), on peut, par dévissage, supposer X concentré en degré 0 . Soit p un entier tel que $X|\overline{\Delta}'_{[p}$ soit localement constant. Utilisant la suite exacte évidente

$$0 \longrightarrow X' \longrightarrow X \longrightarrow X'' \longrightarrow 0 \quad ,$$

où $X'|\overline{\Delta}'_{p-1]} = X|\overline{\Delta}'_{p-1]}$, $X'|\overline{\Delta}'_{[p} = 0$, et tenant compte de (4.3), on est ramené à prouver l'assertion dans chacun des deux cas :

(i) $X_n = 0$ pour tout $n \geq p$;

(ii) $X_n = 0$ pour tout $n < p$, et $X|\overline{\Delta}'_{[p}$ constant de valeur M .

Le cas (i) se réduit à nouveau par dévissage au cas où $X_n = 0$ sauf pour $n = k$,

---

([1]) $D^{m]}(-)$ désigne la sous-catégorie pleine de $D(-)$ formée des complexes à cohomologie nulle en degré $> m$.

avec $k < p$. Un calcul immédiat donne

$$C.(X) = (\mathbb{Z}(\mathrm{Ner}(\overline{\Delta}'_{[p}))/\mathbb{Z}(\mathrm{Ner}(\overline{\Delta}'_{[p+1})) \otimes X_k ,$$

donc, d'après (4.4), $C.(X)$ est acyclique et l'on a gagné. Dans le cas (ii), on trouve

$$C.(X) = \mathbb{Z}(\mathrm{Ner}(\overline{\Delta}'_{[p})) \otimes M ,$$

et l'on gagne d'après (4.4.1). Ceci achève la démonstration de (4.6.12).

5. Topos associés aux topos fibrés.

On fixe un univers $\underline{U}$. Les notions de petitesse seront relatives à $\underline{U}$. Quand on parlera de limites, de topos, sans préciser, il s'agira de $\underline{U}$-limites, de $\underline{U}$-topos.

5.1. Soit I une petite catégorie. Rappelons (SGA 4 VI 7) qu'on appelle <u>topos fibré au-dessus de</u> I un pseudo-foncteur X de I dans la 2-catégorie des topos, i.e. les données suivantes :

- pour chaque $i \in \mathrm{ob}\, I$, un topos X_i ,
- pour chaque flèche $f : i \longrightarrow j$, un morphisme de topos

$X_f : X_i \longrightarrow X_j$ (noté parfois f par abus),

- pour chaque composé $i \xrightarrow{f} j \xrightarrow{g} k$, un isomorphisme dit de transitivité $X_{f,g} : X_g X_f \xrightarrow{\sim} X_{gf}$, ces données étant assujetties à vérifier certaines conditions de compatibilité, que nous ne répéterons pas. Dans la pratique, d'ailleurs, nous négligerons les isomorphismes de transitivité, conformément au "principe de Giraud" ([5] § 5).

Le topos X_i, pour $i \in \mathrm{ob}\, I$, s'appellera le i-<u>ième étage</u> de X [1].

5.2. Soit X un topos fibré au-dessus de I . On désigne par

$$\mathrm{Top}(X) \tag{5.2.1}$$

la catégorie suivante. Un objet E de $\mathrm{Top}(X)$ est la donnée :

- pour chaque $i \in \mathrm{ob}\, I$, d'un objet E_i de X_i ,
- pour chaque flèche $f : i \longrightarrow j$, d'une flèche

$$E_f : f^*E_j \longrightarrow E_i \ ,$$

de telle manière que, pour chaque composé $i \xrightarrow{f} j \xrightarrow{g} k$, on ait

$$E_{gf} = E_f\ (f^*E_g)\ ,$$

$(gf)^*E_k$ étant identifié à $f^*g^*E_k$ via $X_{f,g}$. Une flèche $u : E \longrightarrow F$ de $\mathrm{Top}(X)$ est la donnée, pour chaque $i \in \mathrm{ob}\, I$, d'une flèche $u_i : E_i \longrightarrow F_i$, de telle manière que, pour chaque flèche $f : i \longrightarrow j$, la carré

$$\begin{array}{ccc} f^*E_j & \xrightarrow{E_f} & E_i \\ {\scriptstyle f^*u_i}\downarrow & & \downarrow{\scriptstyle u_i} \\ f^*F_j & \xrightarrow{F_f} & F_i \end{array}$$

soit commutatif.

On désigne d'autre part par

$$\mathrm{Top}^{o}(X) \tag{5.2.2}$$

la catégorie suivante. Un objet E de $\mathrm{Top}^{o}(X)$ est la donnée :

[1] Nous préférons cette terminologie à celle de "fibre", qui pourrait parfois entraîner des confusions.

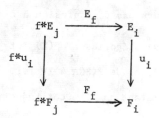

- pour chaque $i \in \text{ob } I$, d'un objet E_i de X_i ,
- pour chaque flèche $f : i \longrightarrow j$, d'une flèche

$$E_f : E_i \longrightarrow f^*E_j \quad ,$$

de telle sorte que, pour chaque composé $i \xrightarrow{f} j \xrightarrow{g} k$, on ait

$$E_{gf} = (f^*E_g)\, E_f \quad ,$$

$(gf)^*E_K$ étant identifié à $f^*g^*E_k$ via $X_{f,g}$. Une flèche $u : E \longrightarrow F$ de $\mathrm{Top}^{\circ}(X)$ est la donnée, pour chaque $i \in \text{ob } I$, d'une flèche $u_i : E_i \longrightarrow F_i$, de telle sorte que, pour chaque flèche $f : i \longrightarrow j$, la carré

$$\begin{array}{ccc} E_i & \xrightarrow{E_f} & f^*E_j \\ {\scriptstyle u_i}\downarrow & & \downarrow{\scriptstyle f^*u_j} \\ F_i & \xrightarrow{F_f} & f^*F_j \end{array}$$

soit commutatif.

Pour $i \in \text{ob } I$, on note

(5.2.3) $$i_X^* : \mathrm{Top}(X) \longrightarrow X_i \quad (\text{resp. } i_X^{\circ *} : \mathrm{Top}^{\circ}(X) \longrightarrow X_i)$$

le foncteur "restriction au i-ième étage" : $E \longmapsto E_i$. On omettra parfois X de la notation quand il n'y aura pas de confusion à craindre.

Il est clair que les catégories Top(X) et $\mathrm{Top}^{\circ}(X)$ vérifient les conditions d'exactitude a), b), c) de (SGA 4 IV 1.1.2), les foncteurs "restrictions aux étages" commutant aux limites inductives (resp. projectives finies). Nous verrons dans un instant que Top(X) possède en outre une petite famille génératrice, donc est un topos (SGA 4 IV 1.2), et qu'il en est de même de $\mathrm{Top}^{\circ}(X)$ dans les "bons" cas. Le topos Top(X) est introduit dans (SGA 4 VI 7) sous le nom de <u>topos total</u> du topos fibré X .

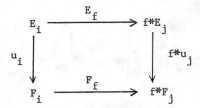

5.2.4. On dit qu'un objet E de $Top(X)$ (resp. $Top^{o}(X)$) est <u>cartésien</u> si, pour toute flèche f de I, la flèche E_f est un isomorphisme.

5.3. Soit $i \in ob\, I$. Le foncteur i_X^* (5.2.3) admet un adjoint à gauche $i_{X!}$, et un adjoint à droite i_{X*}, donnés par les formules ci-après (comme plus haut, nous omettrons parfois X de la notation). Soit $L \in ob\, X_i$. Pour $j \in ob\, I$, on a

$$i_!(L)_j = \coprod_{f : j \longrightarrow i} f^*L \quad .$$

Pour $g : k \longrightarrow j$, la flèche $i_!(L)_g = g^*i_!(L)_j \longrightarrow i_!(L)_k$ envoie le composant $g^*(f^*L)$ sur $(fg)^*L$ par l'isomorphisme canonique. On a d'autre part

$$i_*(L)_j = \prod_{f : i \longrightarrow j} f_*L \quad .$$

Pour $g : j \longrightarrow k$, la flèche $i_*(L)_g : g^*i_*(L)_k \longrightarrow i_*(L)_j$ a pour composante d'indice $f : i \longrightarrow j$ la flèche $g^*i_*(L)_k \longrightarrow f_*L$ correspondant par adjonction à la projection canonique $i_*(L)_k \longrightarrow g_*f_*L \xleftarrow{\sim} (gf)_*L$.

Choisissons pour chaque $i \in ob\, I$ une petite famille génératrice $(U_{i,\alpha})_{\alpha \in A_i}$ de X_i. Les $i_!(U_{i,\alpha})$ forment, pour $i \in ob\, I$, une petite famille génératrice de $Top(X)$.

5.4. Nous dirons que X est un <u>bon</u> topos fibré si, pour chaque flèche f de I, le foncteur X_f^* commute aux (petites) limites projectives. D'après (SGA 4 IV 1.5 et 1.8), il revient au même de dire que X_f^* admet un adjoint à gauche $X_{f!}$. C'est une condition assez restrictive, qui est vérifiée par exemple si X est défini par un diagramme d'un topos ambiant (voir (5.6)). Supposons X bon. Alors, pour $i \in ob\, I$, le foncteur i^{o*} (5.2.3) admet un adjoint à gauche $i_!^{o}$ et un adjoint à droite i_*^{o} (1), donnés par les formules suivantes.

---

(1) i_*^{o} existe dès que $Hom(j,i)$ est fini pour tout $j \in ob\, I$.

Soit $L \in \text{ob } X_i$. Pour $j \in \text{ob } I$, on a

$$i_!^o(L)_j = \coprod_{f : i \longrightarrow j} f_! L \quad .$$

Pour $g : j \longrightarrow k$, la flèche $i_!^o(L)_g : i_!^o(L)_j \longrightarrow g^* i_!^o(L)_k$ a pour composante d'indice $f : i \longrightarrow j$ la flèche $f_! L \longrightarrow g^* i_!^o(L)_k$ correspondant par adjonction à l'injection canonique $(gf)_! L \xrightarrow{\sim} g_! f_! L \longrightarrow i_!^o(L)_k$. D'autre part, on a

$$i_*^o(L)_j = \prod_{f : j \longrightarrow i} f^* L \quad .$$

Pour $g : k \longrightarrow j$, la flèche $i_*^o(L)_g : i_*^o(L)_k \longrightarrow g^* i_*^o(L)_j \xleftarrow{\sim} \prod_{f : j \rightarrow i} g^* f^* L$ a pour composante d'indice f la projection canonique sur $g^* f^* L \xleftarrow{\sim} (fg)^* L$.

De l'existence des adjoints à gauche $i_!^o$ résulte, comme plus haut, que $\text{Top}^o(X)$ possède une petite famille génératrice.

5.5. <u>Morphismes</u>. Soient $X = (X \longrightarrow I)$, $Y = (Y \longrightarrow J)$ des topos fibrés. Rappelons (SGA 4 IV 7) qu'un morphisme $m : X \longrightarrow Y$ est par définition un couple (u,v), où $v : I \longrightarrow J$ est un foncteur, et $u : X \longrightarrow Yv$ un morphisme de pseudo-foncteurs, i.e. la donnée,

- pour chaque $i \in \text{ob } I$, d'un morphisme $u_i : X_i \longrightarrow Y_{v(i)}$,
- pour chaque flèche $f : i \longrightarrow j$ de I , d'un isomorphisme

de commutativité pour le carré

$$(*) \qquad \begin{array}{ccc} X_i & \xrightarrow{u_i} & Y_{v(i)} \\ \Big\downarrow X_f & & \Big\downarrow Y_{v(f)} \\ X_j & \xrightarrow{u_j} & Y_{v(j)} \end{array} \quad ,$$

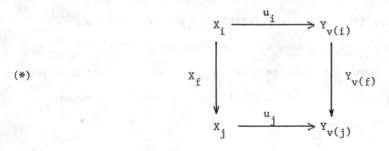

ces isomorphismes vérifiant, relativement à un composé $i \longrightarrow j \longrightarrow k$, une certaine condition de compatibilité avec les isomorphismes de transitivité de X et de Y, condition que nous n'écrirons pas. Quand $I = J$ et que v est le foncteur identique, on dit que m est un <u>I-morphisme</u>, <u>ou morphisme de I-topos fibrés</u>.

A un morphisme $m : X \longrightarrow Y$ sont associés des foncteurs

(5.5.1) $$m^* : Top(Y) \longrightarrow Top(X) \quad ,$$

(5.5.2) $$m^* : Top^o(Y) \longrightarrow Top^o(X)$$

définis comme suit. Soit $F \in ob\ Top(Y)$; pour $i \in ob\ I$, on pose

$$m^*(F)_i = u_i^*(F_{v(i)}) \quad ,$$

pour $f : i \longrightarrow j$, $m^*(F)_f$ est la flèche composée

$$f^*u_j^*(F_{v(j)}) \xrightarrow{\sim} u_i^*v(f)^*F_{v(j)} \xrightarrow{u_i^*\ F_{v(f)}} u_i^*F_{v(i)} \quad ,$$

où la première est l'isomorphisme de commutativité de $(*)$. Il est clair que $m^*(F)$ dépend fonctoriellement de F. D'autre part, soit $G \in ob\ Top^o(Y)$; pour $i \in ob\ I$, on pose

$$m^*(G)_i = u_i^*(G_{v(i)}) \quad ,$$

pour $f : i \longrightarrow j$, $m^*(G)_f$ est la flèche composée

$$u_i^*(G_{v(i)}) \xrightarrow{u_i^*G_{v(f)}} u_i^*v(f)^*G_{v(j)} \xrightarrow{\sim} f^*u_j^*(G_{v(j)}) \quad ,$$

où la seconde est l'isomorphisme de commutativité de $(*)$; $m^*(G)$ dépend fonctoriellement de G de la manière évidente. Les foncteurs (5.5.1) et (5.5.2) commutent visiblement aux limites inductives et aux limites projectives finies, donc (5.5.1) peut-être considéré comme le foncteur image inverse par un morphisme de topos $m : Top(X) \longrightarrow Top(Y)$, et il en est de même de (5.5.2) quand X et Y sont bons (5.4). Nous expliciterons plus bas les foncteurs images directes correspondants.

On peut composer les morphismes de topos fibrés, obtenant ainsi une 2-catégorie, sur laquelle le <u>topos</u> Top(X) est un (pseudo-) foncteur, ainsi que le topos $\mathrm{Top}^{o}(X)$ quand on se restreint aux bons arguments.

5.6. <u>Exemples</u>. a) Prenons pour I la catégorie "flèche", i.e. la catégorie associée à l'ensemble ordonné $\{0,1\}$. Un topos fibré au-dessus de I n'est autre qu'un morphisme de topos

$$X = (X_o \xrightarrow{f} X_1) \quad .$$

Le topos total Top(X) a déjà été introduit et étudié à propos de certains problèmes de prolongements de morphismes de topos annelés (III 4), Quant au topos $\mathrm{Top}^{o}(X)$, il nous a rendu service dans (V 6) pour définir certaines classes de cohomologie locale.

b) <u>Diagrammes</u>. Soit T une catégorie. On désigne par

(5.6.1) $\mathrm{Diagr}_1(T)$

la catégorie suivante. Les objets de $\mathrm{Diagr}_1(T)$ sont les foncteurs $X : I \longrightarrow T$, appelés encore 1-diagrammes (ou diagrammes) de T ; on dit que X est de <u>type</u> I . Une flèche de $\mathrm{Diagr}_1(T)$ est une 2-flèche de (Cat)

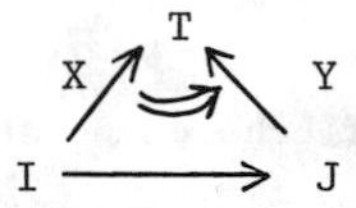

,

i.e. un couple (u,v), où $v : I \longrightarrow J$ est un foncteur, et $u : X \longrightarrow Yv$ un morphisme de foncteurs. On définit, pour $n \in \mathbb{N}$, la catégorie des n-diagrammes de T par les formules récurrentes

(5.6.2) $\mathrm{Diagr}_o(T) = T \quad , \quad \mathrm{Diagr}_n(T) = \mathrm{Diagr}_1(\mathrm{Diagr}_{n-1}(T)) \quad .$

Supposons maintenant que T soit un topos. Pour $U \in \text{ob}\ T$, le topos localisé $T_{/U}$, noté parfois simplement U , est un (pseudo-) foncteur de U . Par suite, tout diagramme X de T de type I définit un topos fibré au-dessus de I , noté encore X ; celui-ci est bon (5.4), car les foncteurs de localisation commutent aux limites projectives ; le topos $\text{Top}^{\circ}(X)$ n'est autre que la catégorie des diagrammes de T de type I au-dessus de X . De plus, le topos fibré associé à un diagramme de T est un (pseudo-) foncteur de celui-ci. Cela permet de définir de proche en proche, pour $n \in \mathbb{N}$, les topos

(5.6.3) $$\text{Top}(X) \quad , \quad \text{Top}^{\circ}(X)$$

associés à un n-diagramme X : pour $n = 0$, $\text{Top}(X) = \text{Top}^{\circ}(X)$ est le topos localisé $T_{/X}$; pour $n \geq 1$ et $X : I \longrightarrow \text{Diagr}_{n-1}(T)$,

$$\text{Top}(X) = \text{Top}(i \longmapsto \text{Top}(X_i)) \quad , \quad \text{Top}^{\circ}(X) = \text{Top}^{\circ}(i \longmapsto \text{Top}^{\circ}(X_i)) \quad .$$

Le topos $\text{Top}^{\circ}(X)$ s'interprète agréablement à l'aide de la notion de type d'un n-diagramme.

Supposons à nouveau, pour un instant, la catégorie T quelconque, notons Cat la catégorie des catégories. On définit par récurrence, pour $n \geq 1$, un foncteur

(5.6.4) $$\text{Typ} : \text{Diagr}_n(T) \longrightarrow \text{Diagr}_{n-1}(\text{Cat}) \quad ,$$

associant à chaque n-diagramme X de T un (n-1)-diagramme de Cat, $\text{Typ}(X)$, appelé <u>type de</u> X . Si $n = 1$, i.e. X est un foncteur $I \longrightarrow T$, on pose $\text{Typ}(X) = I$, et à un morphisme $(u,v) : X \longrightarrow Y$ on associe le foncteur $v : \text{Typ}(X) \longrightarrow \text{Typ}(Y)$. Pour un n-diagramme X , avec $n \geq 1$, i.e. un diagramme $X : I \longrightarrow \text{Diagr}_{n-1}(T)$, on note $\text{Typ}(X)$ le foncteur $i \longmapsto \text{Typ}(X_i)$, et à un morphisme $(u,v) : X \longrightarrow Y$ on associe le morphisme $(\text{Typ}(u),v) : \text{Typ}(X) \longrightarrow \text{Typ}(Y)$. Pour $I \in \text{ob}\ \text{Diagr}_{n-1}(\text{Cat})$, on note

(5.6.5) $$\text{Diagr}_I(T)$$

la fibre de Typ au-dessus de I , qu'on appelle catégorie des I-diagrammes de T (ou diagrammes de type I) ; un morphisme $f : X \longrightarrow Y$ de $\mathrm{Diagr}_I(T)$ est donc par définition un morphisme de diagrammes de type I induisant l'identité sur les types, on dit encore que f est un I-morphisme.

Revenons maintenant au cas où T est un topos. Soit X un n-diagramme de T de type I . On vérifie facilement que le topos $\mathrm{Top}^o(X)$ est canoniquement équivalent à la catégorie des I-diagrammes de T au-dessus de X :

(5.6.6) $$\mathrm{Top}^o(X) \xrightarrow{\sim} \mathrm{Diagr}_I(T)_{/X} \quad .$$

Voici quelques cas particuliers :

(i) Prenons $I = \Delta^o$, $X : \Delta^o \longrightarrow T$ l'objet simplicial constant de valeur l'objet final de T . On a alors $\mathrm{Top}^o(X) = \mathrm{Simpl}(T)$, le topos défini en (I 2.3.1), et $\mathrm{Top}(X) = \mathrm{Cosimpl}(T)$. Plus généralement, pour $I = \Delta^o \times \ldots \times \Delta^o$ (n facteurs) et $X : I \longrightarrow T$ l'objet n-simplicial constant de valeur l'objet final de T , on a $\mathrm{Top}^o(X) = \text{n-Simpl}(T)$, $\mathrm{Top}(X) = \text{n-Cosimpl}(T)$.

(ii) Prenons $T = \mathrm{Ens}$, $I = \Delta^o$, X un diagramme de T de type I , i.e. un ensemble simplicial. On a $\mathrm{Top}(X) = \mathrm{Hom}(\Delta/X, \mathrm{Ens})$, catégorie des systèmes de coefficients covariants sur X (3.4), et $\mathrm{Top}^o(X) = \mathrm{Hom}((\Delta/X)^o, \mathrm{Ens})$, catégorie des systèmes contravariants. Nous verrons plus loin (6.2.3) que la cohomologie usuelle d'un système covariant abélien L sur X n'est autre que la cohomologie de L en tant que faisceau abélien de Top(X).

5.7. Produits tensoriels et Hom internes.

a) Soit X un topos fibré au-dessus de I . Soit A un Anneau de Top(X). La donnée de A fait de X un topos annelé fibré au-dessus de I (SGA 4 VI 7) : $i \longmapsto (X_i, i^*(A) = A_i)$. Un A-Module à gauche M de Top(X) s'interprète comme la donnée, pour chaque $i \in \text{ob}\ I$, d'un A_i-Module à gauche $M_i = i^*(M)$, et pour chaque flèche $f : i \longrightarrow j$ de I , d'une flèche de A_i-Modules $f^*(M_j) \longrightarrow M_i$, où f^* désigne le foncteur image inverse pour les Modules, avec, comme en (5.2), une condition de transitivité pour un composé $i \longrightarrow j \longrightarrow k$. Pour $i \in \text{ob}\ I$, on notera encore

(5.7.1) $$i_! \ :\ \text{Mod}(A_i) \longrightarrow \text{Mod}(A)$$

l'adjoint à gauche du foncteur $i^* :\ \text{Mod}(A) \longrightarrow \text{Mod}(A_i)$. Il est donné par la formule de (5.3), à condition d'interpréter de f^* de (loc. cit.) comme foncteur image inverse pour les Modules.

La formation du produit tensoriel commute à toute image inverse, donc en particulier à la restriction à chaque étage : pour L un A-Module à droite, M un A-Module à gauche, et $i \in \text{ob}\ I$, on a

(5.7.2) $$i^*(L \otimes_A M) \xrightarrow{\sim} L_i \otimes_{A_i} M_i \quad .$$

En revanche, il n'en est pas de même en général du Hom "interne" et M sont des A-Modules à gauche, on a une flèche canonique

(5.7.3) $$i^*\underline{\text{Hom}}_A(L,M) \longrightarrow \underline{\text{Hom}}_{A_i}(L_i,M_i) \quad .$$

Celle-ci n'est pas toujours un isomorphisme, comme le montre (III 4.3.2). Toutefois, si L est un Module cartésien, i.e. si, pour toute flèche $f : i \longrightarrow j$ de I , la flèche $f^*L_j \longrightarrow L_i$ est un isomorphisme, alors (5.7.3) est un isomorphisme. La vérification est immédiate.

b) On suppose maintenant que $X \longrightarrow I$ est un bon topos fibré (5.4), et l'on se donne un Anneau A de $\mathrm{Top}^{o}(X)$, $i \longmapsto A_i$. Pour $f : i \longrightarrow j \in \mathrm{Fl}\ I$, on définit

$$f^* : \mathrm{Mod}(A_j) \longrightarrow \mathrm{Mod}(A_i)$$

comme le composé de $f^{-1} : \mathrm{Mod}(A_j) \longrightarrow \mathrm{Mod}(f^{-1}(A_j))$ et de la restriction des scalaires via $A_i \longrightarrow f^{-1}(A_j)$. Un A-Module à gauche M de $\mathrm{Top}^{o}(X)$ s'interprète comme la donnée, pour chaque $i \in \mathrm{ob}\ I$, d'un A_i-Module à gauche M_i , et pour chaque flèche $f : i \longrightarrow j$, d'une flèche de A_i-Modules $M_i \longrightarrow f^*M_j$, avec l'habituelle condition de transitivité. Soit $f : i \longrightarrow j$ une flèche de I . L'adjoint à gauche $f_! : X_i \longrightarrow X_j$ de f^{-1} définit un foncteur "enveloppant"

(5.7.4) $$f_!^A : \mathrm{Mod}(A_i) \longrightarrow \mathrm{Mod}(A_j)$$

(noté parfois $f_!$ quand il n'y a pas de confusion à craindre), adjoint à gauche de f^* . Pour être complet, rappelons brièvement la définition. Tout d'abord, si L est un A_i-Module libre de base $E \in \mathrm{ob}\ X_i$, on pose $f_!^A(L) = A_j^{(f_!E)}$: on vérifie en effet qu'on a un isomorphisme fonctoriel en $M \in \mathrm{ob}\ \mathrm{Mod}(A_j)$: $\mathrm{Hom}_{A_j}(A_j^{(f_!E)},M) \xrightarrow{\sim} \mathrm{Hom}_{A_i}(A_i^{(E)},f^*M)$; on a en particulier une flèche canonique $L \longrightarrow f^*f_!^A(L)$, correspondant par l'isomorphisme précédent à la flèche identique de $f_!^A(L)$. Si $L_1 \longrightarrow L_o$ est une flèche de A_i-Modules libres, on définit $f_!^A(L_1) \longrightarrow f_!^A(L_o)$ comme correspondant à la composé de $L_1 \longrightarrow L_o \longrightarrow f^*f_!^A(L_o)$. Enfin, si L est un A_i-Module quelconque, on choisit une présentation $L_1 \longrightarrow L_o \longrightarrow L \longrightarrow 0$ avec L_1 et L_o libres, et l'on définit $f_!^A(L)$ comme le conoyau de $f_!^A(L_1) \longrightarrow f_!^A(L_o)$. Cela étant, on peut interpréter un A-Module à gauche M comme la donnée d'une famille de A_i-Modules M_i , avec, pour chaque flèche $f : i \longrightarrow j$, une flèche A_j-linéaire $f_!(M_i) \longrightarrow M_j$, ces flèches satisfaisant une certaine condition de transitivité. Pour $i \in \mathrm{ob}\ I$, on notera encore

(5.7.5) $$i_! : \mathrm{Mod}(A_i) \longrightarrow \mathrm{Mod}(A)$$

l'adjoint à gauche de $i^* : \mathrm{Mod}(A) \longrightarrow \mathrm{Mod}(A_i)$, donné par la formule de (5.4), avec $f_!$ remplacé par $f_!^A$, la somme directe étant prise dans la catégorie des A_j-Modules.

Pour le produit tensoriel et le <u>Hom</u> interne dans Mod(A), on a une discussion analogue à celle de a), i.e. on a un isomorphisme analogue à (5.7.2) et un morphisme de la forme (5.7.3) qui n'est pas un isomorphisme en général.

<u>Exemple</u>. Dans la situation de (5.6.7), un Anneau de $\mathrm{Top}^{\circ}(X)$ n'est autre qu'un Anneau simplicial A de T . La catégorie Mod(A) a été étudiée dans (I 3), voir en particulier (I 3.1.1.0) pour une description du <u>Hom</u> interne, noté <u>Homs</u> dans (loc. cit.).

5.8. <u>Images directes</u>.

Soit $m = (u,v) : X = (X,I) \longrightarrow Y = (Y,J)$ un morphisme de topos fibrés (5.5).

5.8.1 On a vu (5.5) que m définit un morphisme de topos $m : \mathrm{Top}(X) \longrightarrow \mathrm{Top}(Y)$. Le foncteur image directe m_* s'explicite comme suit. Soit $F \in \mathrm{ob}\ \mathrm{Top}(X)$. Pour $j \in \mathrm{ob}\ J$, notons I/j la catégorie dont les objets sont les couples (i,f), où i est un objet de I et $f : v(i) \longrightarrow j$ une flèche de J , les morphismes de I/j étant définis de la manière évidente. On a :

$$(m_*F)_j = \varprojlim_{(i,f) \in I/j} f_* u_{i*} F_i$$

($(i,f) \longmapsto f_* u_{i*} F_i$ est un foncteur contravariant sur I/j à valeurs dans X_j). Pour $g : j \longrightarrow k$, flèche de J , la flèche $(m_*F)_g : g^*(m_*F)_k \longrightarrow (m_*F)_j$ a pour composante d'indice $(i,f) \in I/j$ la flèche $g^*(m_*F)_k \longrightarrow f_* u_{i*} F_i$ adjointe de la projection canonique $(m_*F)_k \longrightarrow (gf)_* u_{i*} F_i$.

Cas particuliers. (i) Lorsqu'on prend pour m l'inclusion d'un étage d'un topos fibré, on retrouve la formule de (5.3).

(ii) Supposons que J soit la catégorie ponctuelle $[0]$, donc Y réduit à un seul topos $Y = Y_o$. On a alors

$$m_* F = \varprojlim_{i \in I} u_{i*} F_i \quad .$$

En particulier, prenant pour Y le topos ponctuel, on a

$$\Gamma(\mathrm{Top}(X), F) = \varprojlim_{i \in I} \Gamma(X_i, F_i) \quad .$$

(iii) Supposons que $I = J$, $v = \mathrm{Id}$. Pour $j \in \mathrm{ob}\ I$, la catégorie I/j a un objet final, Id_j, d'où il résulte que

$$(m_* F)_j = u_{j*} F_j \quad .$$

Ce qu'on peut encore exprimer en disant que, si $m : X \longrightarrow Y$ est un morphisme de I-topos fibrés, le foncteur $m_* : \mathrm{Top}(X) \longrightarrow \mathrm{Top}(Y)$ commute à la restriction aux étages.

En particulier, si l'on prend pour Y le topos fibré constant sur I de valeur le topos ponctuel, et $m : X \longrightarrow Y$ le morphisme évident, on a $\mathrm{Top}(Y) = I\hat{}$ (catégorie des préfaisceaux sur I), et $m_* F$ est le préfaisceau $i \longmapsto \Gamma(X_i, F_i)$.

5.8.2. Supposons X et Y bons (5.4) : $\mathrm{Top}^o(X)$ et $\mathrm{Top}^o(Y)$ sont donc des topos, et m définit (5.5) un morphisme de topos $m : \mathrm{Top}^o(X) \longrightarrow \mathrm{Top}^o(Y)$, pour lequel nous allons expliciter le foncteur image directe. Soit $G \in \mathrm{ob}\ \mathrm{Top}^o(X)$. Pour $j \in \mathrm{ob}\ J$, notons j/I la catégorie dont les objets sont les couples (i,f), où i est un objet de I et $f : j \longrightarrow v(i)$ une flèche de J, les morphismes de j/I étant définis de la manière évidente.

Alors $(m_*G)_j$ est défini par la suite exacte

$$(m_*G)_j \longrightarrow \prod_{(i,f)\in \mathrm{ob}\, j/I} f^*u_{i*}G_i \rightrightarrows \prod_{\substack{g\,:\,(i_o,f_o)\to(i_1,f_1)\\ \in \mathrm{Fl}(j/I)}} f_o^*u_{i_o*}g^*G_{i_1} ,$$

où la double flèche a pour composante d'indice g d'une part le composé de la projection canonique sur $f_1^* u_{i_1*}G_{i_1}$ et de la flèche de changement de base $f_1^*u_{i_1*}G_{i_1} \longrightarrow f_o^*u_{i_o*}g^*G_{i_1}$ définie par le carré

$$\begin{array}{ccc} X_{i_1} & \xleftarrow{\;g\;} & X_{i_o} \\ {\scriptstyle u_{i_1}}\downarrow & & \downarrow{\scriptstyle u_{i_o}} \\ Y_{v(i_1)} & \longleftarrow & Y_{v(i_o)} \end{array} ,$$

d'autre part le composé de la projection canonique sur $f_o^*u_{i_o*}G_{i_o}$ et de la flèche $f_o^*u_{i_o*}G_{i_o} \longrightarrow f_o^*u_{i_o*}g^*G_{i_1}$ définie par G_g ; pour $h : k \longrightarrow j$, flèche de J , on a un morphisme évident de la double flèche définissant $(m_*G)_k$ dans l'image inverse par h de la double flèche définissant $(m_*G)_j$, d'où la flèche $(m_*G)_h : (m_*G)_k \longrightarrow h^*(m_*G)_j$.

<u>Cas particuliers</u>. (i) Pour m égal à l'inclusion d'un étage, on retrouve la formule de (5.4).

(ii) Supposons que, pour toute flèche $g : i_o \longrightarrow i_1$ de I , la flèche de changement de base

$$v(g)^*u_{i_1*}G_{i_1} \longrightarrow u_{i_o*}g^*G_{i_1}$$

soit un isomorphisme. Alors $(i,f) \longmapsto f^*u_{i*}G_i$ devient de façon naturelle un foncteur sur j/I à valeurs dans Y_j , et l'on a

$$(m_*G)_j = \varprojlim_{(i,f)\in j/I} f^*u_{i*}G_i .$$

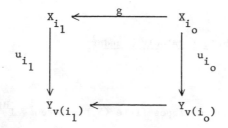

Si de plus $I = J$ et $v = \mathrm{Id}$, la catégorie j/I a pour objet initial Id_j, et par suite la formule précédente se réduit à

$$(m_*G)_j = u_{j*}G_j \quad .$$

En d'autres termes, pour $m : X \longrightarrow Y$ un morphisme de I-topos fibrés, "la formation de m_*G commute aux étages" pourvu que la formule de changement de base $f^*u_{j*}G_j \xrightarrow{\sim} u_{i*}f^*G_j$ soit vraie pour chaque flèche $f : i \longrightarrow j$ de I.

6. <u>Cohomologie des topos fibrés</u> : <u>calculs standard</u>.

6.1. <u>Résolutions standard</u>.

Soit $X = (X \longrightarrow I)$ un topos fibré (5.1). Notons I^{dis} la catégorie discrète associée à I (i.e. définie par l'ensemble $\mathrm{ob}(I)$), X^{dis} le topos fibré au-dessus de I^{dis} défini par X, et

(6.1.1) $$e_X : X^{dis} \longrightarrow X$$

le morphisme évident (on écrira parfois e au lieu de e_X). Les catégories $\mathrm{Top}(X^{dis})$ et $\mathrm{Top}^o(X^{dis})$ s'identifient canoniquement au topos $\coprod_{i \in \mathrm{ob}\, I} X_i$ (SGA 4 IV 8.7), qu'on notera encore X^{dis} par abus. Le morphisme de topos $e : X^{dis} \longrightarrow \mathrm{Top}(X)$ déduit de e (5.5) donne une résolution standard (I 1.5.2)

(6.1.2) $$F \longrightarrow (e_*,e^*)^{\cdot}F = (e_*e^*F \rightrightarrows (e_*e^*)^2F \mathrel{\substack{\rightarrow\\ \rightarrow\\ \rightarrow}} \dots) \quad ,$$

fonctorielle en $F \in \mathrm{ob}\ \mathrm{Top}(X)$, et l'on a une résolution analogue dans $\mathrm{Top}^o(X)$ quand X est bon (5.4). D'après (I 1.5.3), l'objet cosimplicial augmenté déduit de (6.1.2) par application du foncteur e^* est homotopiquement trivial. Comme ce foncteur est conservatif, il en résulte en particulier, dans le cas où F est un faisceau abélien, que le complexe de cochaînes défini par $(e_*,e^*)^{\cdot}F$ est une résolution de F au sens naïf du terme. Similairement, on a une résolution standard

(6.1.3) $$(e_!,e^*).F = (\dots (e_!e^*)^2F \rightrightarrows e_!e^*F) \longrightarrow F \quad ,$$

fonctorielle en $F \in \mathrm{ob}\ \mathrm{Top}(X)$, et une résolution analogue dans $\mathrm{Top}^o(X)$ quand X est bon, $e_! = \amalg i_!$ désignant l'adjoint à gauche de e^*, cf. (5.3) et (5.4). Les objets simpliciaux augmentés (6.1.3) sont homotopiquement triviaux en restriction à chaque étage. Enfin, on a une variante de (6.1.3) pour les faisceaux de modules, cf. (5.7).

6.1.4 Le foncteur $e_* : X^{dis} \longrightarrow \mathrm{Top}(X)$ transforme tout faisceau flasque en un faisceau flasque, dont la restriction à chaque étage est flasque d'après la seconde formule de (5.3). La flèche d'adjonction $F \longrightarrow e_*e^*F$ étant injective, il en résulte que tout faisceau abélien de Top(X) se plonge dans un faisceau flasque dont la restriction à chaque étage est flasque.

Soit A un Anneau de Top(X), d'où un Anneau induit sur X^{dis}, noté encore A. Si M est un A-Module injectif sur X^{dis}, e_*M est un A-Module injectif de Top(X) (car e^* est exact), et e_*M est injectif en restriction à chaque étage quand, pour chaque flèche $f : i \longrightarrow j$ de I, le morphisme de topos annelés $X_f : X_i \longrightarrow X_j$ est plat. Donc, quand cette dernière condition est satisfaite, tout A-Module de Top(X) se plonge dans un A-Module injectif dont la restriction à chaque étage est injective.

On a des résultats analogues dans $\mathrm{Top}^o(X)$: si, pour toute flèche f de I, f^* transforme flasques en flasques (resp. injectifs en injectifs), l'image par e_* d'un flasque (resp. injectif) est un flasque (resp. injectif) dont la restriction à chaque étage est flasque (resp. injective), et il y a suffisamment de tels faisceaux.

6.1.5. Les résolutions standard (6.1.2) et (6.1.3) dépendent fonctoriellement du topos fibré X dans le sens suivant. D'un morphisme de topos fibrés $m : X \longrightarrow Y$ (5.5), on déduit un carré essentiellement commutatif

$$\begin{array}{ccc} X^{dis} & \xrightarrow{\ m\ } & Y^{dis} \\ {\scriptstyle e_X}\downarrow & & \downarrow{\scriptstyle e_Y} \\ Top(X) & \xrightarrow{\ m\ } & Top(Y) \end{array} \quad ,$$

et un carré analogue avec $Top^{o}(X)$ et $Top^{o}(Y)$ quand X et Y sont bons. Les flèches canoniques $m^{*}e_{*} \longrightarrow e_{*}m^{*}$, $m^{*}e^{*} \xrightarrow{\sim} e^{*}m^{*}$ fournissent, pour $F \in Top(Y)$ (resp. $Top^{o}(Y)$) un carré commutatif

(6.1.5.1)
$$\begin{array}{ccc} m^{*}F & \xrightarrow{\ (i)\ } & m^{*}(e_{*},e^{*})^{\cdot}F \\ {\scriptstyle Id}\downarrow & & \downarrow \\ m^{*}F & \xrightarrow{\ (ii)\ } & (e_{*},e^{*})^{\cdot}m^{*}F \end{array} \quad ,$$

où (i) est l'image inverse par m de la résolution (6.1.2) relative à F , tandis que (ii) est la résolution (6.1.2) relative à $m^{*}F$. Par suite, pour $E \in ob\ Top(X)$ (resp. $Top^{o}(X)$), $F \in ob\ Top(Y)$ (resp. $Top^{o}(Y)$), toute flèche $m^{*}F \longrightarrow E$ se prolonge de manière naturelle en une flèche $m^{*}(e_{*},e^{*})^{\cdot}F \longrightarrow (e_{*},e^{*})^{\cdot}F$. De la même manière, on a un carré commutatif

(6.1.5.2)
$$\begin{array}{ccc} (e_{!},e^{*}).m^{*}F & \xrightarrow{\ (i)\ } & m^{*}F \\ \downarrow & & \downarrow{\scriptstyle Id} \\ m^{*}(e_{!},e^{*}).F & \xrightarrow{\ (ii)\ } & m^{*}F \end{array} \quad ,$$

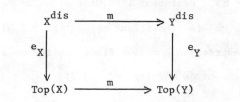

où (i) est la résolution (6.1.3) relative à m^*F et (ii) l'image inverse par m de la résolution (6.1.3) relative à F. Par suite, pour E et F comme ci-dessus, toute flèche $E \longrightarrow m^*F$ se prolonge en une flèche $(e_!,e^*).E \longrightarrow m^*(e_!,e^*).F$. Enfin, pour les faisceaux de modules, on a des variantes que nous laissons au lecteur.

6.2. Cohomologie de Top(X).

Proposition 6.2.1. *Soient* $X = (X \longrightarrow I)$ *un topos fibré,* Y *un topos,* $p : X \longrightarrow Y$ *un morphisme de topos fibrés* (1). *Notons* Y_I *le topos fibré constant au-dessus de* I *de valeur* Y, $\underline{p} : X \longrightarrow Y_I$ *le morphisme de* I*-topos fibrés défini par* p. *Soit* E *un faisceau abélien de* $Top(X)$ *tel que* E_i *soit flasque pour tout* $i \in ob\ I$. *Il existe un isomorphisme canonique*

$$Rp_*(E) \xrightarrow{\sim} C^{\cdot}(\underline{p}_*E) \quad ,$$

où le second membre désigne l'objet cosimplicial (3.9.6) *associé à* $\underline{p}_*E : I^o \longrightarrow \mathbb{Z}\text{-Mod}(Y)$ (cf. (5.8 (iii))).

Preuve. Comme E_i est flasque pour tout i, on a d'après (6.3),

$$Rp_*(E) \xrightarrow{\sim} p_*(e_*,e^*)^{\cdot}E \quad ,$$

et le second membre s'identifie à $C^{\cdot}(\underline{p}_*E)$, comme on le vérifie trivialement (2).

---

(1) Y considéré comme topos fibré au-dessus de la catégorie ponctuelle.

(2) rapprocher de (3.6.1) et (4.6.4).

6.2.2. L'énoncé précédent fournit un procédé de calcul standard pour la cohomologie de Top(X) lorsqu'on dispose de procédés standard pour le calcul de la cohomologie des étages. Supposons par exemple qu'on dispose d'un morphisme de I-topos fibrés $u : P \longrightarrow X$ tel que, pour tout $i \in \mathrm{ob}\, I$, P_i soit un topos discret (somme de topos ponctuels) et u_i^* conservatif. Soit E un faisceau abélien de Top(X). Les résolutions de Godement $(u_{i*}, u_i^*)^{\cdot} E_i$ forment une résolution $G^{\cdot}(E)$ de E telle que $G^n(E)$ soit flasque en restriction à chaque étage. De (6.4) on déduit alors que $Rp_*(E)$ s'identifie canoniquement au complexe simple associé au complexe double $C^{\cdot}(\underline{p}_* G^{\cdot}(E))$.

Remarquons en passant que pour Y ponctuel et X le topos constant sur I de valeur le topos ponctuel, on retrouve le calcul standard des dérivés de $\varprojlim_I$, cf. (5.8.1) (ii), et Roos [19].

<u>Proposition</u> 6.2.3. <u>Les hypothèses et notations étant celles de</u> (6.2.1), <u>supposons que</u> $I = \Delta^o$. <u>Il existe alors un isomorphisme canonique</u>

$$Rp_*(E) \xrightarrow{\sim} \underline{p}_* E \quad .$$

<u>Preuve</u>. Conjuguer (6.2.1) et l'énoncé dual de (3.9.3) (cf. (3.9.6)).

<u>Variante</u> 6.2.3.1. Si $I = \Delta^o \times \ldots \times \Delta^o$ (n facteurs), on trouve de même que $Rp_*(E)$ s'identifie au complexe simple associé au faisceau abélien n-cosimplicial $\underline{p}_* E$ (appliquer l'énoncé dual de (3.9.5)).

<u>Corollaire</u> 6.2.3.2. <u>Sous les hypothèses de</u> (6.2.1), <u>avec</u> $I = \Delta^o$, <u>soit</u> $F \in \mathrm{ob}\, D^+(\mathrm{Top}(X);\mathbb{Z})$. <u>Il existe une suite spectrale canonique fonctorielle</u>

$$E_1^{ij} = R^j p_{i*}(F_i) \Longrightarrow R^* p_*(F) \quad ,$$

<u>où le complexe</u> $E_1^{\cdot j}$ <u>est le complexe de cochaînes défini par l'objet cosimplicial</u> $[i] \longmapsto R^j p_*(F_i)$.

Preuve. On peut supposer que F est un complexe borné inférieurement dont la restriction à chaque étage est un complexe de faisceaux flasques. D'après (6.2.3) on a alors

$$Rp_*(F) \xrightarrow{\sim} \int \underline{p}_*(F) \quad ,$$

et l'on écrit la "première" suite spectrale du bicomplexe $\underline{p}_*(F)$.

6.2.4. Scholie. Généralisant la construction (3.9.1) aux pseudo-foncteurs, on associe au topos fibré $X = (X \longrightarrow I)$ un topos fibré

(6.2.4.1) $$C.(X)$$

au-dessus de Δ^o , $[n] \longmapsto \coprod_{x \in \mathrm{Hom}([n], I)} X_{x(0)}$. Tout objet E de Top(X) définit canoniquement un objet C.(E) de Top(C.(X)), $[n] \longmapsto \prod_{x \in \mathrm{Hom}([n],I)} E_{x(0)}$, qui dépend fonctoriellement de E . Enfin, tout morphisme $p : X \longrightarrow Y$ comme ne (6.4) se prolonge naturellement en un morphisme, encore noté p , de C.(X) dans Y .

Proposision 6.2.4.2. Soit E un faisceau abélien de Top(X) (ou plus généralement un objet de la catégorie dérivée D^+ des faisceaux abéliens de Top(X)). Il existe un isomorphisme fonctoriel canonique

$$Rp_*(E) \xrightarrow{\sim} Rp_*(C.(E)) \quad .$$

Preuve. Utilisant (6.2), on peut supposer que E est un faisceau abélien dont la restriction à chaque étage est flasque. Appliquant (6.2.1) on trouve

$$Rp_*(E) \xrightarrow{\sim} C^{\cdot}(\underline{p}_*E) \quad .$$

Or on a

$$C^{\cdot}(\underline{p}_*E) = \underline{p}_*(C.(E)) \quad ,$$

et comme la restriction de C.(E) à chaque étage est encore flasque, l'assertion résulte donc de (6.2.3).

Voici quelques applications de (6.2.3).

Proposition 6.2.5. Soit X un topos fibré au-dessus de Δ^{o} . Notons $\mathrm{Dec}_1(X)$ le topos fibré au-dessus de $\overline{\Delta}^{o}$ déduit de X par oubli du premier opérateur de face [1] . Soit $M \in \mathrm{ob}\, D^{+}(\mathrm{Top}(X))$, d'où, par oubli du premier opérateur de face, un objet $\mathrm{Dec}_1(M)$ de $D^{+}(\mathrm{Top}(\mathrm{Dec}_1(X)))$. Alors le morphisme canonique

$$M_o \longrightarrow Rd_*\mathrm{Dec}_1^{+}(M) \quad ,$$

défini par la projection $d : \mathrm{Dec}_1^{+}(X) \longrightarrow X_o$, est un isomorphisme.

Preuve. On peut supposer M concentré en degré 0 , et flasque en restriction à chaque étage (6.2). Considérant (X,M) comme un (pseudo-) foncteur de Δ^{o} dans la 2-catégorie des paires (Y,E), où Y est un topos et E un faisceau abélien sur Y , et appliquant (1.4) à ce foncteur, on trouve que la projection $(\mathrm{Dec}_1^{+}(X), \mathrm{Dec}_1^{+}(M)) \longrightarrow (X_o,M_o)$ est un (X_o,M_o)-homotopisme, et il s'ensuit que la flèche d'adjonction $M_o \longrightarrow d_*\mathrm{Dec}_1^{+}(M)$ est un homotopisme, d désignant la projection de $\mathrm{Dec}_1^{+}(X)$ sur le topos fibré constant de valeur X_o sur Δ^{o} . Compte tenu de (6.2.3.1), cela prouve la proposition.

Proposition 6.2.6. Soient T un topos, X un objet simplicial de T . D'où (5.6 b)) un topos fibré X au-dessus de Δ^{o} et un morphisme $p : X \longrightarrow T$, projetant chaque X_i sur l'objet final de T . Notons D(T) la catégorie dérivée des faisceaux abéliens de T , et $\mathbb{Z}(-)$ le foncteur "faisceau abélien libre engendré". Pour $E \in \mathrm{ob}\, D^{+}(T)$, il existe un isomorphisme canonique fonctoriel

$$Rp_*p^*E \xrightarrow{\sim} R\underline{\mathrm{Hom}}(\mathbb{Z}(X),E) \quad ,$$

où p^*E est le complexe de faisceaux de Top(X) image inverse de E .

[1] La définition de $\mathrm{Dec}_q^{p}(Y)$ pour Y un pseudo-foncteur de Δ^{o} dans une 2-catégorie est "la même" qu'en (1.3.1).

Preuve. On peut supposer que E est un $\mathbb{Z}$-Module injectif. L'assertion résulte de (6.2.3), compte tenu du fait que

$$p_{i*}p_i^*E = \underline{\mathrm{Hom}}(\mathbb{Z}(X_i), E) \quad .$$

Remarque 6.2.6.1. On verra plus bas que la conclusion de (6.2.6) est encore vraie si l'on regarde Rp_*p^*E comme étant défini par $p : \mathrm{Top}^o(X) \longrightarrow T$.

Corollaire 6.2.7. ("descente cohomologique"). Dans la situation de (6.2.6), supposons que T ait assez de points (SGA 4 IV 6) et que X soit un hyperrecouvrement de l'objet final de T (SGA 4 V App.). Alors la flèche d'adjonction

$$E \longrightarrow Rp_*p^*E$$

est un isomorphisme.

Preuve. D'après (6.2.6), la flèche $E \longrightarrow Rp_*p^*E$ s'identifie à la flèche obtenue en appliquant le foncteur $R\underline{\mathrm{Hom}}(-,E)$ à la flèche canonique $\mathbb{Z}(X) \longrightarrow \mathbb{Z}$ (où $\mathbb{Z}$ désigne encore par abus le faisceau constant de valeur $\mathbb{Z}$ sur T). Si e désigne l'objet final de T , dire que X est un hyperrecouvrement de e signifie que $X \longrightarrow e$ est un quasi-isomorphisme fibrant (I 2.2.1, 2.3.8), donc $\mathbb{Z}(X) \longrightarrow \mathbb{Z}$ est un quasi-isomorphisme d'après le théorème de Whitehead (I 2.2.2), et le corollaire en découle.

Par un argument analogue, on prouve plus généralement :

Corollaire 6.2.8. Soit T un topos possédant assez de points. Soit $f : X \longrightarrow Y$ un quasi-isomorphisme d'objets simpliciaux de T (I 2.2.1), d'où un morphisme de Δ^o-topos fibrés noté encore f , et un triangle essentiellement commutatif de topos

$$\begin{array}{ccc} \mathrm{Top}(X) & \xrightarrow{\ f\ } & \mathrm{Top}(Y) \\ & {}_{p}\searrow \quad \swarrow_{q} & \\ & T & \end{array} \quad .$$

Pour $E \in \mathrm{ob}\ D^+(T)$, *la flèche canonique*

$$Rq_* q^*(E) \longrightarrow Rp_* p^*(E)$$

définie par f *est un isomorphisme.*

Remarque 6.2.8.1. La conclusion de (6.2.8) est encore valable si, au lieu de supposer que T possède assez de points, on suppose que f est sous-jacent à un morphisme de faisceaux abéliens simpliciaux (I 2.2.2), et en fait l'une et l'autre hypothèse devrait être inutile.

6.3. *Images directes par* I-*morphismes*.

Proposition 6.3.1. *Soit* $u : X \longrightarrow Y$ *un morphisme de* I-*topos fibrés* (5.5). *Pour* $E \in \mathrm{ob}\ D^+(\mathrm{Top}(X))$ *et* $i \in \mathrm{ob}\ I$, *la flèche canonique*

$$i^* Ru_* E \longrightarrow Ru_{i*} E_i$$

est un isomorphisme.

Preuve. D'après (6.2), on peut supposer que E est un faisceau flasque dont la restriction à chaque étage est flasque. L'assertion résulte alors de (5.8.1 (iii)).

L'assertion analogue avec $E \in \mathrm{ob}\ D^+(\mathrm{Top}^o(X))$ n'est pas vraie en général (cf. (5.8.2)). On a cependant :

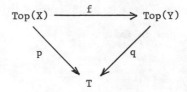

Proposition 6.3.2. [1] Soit $u : X \longrightarrow Y$ un morphisme de I-topos fibrés, X et Y étant bons, et soit $E \in ob\, D^+(Top^o(X))$. On suppose que, pour toute flèche $f : i \longrightarrow j$ de I, X_f^* transforme injectifs en injectifs et que la flèche de changement de base

$$f^*Ru_{j*}(E_j) \longrightarrow Ru_{i*}f^*(E_j)$$

est un isomorphisme. Alors, pour tout $i \in ob\, I$, la flèche de changement de base

$$i^*Ru_*(E) \longrightarrow Ru_{i*}(E_i)$$

est un isomorphisme.

Preuve. D'après (6.2), on peut supposer que E est un complexe borné inférieurement de faisceaux abéliens dont les composantes sont injectives sur chaque étage. On a alors

$$Ru_*(E) = \int u_*(e_*,e^*)^{\cdot}E \quad ,$$

où $(e_*,e^*)^{\cdot}E$ est la résolution standard de E définie par les étages (6.1) et $\int$ désigne un complexe simple associé. Il s'agit de montrer que la flèche canonique

$$(*) \qquad i^*u_*(e_*,e^*)^{\cdot}E \longrightarrow u_{i*}i^*(e_*,e^*)^{\cdot}E$$

induit un quasi-isomorphisme sur les complexes simples associés. Il suffit de montrer que, pour chaque n,

$$(*)_n \qquad i^*u_*(e_*,e^*)^nE \longrightarrow u_{i*}i^*(e_*,e^*)^nE$$

est un quasi-isomorphisme. Utilisant (5.4) et (5.8.2), on trouve :

---

(1) Cet énoncé ne servira pas dans la suite.

$$i^*u_*(e_*,e^*)^n E = \prod_{i = i_0 \xrightarrow{f_0} i_1 \to \cdots \xrightarrow{f_{n-1}} i_n} f_0^* u_{i_1 *} (f_{n-1} \ldots f_1)^* E_{i_n} ,$$

$$u_{i*} i^*(e_*,e^*)^n E = \prod_{i = i_0 \xrightarrow{f_0} i_1 \to \cdots \xrightarrow{f_{n-1}} i_n} u_{i*} (f_{n-1} \ldots f_0)^* E_{i_n} ,$$

les produits étant pris sur tous les n-simplexes de Ner(I) d'origine i , et $(*)_n$ est le produit des flèches de changement de base

$$f_0^* u_{i_{1*}} (f_{n-1} \ldots f_1)^* E_{i_n} \longrightarrow u_{i*} (f_{n-1} \ldots f_0)^* E_{i_n}$$

définies par les carrés

$$\begin{array}{ccc} X_i & \longrightarrow & X_{i_1} \\ \downarrow & & \downarrow \\ Y_i & \longrightarrow & Y_{i_1} \end{array} .$$

Par hypothèse (et transitivité des flèches de changement de base), celles-ci sont des quasi-isomorphismes, donc il en est de même de $(*)_n$ et ceci achève la preuve de (6.3.2).

Remarque. L'hypothèse que X_f^* transforme injectifs en injectifs est satisfaite par exemple quand X_f est un morphisme de localisation dans un topos.

6.4. Cohomologie de $\mathrm{Top}^o(X)$.

Soit X un topos fibré au-dessus de I , et soit E un objet de $\mathrm{Top}^o(X)$. On va définir

(6.4.1) $$C.(E) \in \mathrm{ob}\ \mathrm{Top}(C.(X)) ,$$

où $C.(X)$ est le topos fibré au-dessus de Δ^o défini en (6.7.1). Pour

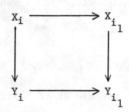

$n \in \text{ob}\ \Delta$, on pose

$$C_n(E) = \prod_{x \in \text{Hom}([n],I)} c(x)^*E_{x(n)} \quad ,$$

où $c(x) : x(0) \longrightarrow x(n)$ désigne la flèche composée des flèches de I définies par x ; c'est un faisceau sur $C_n(X)$. Soit $f : [m] \longrightarrow [n]$ une flèche de Δ , d'où une flèche, encore notée f , de $C_n(X)$ dans $C_m(X)$, donnée sur le composant $X_{x(0)}$ correspondant à $x \in \text{Hom}([n],I)$, par $x(a_f) : X_{x(0)} \longrightarrow X_{xf(0)}$ où $a_f : 0 \longrightarrow f(0) \in \text{Fl}([n])$, avec les notations de (3.1.2). On a donc

$$f^*C_m(E) = \prod_{x \in \text{Hom}([n],I)} x(a_f)^*c(xf)^*E_{xf(m)} \quad .$$

On définit

$$C_f(E) \quad : \quad f^*C_m(E) \longrightarrow C_n(E)$$

comme le produit des flèches

$$x(a_f)^*c(xf)^*E_{x(b_f)} : x(a_f)^*c(xf)^*E_{xf(m)} \longrightarrow c(x)^*E_{x(n)} \quad ,$$

où b_f désigne, comme en (3.1.2), la flèche $f(m) \longrightarrow n$ de $[n]$, et $E_{x(b_f)} : E_{xf(m)} \longrightarrow x(b_f)^*E_{x(n)}$ la flèche définie par $x(b_f)$ (noter que l'on a $0 \leq f(0) \leq \ldots \leq f(m) \leq n$, d'où $x(b_f)c(xf)x(a_f) = c(x)$). Il est immédiat que $([n] \longmapsto C_n(E),\ f \longmapsto C_f(E))$ définit bien un objet $C.(E)$ de $\text{Top}(C.(X))$. Il est clair que $C.(E)$ est un foncteur exact de $E \in \text{ob}\ \text{Top}^o(X)$.

<u>Proposition</u> 6.4.2. <u>Soit</u> X <u>un bon topos fibré au-dessus de</u> I , <u>et soit</u> $E \in \text{ob}\ D^+(\text{Top}^o(X))$. <u>On suppose que</u> E <u>est isomorphe à un complexe borné inférieurement</u> E' <u>tel que</u>, <u>pour toute flèche</u> $f : i \longrightarrow j$ <u>de</u> I , $f^*E'_j$ <u>soit à composantes flasques</u>. <u>Soient d'autre part</u> Y <u>un topos</u>, <u>et</u> $p : X \longrightarrow Y$ <u>un morphisme de topos fibrés</u>, <u>d'où des morphismes de topos</u> $p : \text{Top}^o(X) \longrightarrow Y$, $p : \text{Top}(C.(X)) \longrightarrow Y$. <u>Il existe un isomorphisme canonique</u>

<u>fonctoriel</u>

$$Rp_*(E) \xrightarrow{\sim} Rp_*C.(E) \quad .$$

<u>Preuve</u>. Vu l'exactitude du foncteur C.(-), on peut supposer que, pour toute flèche $f : i \longrightarrow j$, f^*E_j est à composantes flasques. Alors $C_i(E)$ est flasque pour tout i , et d'après (6.2.3) on a

$$Rp_*(C.(E)) = \int \underline{p}_*C.(E) \quad ,$$

où $\underline{p}$ désigne la projection de $C.(X)$ sur le topos fibré constant sur Δ^o de valeur Y , et $\int$ un complexe simple associé. D'autre part, il découle immédiatement des hypothèses sur E que la résolution standard $(e_*,e^*)^{\cdot}E$ est une résolution de E par des complexes de faisceaux flasques, et par suite on a

$$Rp_*(E) = \int p_*(e_*,e^*)^{\cdot}E \quad .$$

Mais on vérifie trivialement qu'on a, pour $M \in \mathrm{ob}\ \mathrm{Top}^o(X)$, un isomorphisme canonique fonctoriel

$$p_*(e_*,e^*)^{\cdot}M = \underline{p}_*C.(M) \quad ,$$

d'où la proposition.

6.5. <u>Systèmes locaux</u>. ([1])

Soit X un topos fibré au-dessus de I . A tout objet <u>cartésien</u> E de $\mathrm{Top}(X)$ (5.2.4) on associe l'objet cartésien E^- de $\mathrm{Top}^o(X)$ défini comme suit : pour $i \in \mathrm{ob}\ I$, $E^-_i = E_i$, pour $f : i \longrightarrow j$, $E^-_f = (E_f)^{-1} : E_i \longrightarrow f^*E_j$. Similairement, à tout objet cartésien F de $\mathrm{Top}^o(X)$ on associe l'objet cartésien F^- de $\mathrm{Top}(X)$, tel que $F^-_i = F_i$ et $F^-_f = (F_f)^{-1} : f^*F_j \longrightarrow F_i$. On définit ainsi une équivalence de catégories

---

([1]) La lecture de ce numéro est inutile pour la compréhension du reste du chapitre.

(6.5.1) $$\mathrm{Cart}(\mathrm{Top}(X)) \underset{F^{-} \leftarrow\!\shortmid\, F}{\overset{E \,\mapsto\, E^{-}}{\rightleftarrows}} \mathrm{Cart}(\mathrm{Top}^{\circ}(X)) \quad ,$$

où Cart(Top(X)) (resp. $\mathrm{Cart}(\mathrm{Top}^{\circ}(X))$) désigne la sous-catégorie pleine de Top(X) (resp. $\mathrm{Top}^{\circ}(X)$) formée des objets cartésiens.

Soit $E \in$ ob Cart(Top(X)). On va définir un isomorphisme canonique fonctoriel

(6.5.2) $$C.(E) \xrightarrow{\sim} C.(E^{-}) \quad ,$$

où C.(E) (resp. $C.(E^{-})$) désigne l'objet de Top(C.(X)) défini en (6.2.4) (resp. (6.4.1)). Par définition, (6.5.2) sur l'étage $C_n(X)$ est le produit, pour $x \in \mathrm{Hom}([n], I)$, des flèches

$$E_{c(x)}^{-1} \ : \ E_{x(0)} \longrightarrow c(x)^*E_{x(n)} \quad .$$

Pour montrer qu'on définit bien ainsi une flèche de Top(C.(X)), on doit vérifier que, pour $f : [m] \longrightarrow [n] \in \mathrm{Fl}(\Delta)$ et $x \in \mathrm{Hom}([n],I)$, le carré ci-dessous est commutatif :

$$\begin{array}{ccc} x(a_f)^*E_{xf(0)} & \xrightarrow{E_{x(a_f)}} & E_{x(0)} \\ {\scriptstyle x(a_f)^*E_{c(xf)}^{-1}}\downarrow & & \downarrow{\scriptstyle E_{c(x)}^{-1}} \\ x(a_f)^*c(xf)^*E_{xf(m)} & \xrightarrow{x(a_f)^*c(xf)^*E_{x(b_f)}^{-1}} & c(x)^*E_{x(n)} \end{array} \quad ,$$

où les notations sont celles de (6.4). Mais cela résulte aussitôt de la relation $x(b_f)c(xf)x(a_f) = c(x)$ et de la transitivité des flèches E_g .

<u>Proposition</u> 6.5.3. <u>Soit</u> X <u>un bon topos fibré au-dessus de</u> I , <u>et soit</u> E <u>un faisceau abélien cartésien de</u> $\mathrm{Top}^{\circ}(X)$. <u>On suppose que</u> E <u>possède une résolution par des faisceaux abéliens</u> F <u>de</u> $\mathrm{Top}^{\circ}(X)$ <u>tels que, pour toute flèche</u> $f : i \longrightarrow j$ <u>de</u> I , f^*F_j <u>soit flasque</u>. <u>Soient d'autre part</u> Y <u>un</u>

topos et $p : X \longrightarrow Y$ un morphisme de topos fibrés. Il existe un isomorphisme fonctoriel canonique

$$Rp_*(E) \xrightarrow{\sim} Rp_*(E^-) \quad .$$

Preuve. On a en effet :

$$\begin{aligned} Rp_*(E) &= Rp_*C.(E) && (6.4.2) \\ &= Rp_*C.(E^-) && (6.5.2) \\ &= Rp_*E^- && (6.2.4.2) \quad . \end{aligned}$$

Corollaire 6.5.4. Sous les hypothèses de (6.5.3), s'il y a assez de faisceaux flasques sur Y dont les images inverses par chaque $p_i : X_i \longrightarrow Y$ soient flasques, alors, pour $F \in \mathrm{ob}\, D^+(Y)$, il existe un isomorphisme fonctoriel canonique

$$Rp_*p^*F \xrightarrow{\sim} Rp^o_*p^{o*}F \quad ,$$

où $p : \mathrm{Top}(X) \longrightarrow Y$, $p^o : \mathrm{Top}^o(X) \longrightarrow Y$ désignent les morphismes définis par p .

Preuve. On peut supposer que F est concentré en degré zéro et flasque et que $p_i^* F$ est flasque pour tout i . L'assertion résulte alors de (6.5.3) , puisqu'on a $p^o_*F = (p^*F)^-$.

Remarque. L'énoncé précédent tient la promesse de (6.2.6.1).

6.6. Foncteurs $Lu_!$

6.6.1. Soient $X = (X \longrightarrow I)$, $Y = (Y \longrightarrow J)$ des topos fibrés, $u = (u,v) : X \longrightarrow Y$ un morphisme (5.5). Donnons-nous un Anneau $\mathcal{O}_X$ (resp. $\mathcal{O}_Y$) de $\mathrm{Top}(X)$ (resp. $\mathrm{Top}(Y)$), et un morphisme $\mathcal{O}_X \longrightarrow u^{-1}\mathcal{O}_Y$. On a alors un foncteur image inverse

$$u^* : \mathrm{Mod}(\mathrm{Top}(Y)) \longrightarrow \mathrm{Mod}(\mathrm{Top}(X)) \quad ,$$

composé de $u^{-1} : \mathrm{Mod}(\mathcal{O}_Y) \longrightarrow \mathrm{Mod}(u^{-1}\mathcal{O}_Y)$ et de la restriction des scalaires via $\mathcal{O}_X \longrightarrow u^{-1}\mathcal{O}_Y$. Supposons que, pour tout $i \in \mathrm{ob}\, I$, $u_i^{-1} : Y_{v(i)} \longrightarrow X_i$ possède un adjoint à gauche. Alors, pour tout $i \in \mathrm{ob}\, I$, $u_i^* : \mathrm{Mod}(Y_{v(i)}) \longrightarrow \mathrm{Mod}(X_i)$ possède, d'après (5.7 b)), un adjoint à gauche $u_{i!}$. De plus, u^* possède un adjoint à gauche

(6.6.1.1) $$u_! : \mathrm{Mod}(\mathrm{Top}(X)) \longrightarrow \mathrm{Mod}(\mathrm{Top}(Y)) \quad ,$$

qui est défini comme suit. Soit $E \in \mathrm{ob}\, \mathrm{Mod}(\mathrm{Top}(X))$. Pour $j \in \mathrm{ob}\, J$, $(u_!E)_j$ est défini par la suite exacte :

$$\coprod_{\substack{g : (i_o,f_o) \longrightarrow (i_1,f_1) \\ \in \mathrm{Fl}\, j/I}} f_o^* u_{i_o!} g^* E_{i_1} \rightrightarrows \coprod_{(i,f) \in \mathrm{ob}\, j/I} f^* u_{i!} E_i \longrightarrow (u_!E)_j \quad ,$$

avec les notations de (5.8.2) : l'une des deux flèches de la double flèche envoie le composant $f_o^* u_{i_o!} g^* E_{i_1}$ dans $f_o^* u_{i_o!} E_{i_o}$ par $f_o^* u_{i_o!} E_g$, l'autre l'envoie dans $f_1^* u_{i_1!} E_{i_1}$ par la flèche canonique $u_{i_o!} g^* E_{i_1} \longrightarrow v(g)^* u_{i_1!} E_{i_1}$ définie (cf. (8.2.1.3)) par le carré

$$\begin{array}{ccc} X_{i_o} & \xrightarrow{\ g\ } & X_{i_1} \\ {\scriptstyle u_{i_o}} \downarrow & & \downarrow {\scriptstyle u_{i_1}} \\ Y_{v(i_o)} & \xrightarrow{\ v(g)\ } & Y_{v(i_1)} \end{array} \quad .$$

Si $h : k \longrightarrow j$ est une flèche de J , on a un morphisme évident de l'image inverse par h de la double flèche définissant $(u_!E)_j$ dans celle définissant $(u_!E)_k$, d'où une flèche $(u_!E)_h : h^*(u_!E_j) \longrightarrow (u_!E)_k$. Il est immédiat qu'on définit bien ainsi un Module de $\mathrm{Top}(X)$, et que $E \longmapsto u_!E$ est adjoint à gauche de u^*.

6.6.1.2. Observons que, pour $L \in \mathrm{ob}\, \mathrm{Mod}(X^{dis})$ (6.1), $u_! e_!(L)$ est donné par :

$$(u_! e_!(L))_j = \coprod_{f : j \longrightarrow v(i)} f^* u_{i!} L_i \quad ,$$

pour $j \in \mathrm{ob}\ J$, et, pour $h : k \longrightarrow j$, $(u_! e_!(L))_h$ envoie $h^* f^* u_{i!} L_i$ sur $(fh)^* u_{i!} L_i$ par l'isomorphisme de transitivité. En effet, le foncteur $L \longmapsto u_! e_!(L)$ défini par cette formule est adjoint à gauche de $e^* u^*$, comme on le vérifie directement.

<u>Proposition</u> 6.6.2. <u>Les hypothèses et notations étant celles de</u> (6.6.1), <u>on suppose que</u>, <u>pour tout</u> $j \in \mathrm{ob}\ J$ <u>et tout</u> $(f : j \longrightarrow v(i)) \in \mathrm{ob}\ j/I$, <u>le foncteur</u> $f^* u_{i!} : \mathrm{Mod}(X_i) \longrightarrow \mathrm{Mod}(Y_j)$ <u>transforme suites exactes courtes de Modules plats en suites exactes</u>. <u>Alors le foncteur</u> $u_!$ (6.6.1.1) <u>admet un dérivé gauche au sens de</u> (I 1.4.4)

$$Lu_! : D^-(\mathrm{Top}(X)) \longrightarrow D^-(\mathrm{Top}(Y)) \quad .$$

<u>Si</u> M <u>est un complexe</u>, <u>borné supérieurement</u>, <u>de</u> $\mathcal{O}_X$<u>-Modules plats</u>, <u>on a</u>

$$Lu_!(M) = \int u_!(e_!, e^*).M \quad ,$$

<u>où</u> $(e_!, e^*).M$ <u>désigne la résolution standard</u> (6.1.3) ([1]) <u>et</u> $\int$ <u>un complexe simple associé</u>. <u>Enfin</u>, <u>pour</u> $E \in \mathrm{ob}\ D^-(\mathrm{Top}(X))$, $F \in \mathrm{ob}\ D^+(\mathrm{Top}(Y))$, <u>il existe un isomorphisme canonique fonctoriel</u>

$$\mathrm{RHom}(Lu_!(E), F) = \mathrm{RHom}(E, u^* F) \quad .$$

---

(1) il s'agit évidemment de la variante de (6.1.3) pour les faisceaux de modules.

Preuve. Soit $E \in$ ob $D^-(Top(X))$. On va montrer que le pro-objet de $D(Top(Y))$:

$$Lu_!E = \underset{\substack{\longleftarrow \\ E' \xrightarrow{s} E}}{\text{"lim"}} u_!E'$$

où s parcourt les classes d'homotopie de quasi-isomorphismes de but E, est essentiellement constant, de valeur $u_!L$, où L est un complexe borné supérieurement de Modules du type $e_!P$, avec P plat sur X^{dis}. Les deux premières assertions de la proposition en résulteront. Comme tout Module de $Top(X)$ est quotient d'un Module du type $e_!P$, avec P plat sur X^{dis}, il suffit de montrer que, si F est un complexe acyclique, borné supérieurement, à composantes de ce type, $u_!F$ est acyclique. La résolution standard (6.1.3) $(e_!,e^*).F$ (variante pour les faisceaux de modules) est un bicomplexe, dont la n-ième ligne est $(e_!,e^*)_nF$, et la i-ième colonne $(e_!,e^*).F^i$. Comme les F^i sont du type $e_!(-)$, l'augmentation $(e_!,e^*).F \longrightarrow F$ induit, d'après (I 1.5.3), un homotopisme sur chaque colonne. Donc il en est de même de $u_!(e_!,e^*).F \longrightarrow u_!F$, et par suite $\int u_!(e_!,e^*).F \longrightarrow u_!F$ est un quasi-isomorphisme. On a d'autre part

$$(e_!,e^*)_n = e_!e^*(e_!e^*)^{n-1} ,$$

et il découle de la première formule de (5.3) que $e^*(e_!e^*)^{n-1}F$ est un complexe acyclique de Modules plats sur X^{dis}. Il résulte alors de (6.6.1.2) et de l'hypothèse d'exactitude sur les $f^*u_{i!}$ que chaque ligne $u_!(e_!,e^*)_nF$ est acyclique. Donc $\int u_!(e_!,e^*).F$ est acyclique, donc aussi $u_!F$, ce qui démontre notre assertion. Il reste à démontrer la dernière assertion de la proposition. La preuve est analogue à celle de la formule de dualité triviale (III 4.6). Il suffit de remarquer que, pour L plat sur X^{dis} et F injectif sur Y, on a $Ext^i(e_!L,u^*F) = 0$ pour $i > 0$. Les détails sont laissés au lecteur.

Remarque 6.6.2.1. Dans la situation de (6.6.1), supposons que, pour tout $j \in \mathrm{ob}\, J$ et tout $(f : j \longrightarrow v(i)) \in \mathrm{ob}\, j/I$, le foncteur $f^*u_{i!}$ soit exact. Alors, pour tout complexe de $\mathcal{O}_X$-Modules M, borné supérieurement, on a

$$Lu_!(M) = \int u_!(e_!,e^*).M \quad .$$

Exemple 6.6.2.2. Soient T un topos, $X : I^o \longrightarrow T$ un diagramme de T. D'où (5.6 b)) un topos fibré $T_{/X} : i \longmapsto T_{/X_i}$, et un topos total correspondant, noté simplement $\mathrm{Top}(X)$. Les morphismes de localisation $u_i : T_{/X_i} \longrightarrow T$ définissent un morphisme de topos fibrés

$$u : T_{/X} \longrightarrow T$$

au-dessus du foncteur $I^o \longrightarrow [0]$, où $[0]$ est la catégorie ponctuelle. D'où un morphisme de topos noté encore $u : \mathrm{Top}(X) \longrightarrow T$. Munissons T d'un Anneau $\mathcal{O}$, $\mathrm{Top}(X)$ de l'Anneau $u^{-1}\mathcal{O}$. Prenant comme morphisme $u^{-1}\mathcal{O} \longrightarrow u^{-1}\mathcal{O}$ le morphisme identique, on a alors d'après (6.6.1) un couple de foncteurs adjoints $(u_!,u^*)$ entre $\mathrm{Mod}(\mathrm{Top}(X))$ et $\mathrm{Mod}(T)$, et $u_!$ admet, d'après (6.6.2), un dérivé gauche $Lu_!$. Un Module M de $\mathrm{Top}(X)$ peut encore s'interpréter, dans le langage de (I 4.2.1), comme un T-système inductif de $\mathcal{O}$-Modules indexé par I (I étant regardée comme une catégorie au-dessus de T^o via X^o) : $i \longmapsto M_i$, $(f : i \longrightarrow j \in \mathrm{Fl}I) \longmapsto (M_i|X_j \longrightarrow M_j)$. Le foncteur u^* associe à un Module F de T le T-système inductif "trivial" indexé par I de valeur F. Par suite, quand I est localement filtrante (I 4.2.1), le foncteur $u_!$ coïncide (à isomorphisme unique près) avec le foncteur noté $\varinjlim_{I}$ dans (loc. cit.), et l'on a $L_iu_! = 0$ pour $i > 0$, puisque, d'après Deligne (loc. cit.), le foncteur $\varinjlim_{I}$ est exact.

<u>Exemple</u> 6.6.2.3. Soient X, Y des schémas, et $f : X \longrightarrow Y$ un morphisme localement de type fini. Par une <u>lissification locale</u> de f on entend un diagramme commutatif

$$\begin{array}{ccc} U & \overset{i}{\hookrightarrow} & U' \\ {\scriptstyle p}\downarrow & & \\ X & \swarrow_{q} & \\ {\scriptstyle f}\downarrow & & \\ Y & & \end{array}$$

où p est une immersion ouverte, i une immersion fermée, et q un morphisme lisse. Les lissifications locales de f forment de manière évidente une catégorie, que nous noterons I . Pour $i \in \mathrm{ob}\, I$, nous désignerons par

$$\begin{array}{ccc} U_i & \overset{i}{\hookrightarrow} & U'_i \\ {\scriptstyle p_i}\downarrow & & \\ X & \swarrow_{q_i} & \\ {\scriptstyle f}\downarrow & & \\ Y & & \end{array}$$

le diagramme correspondant. Notant par la même lettre un schéma et son topos zariskien, on a un topos fibré U' au-dessus de $I : i \longmapsto U'_i$. Les foncteurs $i_* p_i^*$, qui commutent aux limites inductives et aux limites projectives finies, définissent un morphisme de topos fibrés $p' : U' \longrightarrow X$ (X étant vu comme topos fibré au-dessus de la catégorie ponctuelle). Les Anneaux structuraux des U'_i définissent un Anneau $\mathcal{O}_{U'}$ de $\mathrm{Top}(U')$, et l'on a un morphisme naturel $\mathcal{O}_{U'} \longrightarrow p'^*\mathcal{O}_X$, induisant, pour chaque $i \in \mathrm{ob}\, I$, l'épimorphisme canonique $\mathcal{O}_{U'_i} \longrightarrow i_*\mathcal{O}_{U_i}$. Comme le foncteur $i_* p_i^* : X \longrightarrow U'_i$ (resp. $\mathrm{Mod}(X) \longrightarrow \mathrm{Mod}(U'_i)$) admet pour adjoint à gauche le foncteur $p_{i!}i^{-1}$ (resp. $p_{i!}i^*$), où $p_{i!}$ est le foncteur prolongement par le vide (resp. par zéro), on est dans la situation de (6.6.2), et l'on dispose par suite d'un foncteur

$$Lp'_! : D^-(\mathrm{Top}(U')) \longrightarrow D^-(X) \quad .$$

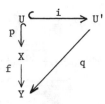

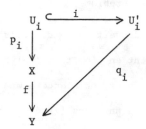

Les faisceaux $\Omega^1_{U'_i/Y}$ forment, pour $i \in \text{ob } I$ variable, un $\mathcal{O}_{U'}$-Module, que nous noterons $\Omega^1_{U'/Y}$. Il doit être vrai, au moins si Y est localement noethérien, que

$$Lp'_!(\Omega^1_{U'/Y}) \in \text{ob } D^-(X)$$

"n'est autre que" le complexe cotangent $L_{X/Y}$ (II 1.2.7) : plus précisément, les flèches canoniques $\Omega^1_{U'_i/Y}$ (= $L_{U'_i/Y}$ (III 3.1.2)) $\longrightarrow i_* L_{U_i/Y}$ $(= i_* p^*_i L_{X/Y})$ définissent, d'après (6.6.2), une flèche

$$Lp'_!(\Omega^1_{U'/Y}) \longrightarrow \text{"}\varprojlim_n\text{"}\ t_{[n} L_{X/Y}$$

de pro-$D^-(X)$, qui doit être un isomorphisme.

La remarque précédente devrait pouvoir servir de point de départ à une théorie du complexe cotangent en Géométrie Analytique. Si $f : X \longrightarrow Y$ est un morphisme d'espaces analytiques, on a encore une catégorie I des lissifications locales de f, d'où un topos fibré U' au-dessus de I, et un foncteur $Lp'_! : D^-(U') \longrightarrow D^-(X)$. Les faisceaux (cohérents) $\Omega^1_{U'_i/Y}$ des différentielles relatives au sens de [8] forment un faisceau $\Omega^1_{U'/Y}$ de Top(U'), et

$$L_{X/Y} \overset{\text{dfn}}{=} Lp'_!(\Omega^1_{U'/Y})$$

est un candidat naturel pour le complexe cotangent de X sur Y. Il semble en tout cas assez facile de prouver, en utilisant la formule d'adjonction de (6.6.2), (mais peut-être sommes-nous trop optimistes), que l'on obtient les "bons" $\text{Ext}^i(L_{X/Y},M)$ pour M un $\mathcal{O}_X$-Module cohérent et $i = 0$, 1 (i.e. $\text{Ext}^0(L_{X/Y},M) = \text{Hom}(\Omega^1_{X/Y},M)$, $\text{Ext}^1(L_{X/Y},M)$ = ensemble des classes d'isomorphie de Y-extensions analytiques de X par M).

6.6.3. Soient $X = (X \longrightarrow I)$, $Y = (Y \longrightarrow J)$ de bons topos fibrés (5.4), $u = (u,v) : X \longrightarrow Y$ un morphisme de topos fibrés, $\mathcal{O}_X$ (resp. $\mathcal{O}_Y$) un Anneau de $\mathrm{Top}^o(X)$ (resp. $\mathrm{Top}^o(Y)$), $\mathcal{O}_X \longrightarrow u^{-1}(\ _Y)$ un homomorphisme d'Anneaux. Comme X et Y sont bons, pour toute flèche $f : i \longrightarrow j$ de I (resp. J) le foncteur $f^* : \mathrm{Mod}(X_j) \longrightarrow \mathrm{Mod}(X_i)$ (resp. $\mathrm{Mod}(Y_j) \longrightarrow \mathrm{Mod}(Y_i)$) (composé de $f^{-1} : \mathrm{Mod}(\mathcal{O}_{X_i}) \longrightarrow \mathrm{Mod}(f^{-1}\mathcal{O}_{X_j})$ (resp. ...) et de la restriction des scalaires relative à $\mathcal{O}_{X_i} \longrightarrow f^{-1}\mathcal{O}_{X_j}$ (resp. ...)) possède, comme on sait (5.7 b)), un adjoint à gauche $f_!$. Nous supposerons d'autre part que, pour tout $i \in \mathrm{ob}\, I$, le foncteur $u_i^* : \mathrm{Mod}(Y_{v(i)}) \longrightarrow \mathrm{Mod}(X_i)$ (composé de u_i^{-1} et de la restriction des scalaires relative à $\mathcal{O}_{X_i} \longrightarrow u_i^{-1}(\mathcal{O}_{Y_{v(i)}})$) possède un adjoint à gauche $u_{i!}$. Dans ces conditions, le foncteur $u^* : \mathrm{Mod}(\mathrm{Top}^o(Y)) \longrightarrow \mathrm{Mod}(\mathrm{Top}^o(X))$ possède un adjoint à gauche $u_!$, défini comme suit. Pour $j \in \mathrm{ob}\, J$, notons I/j la catégorie des flèches $f : v(i) \longrightarrow j$. Soit $E \in \mathrm{ob}\, \mathrm{Mod}(\mathrm{Top}^o(X))$. On a

$$(u_! E)_j = \varinjlim_{(f : v(i) \to j) \in I/j} f_! u_{i!} E_i$$

($f_! u_{i!} E_i$ est un foncteur de $(f : v(i) \longrightarrow j) \in \mathrm{ob}\, I/j$: pour $g : i' \longrightarrow i$ on envoie $(fv(g))_! u_{i'!} E_{i'} = f_! u_{i!} g_! E_{i'}$ dans $f_! u_{i!} E_i$ par la flèche structurale $f_! E_{i'} \longrightarrow E_i$). Pour $h : j \longrightarrow k \in \mathrm{Fl}(J)$, la flèche structurale $h_!(u_! E)_j \longrightarrow (u_! E)_k$ est définie par les flèches canoniques $h_! f_! u_{i!} E_i \longrightarrow (u_! E)_k$.

Explicitons deux cas particuliers intéressants :

6.6.3.1. Pour $L \in \mathrm{ob}\, \mathrm{Mod}(X^{dis})$, on a :

$$(u_! e_! L)_j = \bigoplus_{(f : v(i) \to j) \in \mathrm{ob}\, I/j} f_! u_{i!} L_i .$$

6.6.3.2. Si $I = J$ et u est un I-morphisme ($v = Id$), on a

$$(u_! E)_i = u_{i!} E_i$$

pour tout $i \in ob\, I$.

Proposition 6.6.4. Sous les hypothèses de (6.6.3), on suppose que, pour tout $j \in ob\, J$ et tout $(f : v(i) \longrightarrow j) \in ob\, I/j$, le foncteur $f_! u_{i!} : Mod(X_i) \longrightarrow Mod(Y_j)$ transforme suites exactes courtes de Modules plats en suites exactes. Alors le foncteur $u_! : Mod(Top^o(X)) \longrightarrow Mod(Top^o(Y))$ admet un dérivé gauche au sens de (I 1.4.4)

$$Lu_! : D^-(Top^o(X)) \longrightarrow D^-(Top^o(Y)) \quad .$$

Si M est un complexe, borné supérieurement, de $\mathcal{O}_X$-Modules plats, on a

$$Lu_!(M) = \int u_!(e_!,e^*).M \quad ,$$

où $(e_!,e^*).M$ désigne la résolution standard (6.1.3) de M , variante pour les faisceaux de modules. En outre, pour $E \in ob\, D^-(Top(X))$, $F \in ob\, D^+(Top^o(Y))$, il existe un isomorphisme canonique fonctoriel

$$RHom(Lu_! E,F) = RHom(E,u^*F) \quad .$$

Preuve. Elle est analogue à celle de (6.6.2), nous l'omettrons.

Remarque 6.6.4.1. Si, pour tout $f : v(i) \longrightarrow j$, le foncteur $f_! u_{i!}$ est exact, on a $Lu_! M = \int u_!(e_!,e^*).M$, dès que M est borné supérieurement.

Remarque 6.6.4.2. Supposons que $I = J$ et que $v = Id$. Si, pour tout $i \in ob\, I$, $u_{i!} : Mod(X_i) \longrightarrow Mod(Y_i)$ transforme suites exactes courtes de Modules plats en suites exactes, les foncteurs $u_{i!}$ et $u_!$ possèdent des dérivés gauches, et l'on a, pour tout $M \in ob\, D^-(Top^o(X))$, des isomorphismes fonctoriels canoniques

$$(Lu_! M)_i \;=\; Lu_! M_i \quad .$$

La formule d'adjonction de (6.6.4) est encore valable. Ces assertions résultent immédiatement de (6.6.3.2).

Remarque 6.6.4.3. Les hypothèses étant celles de (6.6.4), on suppose que J est la catégorie ponctuelle. Comme en (6.2.1), on note $\underline{u} : X \longrightarrow Y_I$ le I-morphisme défini par u . Alors, si M est un complexe, borné supérieurement, de $\mathcal{O}_X$-Modules plats, on a

$$(*) \qquad Lu_! M = \int C.(u_! M) \quad ,$$

où, pour un $\mathcal{O}_X$-Module L , $C.(u_! L)$ désigne l'objet simplicial (3.9.1) associé à $\underline{u}_! L : I \longrightarrow \mathrm{Mod}(Y)$. De plus, la formule (*) est valable sans hypothèse de platitude sur M quand l'hypothèse de (6.6.4.1) est vérifiée.

En effet, on vérifie trivialement (cf. (6.2.1)) qu'on a

$$u_!(e_!, e^*).L = C.(\underline{u}_! L) \quad . \qquad (^1)$$

Corollaire 6.6.4.4. Les hypothèses étant celles de (6.6.4) (resp. (6.6.4.1)), on suppose que J est la catégorie ponctuelle et que $I = \Delta^o \times \ldots \times \Delta^o$ (n-facteurs). Alors, si M est un complexe, borné supérieurement, de $\mathcal{O}_X$-Modules plats (resp. $\mathcal{O}_X$-Modules), on a

$$Lu_! M \;=\; \int \underline{u}_! M \quad ,$$

où, avec les notations de (6.6.4.3), $\underline{u}_! E$ désigne, pour un $\mathcal{O}_X$-Module E , le $\mathcal{O}_Y$-Module n-simplicial $i \longmapsto u_{i!} E_i$.

Preuve. Appliquer (3.9.5).

(^{1}) cf. (4.6.4).

Corollaire 6.6.4.5. Soit X un bon topos fibré au-dessus de Δ^o, et soit $\mathcal{O}_X$ un Anneau de $\mathrm{Top}^o(X)$. On suppose que, pour tout $n \in \mathrm{ob}\,\Delta$, le foncteur $(d_o \dots d_o)_! : \mathrm{Mod}(X_{n+1}) \longrightarrow \mathrm{Mod}(X_o)$, adjoint à gauche de $(d_o \dots d_o)^*$, transforme suites exactes courtes de Modules plats en suites exactes. Alors, pour $M \in \mathrm{ob}\, D^-(\mathrm{Top}^o(X))$, le morphisme canonique

$$Ld_{o!}\mathrm{Dec}^1_+(M) \longrightarrow M_o \quad ,$$

défini par la projection canonique $d_o : \mathrm{Dec}^1_+(X) \longrightarrow X_o$ est un isomorphisme ($\mathrm{Dec}^1(-)$ désigne l'oubli du dernier opérateur de face (1.3)).

Preuve. On peut supposer que M est concentré en degré 0, de valeur un $\mathcal{O}_X$-Module plat. D'après (6.6.4.4), on a alors

$$Ld_{o!}\mathrm{Dec}^1_+(M) = \underline{d}_{o!}\mathrm{Dec}^1_+(M) \quad ,$$

et la flèche canonique $\underline{d}_{o!}\mathrm{Dec}^1_+(M) \longrightarrow M_o$ est un homotopisme d'après (1.4), (1.4.1 a)) (argument analogue à celui de la preuve de (6.2.5)).

Corollaire 6.6.4.6. Soit X un bon topos fibré au-dessus de Δ^o. On suppose qu'il existe un $\overline{\Delta}^o$-isomorphisme de $\mathrm{Dec}^1(X)$ avec le topos fibré défini par un objet simplicial augmenté d'un topos. Alors, pour tout $E \in \mathrm{ob}\, D^+(X_o, \mathbb{Z})$, la flèche canonique

$$(*) \qquad E \longrightarrow Rd_{o*}d_o^*\, E$$

est un isomorphisme, $d_o : \mathrm{Dec}^1_+(X) \longrightarrow X_o$ désignant l'augmentation canonique.

Preuve. On peut supposer E concentré en degré 0 et injectif. Alors d_o^*E est injectif sur chaque étage, et d'après (6.2.3) la flèche (*) s'identifie à la flèche canonique

$$E \longrightarrow \underline{d}_{o*} d_o^* E \quad ,$$

i.e. à la flèche déduit, par application de $\underline{\mathrm{Hom}}(-,E)$ de la flèche canonique $\underline{d}_{o!}\mathbb{Z} \longrightarrow \mathbb{Z}$, qui est un homotopisme (preuve de (6.6.4.5)), d'où l'assertion.

Remarque 6.6.4.7. On peut remplacer, dans (6.6.4.6), l'Anneau constant $\mathbb{Z}$ par un Anneau cartésien $\mathcal{O}$ de $\mathrm{Top}(X)$: la flèche d'adjonction $E \longrightarrow Rd_{o*}d_o^*E$ est alors un isomorphisme pour tout $E \in \mathrm{ob}\, D^+(X_o, \mathcal{O}_{X_o})$.

7. Une formule de dualité.

Les résultats de ce numéro ne seront utilisés qu'au chap. VII. On fixe un topos T , et un Anneau commutatif et unitaire $\mathcal{O}$ de T .

7.1. Soit X un 1-diagramme de T (5.6 b)), de type I . Munissons les topos $\mathrm{Top}(X)$ et $\mathrm{Top}^o(X)$ (5.6.3) des Anneaux induits par $\mathcal{O}$. On définit un bifoncteur additif

(7.1.1)
$$\mathrm{Mod}(\mathrm{Top}(X))^o \times \mathrm{Mod}(\mathrm{Top}^o(X)) \longrightarrow \mathrm{Mod}(\mathrm{Top}^o(X))$$
$$(E,F) \longmapsto \underline{\mathrm{Hom}}^!(E,F)$$

de la manière suivante. Pour $i \in \mathrm{ob}\, I$, on pose

$$\underline{\mathrm{Hom}}^!(E,F)_i = \underline{\mathrm{Hom}}(E_i,F_i) \in \mathrm{ob}\, \mathrm{Mod}(X_i) \quad .$$

Pour $f : i \longrightarrow j \in \mathrm{Fl}\, I$, on définit

$$\underline{\mathrm{Hom}}^!(E,F)_f : \underline{\mathrm{Hom}}(E_i,F_i) \longrightarrow f^*\underline{\mathrm{Hom}}(E_j,F_j)$$

comme la composée des flèches

$$\underline{\mathrm{Hom}}(E_i,F_i) \xrightarrow{a} \underline{\mathrm{Hom}}(f^*E_j,F_i) \xrightarrow{b} \underline{\mathrm{Hom}}(f^*E_j,f^*F_j) \xrightarrow[\sim]{c} f^*\underline{\mathrm{Hom}}(E_j,F_j) \quad ,$$

où a (resp. b) est donnée par la flèche de transition de E (resp. F) et c est l'isomorphisme canonique.

Soient X' un diagramme de T de type I' , $u = (u,v) : X \longrightarrow X'$ un morphisme de 1-diagrammes. Soient $E' \in \mathrm{ob}\,\mathrm{Mod}(\mathrm{Top}(X'))$, $F' \in \mathrm{ob}\,\mathrm{Mod}(\mathrm{Top}^{\circ}(X'))$, et donnons-nous des flèches $m : u^*E' \longrightarrow E$, $n : F \longrightarrow u^*F'$. Alors on définit

(7.1.2) $$\underline{\mathrm{Hom}}^!_u(m,n) : \underline{\mathrm{Hom}}^!(E,F) \longrightarrow u^*\underline{\mathrm{Hom}}^!(E',F')$$

comme la flèche induisant, pour chaque $i \in \mathrm{ob}\, I$, la flèche composée

$$\underline{\mathrm{Hom}}(E_i,F_i) \longrightarrow \underline{\mathrm{Hom}}(u_i^*E'_{v(i)},F_i) \longrightarrow \underline{\mathrm{Hom}}(u_i^*E'_{v(i)},u_i^*F'_{v(i)}) \longrightarrow$$
$$\longrightarrow u_i^*\underline{\mathrm{Hom}}(E'_{v(i)},F'_{v(i)}) \quad ,$$

où les deux premières flèches sont données respectivement par m et n et la dernière est l'isomorphisme canonique.

Les flèches (7.1.2) vérifient, relativement à un composé de morphismes de diagrammes, une propriété de transitivité évidente que le lecteur écrira.

7.2. Grâce aux flèches (7.1.2), on peut itérer la construction (7.1.1) et définir, pour chaque n-diagramme X de T (5.6 b)), un bifoncteur additif

(7.2.1) $$\mathrm{Mod}(\mathrm{Top}(X))^{\circ} \times \mathrm{Mod}(\mathrm{Top}^{\circ}(X)) \longrightarrow \mathrm{Mod}(\mathrm{Top}^{\circ}(X))$$

$$(E,F) \longmapsto \underline{\mathrm{Hom}}^{!}(E,F)$$

tel que $\underline{\mathrm{Hom}}^{!}(E,F)_i = \underline{\mathrm{Hom}}^{!}(E_i,F_i)$ sur chaque étage X_i (les topos $\mathrm{Top}(X)$ et $\mathrm{Top}^{\circ}(X)$ étant munis bien entendu des Anneaux induits par $\mathcal{O}$). Nous omettrons les détails de la construction.

Si $u : X \longrightarrow X'$ est un morphisme de n-diagrammes de T, on peut regarder u comme un (n+1)-diagramme de T, d'étages X et X', et l'on dispose par conséquent, pour $E' \in \mathrm{ob}\, \mathrm{Mod}(\mathrm{Top}(X'))$, $F' \in \mathrm{ob}\, \mathrm{Mod}(\mathrm{Top}^{\circ}(X'))$, $m : u^*E' \longrightarrow E$, $n : F \longrightarrow u^*F'$, d'une flèche

(7.2.2) $$\underline{\mathrm{Hom}}^{!}_u(m,n) \; : \; \underline{\mathrm{Hom}}^{!}(E,F) \longrightarrow u^*\underline{\mathrm{Hom}}^{!}(E',F') \quad ,$$

à savoir la flèche de transition de $\underline{\mathrm{Hom}}^{!}(M,N)$, où M (resp. N) est le Module de $\mathrm{Top}(u)$ (resp. $\mathrm{Top}^{\circ}(u)$) défini par (E,E',m) (resp. (F,F',n)). Il découle de la construction de (7.2.1) que (7.2.2) est un isomorphisme dès que m et n le sont.

Observons également que $\underline{\mathrm{Hom}}^{!}(E,F)$ induit $\underline{\mathrm{Hom}}(E_s,F_s)$ sur chaque <u>sommet</u> X_s de X . (La famille des sommets d'un 1-diagramme est la famille de ses étages, et l'on définit, par récurrence, la famille des sommets d'un n-diagramme comme la somme des familles des sommets de ses étages).

7.3. Le foncteur $\underline{\mathrm{Hom}}^{!}$ (7.2.1) définit un foncteur dérivé

(7.3.1) $$R\underline{\mathrm{Hom}}^{!} : D(\mathrm{Top}(X))^{\circ} \times D^{+}(\mathrm{Top}^{\circ}(X)) \longrightarrow D(\mathrm{Top}^{\circ}(X)).$$

Soient $E \in \mathrm{ob}\, D(\mathrm{Top}(X))$, $F \in \mathrm{ob}\, D^{+}(\mathrm{Top}^{\circ}(X))$. Sur chaque étage (resp. sommet)

X_i de X , $\underline{\mathrm{RHom}}^!(E,F)$ induit $\underline{\mathrm{RHom}}^!(E_i,F_i)$ (resp. $\underline{\mathrm{RHom}}(E_i,F_i)$). Cela découle en effet de la définition de $\underline{\mathrm{Hom}}^!$ et du fait que la catégorie $\mathrm{Mod}(\mathrm{Top}^o(X))$ possède suffisamment d'injectifs dont la restriction à chaque étage (resp. sommet) soit injective (6.1). En particulier, si $F = M_X$ est le complexe induit par un complexe M , borné inférieurement, de Modules injectifs sur T , on a

(7.3.2) $$\underline{\mathrm{RHom}}^!(E,M_X) \xrightarrow{\sim} \underline{\mathrm{Hom}}^!(E,M_X) \quad .$$

L'objet de ce numéro est d'établir le

Théorème 7.4. Soit X un n-diagramme de T , et soient $L \in \mathrm{ob}\, D^-(\mathrm{Top}(X))$, $M \in \mathrm{ob}\, D^+(T)$. Notons M_X l'objet de $D^+(\mathrm{Top}(X))$ (resp. $\mathrm{Top}^o(X)$) induit par M . Alors, il existe un isomorphisme canonique fonctoriel

$$\mathrm{RHom}(\mathrm{Top}(X);L,M_X) \xrightarrow{\sim} R\Gamma(\mathrm{Top}^o(X);\underline{\mathrm{RHom}}^!(L,M_X)) \quad .$$ [1]

Cela va résulter du lemme plus précis suivant :

Lemme 7.5. Soient $u : X \longrightarrow Y$ un morphisme de n-diagrammes de T , $E \in \mathrm{ob}\, D^-(\mathrm{Top}(X))$, $F \in \mathrm{ob}\, D^+(\mathrm{Top}^o(Y))$. Il existe un homomorphisme canonique fonctoriel

(*) $$\underline{\mathrm{RHom}}^!(Lu_!E,F) \longrightarrow Ru_*\underline{\mathrm{RHom}}^!(E,u^*F) \quad .$$ [2]

---

[1] $\underline{\mathrm{RHom}}^!$ envoie $D^-(\mathrm{Top}(X))^o \times D^+(\mathrm{Top}^o(X))$ dans $D^+(\mathrm{Top}^o(X))$, de sorte que le second membre a un sens.

[2] Bien que, pour $n \geq 2$, les hypothèses de (6.6.2) ne soient pas satisfaites en général, on vérifie néammoins facilement que $u_!$ possède un dérivé gauche $Lu_! : D^-(\mathrm{Top}(X)) \longrightarrow D^-(\mathrm{Top}(Y))$, et que la dernière assertion de (loc. cit.) est encore vraie. En particulier, on a une "flèche d'adjonction" $E \longrightarrow u^*Lu_!E$ pour $E \in \mathrm{ob}\, D^-(\mathrm{Top}(X))$. Voir des exemples en (9.4) et (11.3.3).

<u>Celui-ci est un isomorphisme si</u> $F = M_Y$, <u>avec</u> $M \in \mathrm{ob}\, D^+(T)$.

<u>Preuve</u>. Pour définir (*), il suffit, par adjonction (dualité triviale), de définir une flèche

$$(**) \qquad u^*\underline{RHom}^!(Lu_!E,F) \longrightarrow \underline{RHom}^!(E,u^*F) \quad .$$

D'après les remarques faites en (7.3), on a un isomorphisme canonique fonctoriel

$$(i) \qquad u^*\underline{RHom}^!(Lu_!E,F) \xrightarrow{\sim} \underline{RHom}^!(u^*Lu_!E,u^*F) \quad .$$

On prend pour (**) la composée de (i) et de la flèche

$$(ii) \qquad \underline{RHom}^!(u^*Lu_!E,u^*F) \longrightarrow \underline{RHom}^!(E,u^*F)$$

déduite de la flèche d'adjonction $E \longrightarrow u^*Lu_!E$. Reste à montrer que (*) est un isomorphisme pour $F = M_Y$, $M \in \mathrm{ob}\, D^+(T)$. Procédant par récurrence sur n , et utilisant la résolution standard $(e_!,e^*)$, définie par les étages de X , on se ramène à prouver l'assertion dans le cas suivant :

(i) u est l'inclusion d'un étage, $u : Y_j \longrightarrow Y$, $j \in \mathrm{ob}\, J$;

(ii) E est concentré en degré zéro ;

(iii) M est concentré en degré zéro et injectif.

On a alors

$$\underline{RHom}^!(E,u^*F) = \underline{Hom}^!(E,M_{Y_j}) \qquad (7.3.2) \quad ,$$

d'où, pour $k \in \mathrm{ob}\, J$,

$$(Ru_*\underline{RHom}^!(E,u^*F))_k = \prod_{f\,:\,k \to j} f^*\, \underline{Hom}^!(E,M_{Y_j}) \qquad \text{d'après (5.4)}$$

$$= \prod_{f\,:\,k \to j} \underline{Hom}^!(f^*E,M_{Y_k}) \qquad \text{d'après (7.2).}$$

On a d'autre part

$$(Lu_!E)_k = (u_!E)_k = \bigoplus_{f\,:\,k \to j} f^*E \quad ,$$

d'où

$$\underline{\mathrm{RHom}}^!(Lu_!E,M_Y)_k = \underline{\mathrm{Hom}}^!(\bigoplus_{f\,:\,k \to j} f^*E,M_{Y_k})$$

$$= \prod_{f\,:\,k \to j} \underline{\mathrm{Hom}}^!(f^*E,M_{Y_k}) \quad .$$

Il reste à vérifier qu'avec les identifications précédentes (*) induit l'identité, ce qui est immédiat. Ceci achève la preuve de (7.5).

Preuve de (7.4). On applique (7.5) à la projection $u : X \to e$, où e est l'objet final de T , considéré comme n-diagramme de la manière évidente. On obtient de la sorte un isomorphisme canonique fonctoriel

$$\underline{\mathrm{RHom}}(Lu_!L,M) \xrightarrow{\sim} Ru_*\underline{\mathrm{RHom}}^!(L,M_X) \quad .$$

D'où, par application de $R\Gamma(T,-)$, un isomorphisme (canonique fonctoriel)

$$\mathrm{RHom}(Lu_!L,M) \xrightarrow{\sim} R\Gamma(\mathrm{Top}^o(X), \underline{\mathrm{RHom}}^!(L,M_X)) \quad ,$$

qu'il suffit de composer avec "l'isomorphisme d'adjonction" (cf. note ([2]) de (7.5))

$$\mathrm{RHom}(\mathrm{Top}(X);L,M_X) \xrightarrow{\sim} \mathrm{RHom}(Lu_!L,M)$$

pour obtenir l'isomorphisme annoncé en (7.4).

8. Cohomologie équivariante.

8.1. X-faisceaux, nerfs.

8.1.1. Soit X un topos fibré au-dessus de Δ^o, et soit L un faisceau sur X_o. On appelle X-*structure* sur L la donnée d'une flèche

$$a : d_1^* L \longrightarrow d_o^* L$$

telle que :

(i) $s_o^*(a) = \mathrm{Id}_L$,

(ii) $(d_o^* a) d_2^* a) = d_1^* a$ modulo les isomorphismes de transitivité de X, ce qui signifie la commutativité du diagramme

$$\begin{array}{ccccc}
 & d_2^* d_1^* L & \xrightarrow{\ d_2^* a\ } & d_2^* d_o^* L & \\
 \wr\!\diagup & & & & \diagdown\!\wr \\
d_1^* d_1^* L & & & & d_o^* d_1^* L \\
 & \searrow^{d_1^* a} & & {}^{d_o^* a}\swarrow & \\
 & & d_1^* d_o^* L \simeq d_o^* d_o^* L & &
\end{array} ,$$

où les isomorphismes sont ceux de transitivité.

8.1.2. *Exemple*. Soient T un topos, G un monoïde de T, Y un G-objet, $X = \mathrm{Ner}(G,Y)$ (2.5.1), L un objet de T au-dessus de Y. Une X-structure sur L n'est pas autre chose qu'une action de G sur L telle que la projection $L \longrightarrow Y$ soit équivariante.

La définition (8.1.1) est directement inspirée de ([16] p. 30). Quand a est un isomorphisme, la condition (i) découle trivialement de (ii).

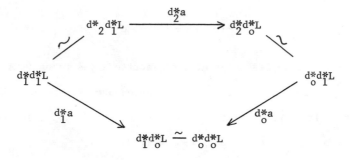

Nous dirons parfois "X-faisceau" au lieu de "faisceau sur X_o muni d'une X-structure". On notera

(8.1.3) $$BX$$

la catégorie des X-faisceaux, un morphisme de X-faisceaux (appelé encore X-morphisme, ou morphisme équivariant) $u : (L,a) \longrightarrow (M,b)$ étant par définition un morphisme $u : L \longrightarrow M$ de X_o tel que le carré ci-après soit commutatif :

$$\begin{array}{ccc} d_1^*L & \xrightarrow{a} & d_o^*L \\ {\scriptstyle d_1^*u}\downarrow & & \downarrow{\scriptstyle d_o^*u} \\ d_1^*M & \xrightarrow{b} & d_o^*M \end{array} .$$

La catégorie BX vérifie les propriétés d'exactitude des topos (SGA 4 IV 1.1.2). Nous donnerons plus bas des conditions suffisantes sur X assurant l'existence d'une petite famille de générateurs. Dans la situation de (8.1.2), BX n'est autre que le topos induit $BG_{/Y}$ (SGA 4 IV 2.4, 5).

Soit $L = (L,a) \in \mathrm{ob}\, BX$. On note

(8.1.4) $$\mathrm{ner}(L) \in \mathrm{ob}\, \mathrm{Top}(X)$$

l'objet défini comme suit :

$$\begin{cases} \mathrm{ner}_n(L) = (\underbrace{d_o \dots d_o}_{n})^*L , \\ (d_i : d_i^*\mathrm{ner}_{n-1}(L) \longrightarrow \mathrm{ner}_n(L)) = \begin{cases} \mathrm{Id} & \text{si } i < n \\ (\underbrace{d_o \dots d_o}_{n-1})^*a & \text{si } i = n \end{cases} (^1) , \\ s_i = \mathrm{Id} : s_i^*\mathrm{ner}_n(L) \longrightarrow \mathrm{ner}_{n-1}(L) \quad (^1) . \end{cases}$$

---

(1) en négligeant les isomorphismes de transitivité de X .

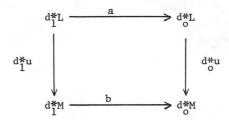

(Les conditions (8.1.1 (i) et (ii)) impliquent trivialement que les formules précédentes définissent bien un objet de Top(X)). On note d'autre part

(8.1.5) $$\mathrm{ner}^{o}(L) \in \mathrm{ob}\ \mathrm{Top}^{o}(X)$$

l'objet défini par :

$$\begin{cases} \mathrm{ner}^{o}_{n}(L) = (d_1 \dots d_n)^{*}L \quad , \\ (d_i : \mathrm{ner}^{o}_{n}(L) \longrightarrow d_i^{*}\mathrm{ner}^{o}_{n-1}(L)) = \begin{cases} (d_2 \dots d_n)^{*}a & \text{si } i = 0 \\ \mathrm{Id} & \text{si } i > 0 \end{cases} \quad (^1) \quad , \\ s_i = \mathrm{Id} : \mathrm{ner}^{o}_{n-1}(L) \longrightarrow s_i^{*}\mathrm{ner}^{o}_{n}(L) \quad (^1) \quad . \end{cases}$$

(Il est encore immédiat que ces formules définissent bien un objet de $\mathrm{Top}^{o}(X)$).

Les objets ner(L) et $\mathrm{ner}^{o}(L)$ dépendent fonctoriellement de $L \in \mathrm{ob}\ BX$. Notons que dans la sitatuion de (8.1.2), on a

(8.1.5.1) $$\mathrm{ner}^{o}(L) = \mathrm{Ner}(G,L) \quad .$$

Proposition 8.1.6. *Les foncteurs* $\mathrm{ner} : BX \longrightarrow \mathrm{Top}(X)$ *et* $\mathrm{ner}^{o} : BX \longrightarrow \mathrm{Top}^{o}(X)$ *sont pleinement fidèles et commutent aux limites inductives et aux limites projectives finies. L'image essentielle de* ner (resp. ner^{o}) *se compose des objets* E *de* Top(X) (resp. $\mathrm{Top}^{o}(X)$) *tels que* $\mathrm{Dec}^{1}(E)$ (resp. $\mathrm{Dec}_{1}(E)$) *soit cartésien* (5.2.4) *au-dessus de* $\mathrm{Dec}^{1}(X)$ (resp. $\mathrm{Dec}_{1}(X)$), *avec les notations de* (6.2.5).

La preuve est laissée au lecteur.

---

(1) en négligeant les isomorphismes de transitivité de X .

8.1.7. Soit $L = (L,a)$ un X-faisceau. Si a est un isomorphisme, $\mathrm{ner}(L)$ et $\mathrm{ner}^o(L)$ sont cartésiens (5.2.4), et a définit un isomorphisme fonctoriel

(8.1.7.1) $$\mathrm{ner}^o(L) \xrightarrow{\sim} \mathrm{ner}(L)^- \quad ,$$

avec les notations de (6.5). Notons $B'X$ la sous-catégorie pleine de BX formée des X-faisceaux (L,a) tels que a soit un isomorphisme. On a un diagramme d'équivalences, commutatif à (8.1.7.1) près :

$$\begin{matrix} & & \mathrm{Cart}(\mathrm{Top}(X)) \\ & \overset{\mathrm{ner}}{\underset{\approx}{\nearrow}} & \\ B'X & & \downarrow \approx \ (6.5.1) \\ & \underset{\mathrm{ner}^o}{\overset{\approx}{\searrow}} & \\ & & \mathrm{Cart}(\mathrm{Top}^o(X)) \end{matrix} \quad .$$

8.2. <u>Pseudo-catégories</u>, <u>faisceaux induits et co-induits</u>.

8.2.1. Soit un carré essentiellement commutatif de topos :

(8.2.1.1) $$\begin{matrix} X' & \xrightarrow{g} & X \\ {\scriptstyle f'}\downarrow & & \downarrow{\scriptstyle f} \\ Y' & \xrightarrow{h} & Y \end{matrix} \quad .$$

Nous dirons que f <u>vérifie la condition</u> (C) <u>relativement à</u> (8.2.1.1) si la flèche de changement de base (SGA 4 XII, 4, XVII 2.1.3)

(8.2.1.2) $$h^*f_* \longrightarrow f'_*g^*$$

est un isomorphisme. Supposons que g^* (resp. h^*) possède un adjoint à gauche $g_!$ (resp. $h_!$). Il existe alors une unique flèche

(8.2.1.3) $$g_!f'^* \longrightarrow f^*h_!$$

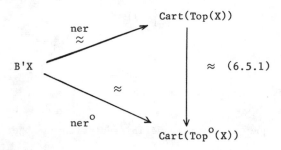

telle que, pour tout faisceau E sur Y' et tout faisceau F sur X , le carré ci-après soit commutatif :

$$\begin{array}{ccc} \mathrm{Hom}(f^*h_!E,F) & \xrightarrow{\mathrm{Hom}(c_E,F)} & \mathrm{Hom}(g_!f'^*E,F) \\ \downarrow \wr & & \downarrow \wr \\ \mathrm{Hom}(E,h^*f_*F) & \xrightarrow{\mathrm{Hom}(E,c^F)} & \mathrm{Hom}(E,f'_*g^*F) \end{array} ,$$

où les flèches verticales sont les isomorphismes d'adjonction et c_E (resp. c^F) désigne la flèche (8.2.1.3) (resp. (8.2.1.2)) appliqué à E (resp. F). Il revient alors au même de dire que (8.2.1.2) ou (8.2.1.3) est un isomorphisme.

<u>Exemple</u> 8.2.1.4. Supposons que $h : Y' = Y_{/V} \longrightarrow Y$ soit le morphisme de localisation défini par un objet V de Y , et que (8.2.1.1) soit le carré 2-cartésien correspondant (SGA 4 IV 5.11), i.e. que $g : X' = X_{/U} \longrightarrow X$ soit le morphisme de localisation défini par $U = f^*(V)$, et f' le morphisme induit par f . Dans cette situation, $g_!$ et $f_!$ existent ("prolongement par le vide"), et f vérifie trivialement la condition (C).

8.2.2. Soit X un topos fibré au-dessus de Δ^o . Nous dirons que X est une <u>pseudo-catégorie</u> si, pour tout $n \in \mathbb{N}$, la flèche $d_1 : X_1 \longrightarrow X_o$ vérifie la condition (C) relativement au carré

$$\begin{array}{ccc} X_{n+1} & \xrightarrow{d_o \dots d_o} & X_1 \\ {\scriptstyle d_{n+1}} \downarrow & & \downarrow {\scriptstyle d_1} \\ X_n & \xrightarrow{d_o \dots d_o} & X_o \end{array} .$$

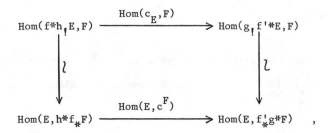

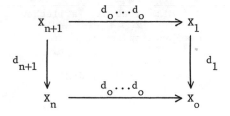

Exemple. Soit T un topos. Le topos fibré défini par le nerf d'un objet en catégories dans T (2.7) est une pseudo-catégorie. En effet, d'après (2.2.3 (vi)), les carrés ci-dessus sont cartésiens, et l'on est dans la situation de (8.2.1.4).

8.2.3. Soit X une pseudo-catégorie, et soit L un faisceau sur X_o. Notons $a : d_1^*(d_{1*}d_o^*L) \longrightarrow d_o^*(d_{1*}d_o^*L)$ l'unique morphisme rendant commutatif le carré

$$\begin{array}{ccc} d_1^*d_{1*}d_o^*L & \xrightarrow{a} & d_o^*d_{1*}d_o^*L \\ \downarrow & & \downarrow \wr \\ d_{2*}d_1^*d_o^*L & \xrightarrow{\sim} & d_{2*}d_o^*d_o^*L \end{array} ,$$

où la flèche horizontale inférieure est l'isomorphisme de transitivité, et la flèche verticale de gauche (resp. droite) la flèche de changement de base définie par le carré

$$\begin{array}{ccc} X_2 & \xrightarrow{d_1} & X_1 \\ {\scriptstyle d_2}\downarrow & & \downarrow{\scriptstyle d_1} \\ X_1 & \xrightarrow{d_1} & X_o \end{array} \qquad \left(\text{resp. } \begin{array}{ccc} X_2 & \xrightarrow{d_o} & X_1 \\ {\scriptstyle d_2}\downarrow & & \downarrow{\scriptstyle d_1} \\ X_1 & \xrightarrow{d_o} & X_o \end{array}\right).$$

Il est immédiat que a satisfait aux conditions (i) et (ii) de (8.1.1). L'objet $(d_{1*}d_o^*L,a)$ de BX ainsi défini s'appelle <u>faisceau co-induit</u> de L, on le notera coind(L). Pour $M = (M,m) \in \text{ob } BX$, la flèche $m : d_1^*M \longrightarrow d_o^*M$ définit par adjonction une injection

(8.2.3.1) $$M \hookrightarrow \text{coind}(M) ,$$

fonctorielle en M.

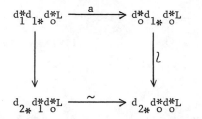

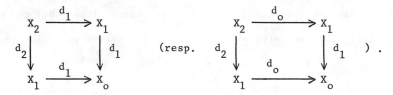

Le foncteur coind commute aux limites projectives finies, donc transforme faisceau abélien en faisceau abélien, et, plus généralement, $\mathcal{O}_{X_o}$-Module en $\mathcal{O}$-Module si $\mathcal{O}$ est un Anneau de B'X (8.1.7).

8.2.4. Soit X un pseudo-catégorie. Supposons que, pour tout n , $d_o : X_{n+1} \longrightarrow X_n$ possède un adjoint à gauche $d_{o!}$ (c'est le cas si X est bon (5.4)). Soit L un faisceau sur X_o . Notons $b : d_1^* d_{o!} d_1^* L \longrightarrow d_o^* d_{o!} d_1^* L$ l'unique morphisme rendant commutatif le carré

$$\begin{array}{ccc} d_1^* d_{o!} d_1^* L & \xrightarrow{\ b\ } & d_o^* d_{o!} d_1^* L \\ \uparrow \wr & & \uparrow \wr \\ d_{o!} d_2^* d_1^* L & \xrightarrow{\ \sim\ } & d_{o!} d_1^* d_1^* L \end{array} ,$$

où la flèche horizontale inférieure est l'isomorphisme de transitivité, et la flèche verticale de gauche (resp. de droite) est la flèche canonique (8.2.1.3) définie par le carré

$$\begin{array}{ccc} X_2 & \xrightarrow{d_o} & X_1 \\ {\scriptstyle d_2}\downarrow & & \downarrow{\scriptstyle d_1} \\ X_1 & \xrightarrow{d_o} & X_o \end{array} \qquad \text{(resp.} \qquad \begin{array}{ccc} X_2 & \xrightarrow{d_o} & X_1 \\ {\scriptstyle d_1}\downarrow & & \downarrow{\scriptstyle d_o} \\ X_1 & \xrightarrow{d_o} & X_o \end{array} \text{)}$$

(comme X est une pseudo-catégorie, la flèche $d_{o!} d_2^* \longrightarrow d_1^* d_{o!}$ est un isomorphisme). On vérifie comme en (8.2.3) (ou on le déduit de (loc. cit.)) que la flèche b vérifie les conditions (i) et (ii) de (8.1.1). L'objet $(d_{o!} d_1^* L, b)$ de BX ainsi défini s'appelle <u>faisceau induit</u> de L ,on le notera ind(L). Pour M = (M,m) $\in$ob BX la flèche m définit par adjonction un épimorphisme

(8.2.4.1) $$\mathrm{ind}(M) \twoheadrightarrow M \quad ,$$

fonctoriel en M .

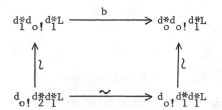

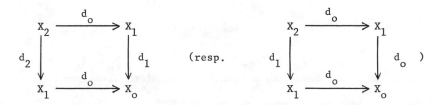

Si L est un faisceau abélien de X_o , on définit de manière analogue le faisceau abélien induit $\mathrm{ind}(L) \in \mathrm{ob}\ \mathrm{Mod}(BX)$, en utilisant les foncteurs $d_{o!}$ pour les faisceaux abéliens ("enveloppes additives" des $d_{o!}$ ensemblistes (5.7 b))). Plus généralement, on peut se donner un faisceau d'anneaux cartésien $\mathcal{O}$ de $\mathrm{Top}(X)$, et définir similairement le Module induit d'un $\mathcal{O}_{X_o}$-Module.

<u>Exemple</u>. Plaçons-nous dans la situation de (8.1.2) en prenant pour simplifier Y égal à l'objet final de T . Si L est un faisceau de T , on a $\mathrm{coind}(L) = \underline{\mathrm{Hom}}(G,L)$, $\mathrm{ind}(L) = G \times L$ avec les actions de G évidentes. Si L est un faisceau abélien, le faisceau abélien induit est $\mathbb{Z}(G) \otimes L$, où $\mathbb{Z}(G)$ est l'algèbre de G .

<u>Proposition</u> 8.2.5. <u>Soient</u> X <u>une pseudo-catégorie</u>, $L \in \mathrm{ob}\ X_o$, $M \in \mathrm{ob}\ BX$. <u>Il existe un isomorphisme canonique fonctoriel</u>

$$\mathrm{Hom}_{BX}(M,\mathrm{coind}(L)) \xrightarrow{\sim} \mathrm{Hom}_{X_o}(M,L) \quad .$$

<u>Si de plus l'hypothèse de</u> (8.2.4) <u>est remplie</u>, <u>il existe un isomorphisme canonique fonctoriel</u>

$$\mathrm{Hom}_{BX}(\mathrm{ind}(L),M) \xrightarrow{\sim} \mathrm{Hom}_{X_o}(L,M) \quad .$$

<u>Preuve</u>. Nous nous bornerons à prouver la première assertion. (La seconde se démontre de manière analogue). Notons $m : d_1^*M \longrightarrow d_o^*M$ le morphisme structural de M . A une flèche $u \in \mathrm{Hom}_{X_o}(M,L)$ on associe $(d_o^*u)m \in \mathrm{Hom}(d_1^*M, d_o^*L)$, d'où, par adjonction, une flèche $M \longrightarrow d_{1*}d_o{}^*L$, qui est compatible aux X-structures de M et $\mathrm{coind}(L)$, comme on le vérifie facilement. D'où un morphisme :

$$(*) \qquad \mathrm{Hom}_{X_o}(M,L) \longrightarrow \mathrm{Hom}_{BX}(M,\mathrm{coind}(L)) \quad .$$

Inversement, d'une flèche $v \in \mathrm{Hom}_{BX}(M,\mathrm{coind}(L))$ on déduit par adjonction une flèche $d_1^*M \longrightarrow d_o^*L$, d'où, par application de s_o^* , une flèche $M \longrightarrow L$. D'où un morphisme

(**) $$\mathrm{Hom}_{BX}(M,\mathrm{coind}(L)) \longrightarrow \mathrm{Hom}_{X_o}(M,L) \quad .$$

La vérification que (**)(*) et (*)(**) sont les morphismes identiques est immédiate (pour le deuxième composé, remarquer que, pour une flèche $v : M \longrightarrow d_{1*}d_o^*L$, la condition que v soit compatible aux X-structures de M et coind(L) s'exprime par

$$(d_o^*w)\,(d_2^*m) = d_1^*w \quad ,$$

où $w : d_1^*M \longrightarrow d_o^*L$ est l'adjointe de v).

<u>Remarque</u> 8.2.6. On a des variantes des formules d'adjonction de (8.2.5) pour les faisceaux abéliens. Plus généralement, si $\mathcal{O}$ est un Anneau de B'X (8.1.7), on a, pour $L \in \mathrm{ob}\,\mathrm{Mod}(X_o)$, $M \in \mathrm{ob}\,\mathrm{Mod}(BX)$, un isomorphisme canonique fonctoriel

(i) $$\mathrm{Hom}_{\mathrm{Mod}(BX)}(M,\mathrm{coind}(L)) \xrightarrow{\sim} \mathrm{Hom}_{\mathrm{Mod}(X_o)}(M,L) \quad ,$$

et, sous l'hypothèse de (8.2.4), un isomorphisme canonique fonctoriel

(ii) $$\mathrm{Hom}_{\mathrm{Mod}(BX)}(\mathrm{ind}(L),M) \xrightarrow{\sim} \mathrm{Hom}_{\mathrm{Mod}(X_o)}(L,M) \quad ,$$

où ind(L) est le $\mathcal{O}$-Module induit de L .

<u>Corollaire</u> 8.2.7. <u>Si</u> X <u>est une pseudo-catégorie vérifiant l'hypothèse de</u> (8.2.4), BX <u>possède une petite famille de générateurs</u>, <u>donc</u>, <u>d'après ce qu'on a vu plus haut</u>, <u>est un topos</u>. <u>Le foncteur</u> ner (8.1.4) <u>est le foncteur image inverse par un morphisme de topos</u> $\mathrm{Top}(X) \longrightarrow BX$, <u>et de même le foncteur</u> ner^o (8.1.5) <u>est le foncteur image inverse par un morphisme de topos</u> $\mathrm{Top}^o(X) \longrightarrow BX$ <u>quand</u> X <u>est bon</u>. <u>Enfin soit</u> $\mathcal{O}$ <u>un Anneau de</u> B'X (8.1.7) ; si $d_o^* : \mathrm{Mod}(X_o) \longrightarrow \mathrm{Mod}(X_1)$ <u>transforme injectifs en injectifs</u>, <u>le foncteur oubli</u> : $\mathrm{Mod}(BX) \longrightarrow \mathrm{Mod}(X_o)$ <u>transforme injectifs en injectifs</u>.

Preuve. Il découle de la deuxième formule de (8.2.5) que les faisceaux ind(L), pour L parcourant une petite famille de générateurs de X_o , forment une (petite) famille de générateurs de BX . La deuxième assertion est triviale. Enfin, si $d_o^* : \mathrm{Mod}(X_o) \longrightarrow \mathrm{Mod}(X_1)$ transforme injectifs en injectifs, le foncteur ind : $\mathrm{Mod}(X_o) \longrightarrow \mathrm{Mod}(BX)$ est exact, ce qui revient à dire, d'après (8.2.6 (ii), que le foncteur oubli : $\mathrm{Mod}(BX) \longrightarrow \mathrm{Mod}(X_o)$ transforme injectifs en injectifs.

Remarque. La dernière hypothèse de (8.2.7) est vérifiée par exemple quand $d_o : X_1 \longrightarrow X_o$ est un morphisme de localisation dans un topos.

8.3. Nerfs de Modules induits et coinduits.

8.3.1. Notations. (i) si $f : X \longrightarrow Y$ est un morphisme de topos fibrés (5.5), on notera $f : \mathrm{Top}(X) \longrightarrow \mathrm{Top}(Y)$ le morphisme des topos totaux correspondants, et $f^o : \mathrm{Top}^o(X) \longrightarrow \mathrm{Top}^o(Y)$ le morphisme des topos Top^o quand X et Y sont bons (5.4).

(ii) Soit X un topos fibré au-dessus de Δ^o . Nous aurons à envisager le topos fibré décalé $\mathrm{Dec}_+^1(X)$ (resp. $\mathrm{Dec}_1^+(X)$) déduit de X (cf. (6.2.5) et (1.5)) par oubli du dernier (resp. premier) opérateur de face, ainsi que les morphismes canoniques (1.5)

$$\begin{array}{ccc} \mathrm{Dec}_+^1(X) & \xrightarrow{d_o} & X_o \\ {\scriptstyle d}\downarrow & & \uparrow{\scriptstyle d} \\ X & \xleftarrow{d_o} & \mathrm{Dec}_1^+(X) \end{array} ,$$

donnés, pour $[n] \in \mathrm{ob}\,\Delta$, par

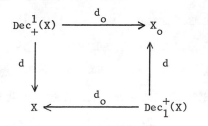

$$\begin{array}{ccc} X_{n+1} & \xrightarrow{\quad d_o \ldots d_o \quad} & X_o \\ {\scriptstyle d_{n+1}}\Big\downarrow & & \Big\uparrow{\scriptstyle d_1 \ldots d_{n+1}} \\ X_n & \xleftarrow{\quad d_o \quad} & X_{n+1} \end{array} \quad .$$

(iii) Soit X un topos fibré au-dessus de Δ^o . Nous dirons que X est une *bonne pseudo-catégorie* si X est bon (5.4) et est une pseudo-catégorie (8.2.2). Si $\mathcal{O}$ est un Anneau de $B'X$ (8.1.7), nous noterons encore $\mathcal{O}$ l'Anneau cartésien correspondant de $Top(X)$ (resp. $Top^o(X)$).

L'objet de ce numéro est d'établir les deux propositions suivantes, qui joueront un rôle technique essentiel aux numéros (8.4) et (8.5).

Proposition 8.3.2. *Soient* X *une bonne pseudo-catégorie* (8.3.1 (iii)), *et* $\mathcal{O}$ *un Anneau de* $B'X$. *Soit* L *un* $\mathcal{O}_{X_o}$*-Module, d'où, avec les notations de* (8.3.1 (i), (ii)), *des objets*

$$d_o^*L \in \text{ob Mod}(Top(Dec_+^1(X))) \quad , \quad d_o^{o*}L \in \text{ob Mod}(Top^o(Dec_+^1(X))) \quad .$$

Alors : (i) *il existe un isomorphisme canonique fonctoriel*

$$d_*(d_o^*L) \xrightarrow{\sim} ner(coind(L)) \quad .$$

(ii) *Soit*

$$\epsilon : d_o^{o*}L \longrightarrow (e_*, e^*)^{\cdot} d_o^{o*}L$$

la résolution standard (6.1.2) *de* $d_o^{o*}L$ *définie par les étages de* $Dec_+^1(X)$. *Il existe un isomorphisme canonique fonctoriel*

$$ner^o(coind(L)) \xrightarrow{\sim} d_*^o(d_o^{o*}L) \quad ,$$

et $d_*^o\epsilon$ *est un quasi-isomorphisme*.

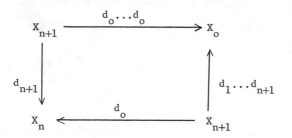

Proposition 8.3.3. Les données et hypothèses étant celles de (8.3.2), considérons les objets

$$d^*L \in \mathrm{ob}\ \mathrm{Mod}(\mathrm{Top}(\mathrm{Dec}_1^+(X))) \ , \quad d^{o*}L \in \mathrm{ob}\ \mathrm{Mod}(\mathrm{Top}^o(\mathrm{Dec}_1^+(X))) \ ,$$

avec les notations de (8.3.1 (i), (ii)). Alors :

(i) Il existe un isomorphisme canonique fonctoriel

$$d^o_{o!}d^{o*}L \xrightarrow{\sim} \mathrm{ner}^o(\mathrm{ind}(L)) \ .$$

(ii) Soit

$$\varepsilon : (e_!,e^*).d^*L \longrightarrow d^*L$$

la résolution standard (6.1.3) de d^*L définie par les étages de $\mathrm{Dec}_1^+(X)$. Il existe un isomorphisme canonique fonctoriel

$$d_{o!}d^*L \xrightarrow{\sim} \mathrm{ner}(\mathrm{ind}(L)) \ ,$$

et $d_{o!}\varepsilon$ est un quasi-isomorphisme.

Nous nous bornerons à démontrer (8.3.2), la démonstration de (8.3.3) étant analogue.

Preuve de (8.3.2 (i)). D'après (5.8.1. (iii)), et (8.3.1 (ii)), l'image directe $d_*(d_o^*L) \in \mathrm{ob}\ \mathrm{Mod}(\mathrm{Top}(X))$ est donnée en degré n par

$$(d_*(d_o^*L))_n = d_{n+1*}(d_o\dots d_o)^*L \ ,$$

et, pour $f : [m] \longrightarrow [n] \in \mathrm{Fl}\ \Delta^o$, la flèche

$$(*) \qquad f^*(d_*(d_o^*L))_n \longrightarrow (d_*(d_o^*L))_m$$

est donnée par la flèche de changement de base relative au carré

$$\begin{array}{ccc} X_{m+1} & \xrightarrow{f\cup[0]} & X_{n+1} \\ {\scriptstyle d_{m+1}}\downarrow & & \downarrow{\scriptstyle d_{n+1}} \\ X_m & \xrightarrow{f} & X_n \end{array}$$

Comme X est une pseudo-catégorie, $d_{n+1*}(d_o\dots d_o)^*L$ s'identifie canoniquement à $(d_o\dots d_o)^*d_{1*}d_o^*L = \mathrm{ner}_n(\mathrm{coind}(L))$, et il résulte aussitôt des définitions (8.1.4), (8.2.3), que la flèche de transition (*) s'identifie à la flèche de transition correspondante de $\mathrm{ner}(\mathrm{coind}(L))$, ce qui prouve (8.3.2 (i)).

Pour la preuve de (8.3.2 (ii)), nous aurons besoin de quelques préliminaires, qui font l'objet des numéros suivants.

8.3.4. Soient X un bon topos fibré au-dessus de Δ^o, $\mathcal{O}$ un Anneau cartésien de $\mathrm{Top}(X)$. Soit E un $\mathcal{O}$-Module de $\mathrm{Top}(X)$. Pour $[n] \in \mathrm{ob}\,\Delta$, on définit un foncteur

(8.3.4.1) $$P_n(E) : \Delta/[n] \longrightarrow \mathrm{Mod}(X_n)$$

de la façon suivante : pour $f : [i] \longrightarrow [n]$, d'où $f : X_n \longrightarrow X_i$,

$$P_n(E)(f) = f^*E_i \quad ;$$

pour $[j] \xrightarrow{g} [i] \xrightarrow{f} [n]$, on pose $P_n(E)(g) = f^*E_g : P_n(E)(fg) \longrightarrow P_n(E)(f)$. Ce foncteur définit d'après (3.9.6) un objet cosimplicial de $\mathrm{Mod}(X_n)$

(8.3.4.2) $$C^{\cdot}(P_n(E)) \quad ,$$

dont nous rappelons la définition : pour $[r] \in \mathrm{ob}\,\Delta$,

$$C^r(P_n(E)) = \prod_{x \in \mathrm{Hom}([r],\, \Delta/[n])} x_r^{\ *}(E_{\mathrm{source}(x_r)}) \quad ,$$

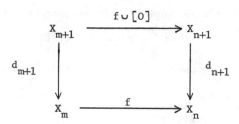

et la flèche correspondant à $f : [r] \longrightarrow [s]$ envoie $C^r(P_n(E))$ dans le facteur $y_s^*(E_{source(y_s)})$ par le composé de la projection sur $(yf)_r^*(E_{source((yf)_r)})$ et de la flèche $P_n(E)(y(b_f))$, avec les notations de (3.1.2).

Pour $[n]$ variable dans Δ , les $C^{\cdot}(P_n(E))$ forment de façon naturelle un objet cosimplicial de $Mod(Top^o(X))$: pour $u : [n] \longrightarrow [m]$, d'où $u : X_m \longrightarrow X_n$, on définit

$$(*) \qquad C^r(P_m(E)) \longrightarrow u^*C^r(P_n(E))$$

en envoyant $C^r(P_m(E))$ dans le facteur $u^*x_r^*(E_{source(x_r)}) = (ux_r)^*(E_{source(x_r)})$ par la projection canonique ; il est immédiat que les morphismes (*) sont compatibles aux flèches $C^f(-)$ pour $f : [r] \longrightarrow [s]$, en d'autres termes que ceux-ci définissent bien un morphisme d'objets cosimpliciaux

$$C^{\cdot}(P_m(E)) \longrightarrow u^*C^{\cdot}(P_n(E)) \quad ,$$

et qu'enfin ces derniers satisfont la condition de transitivité voulue pour un composé $[n] \xrightarrow{u} [m] \xrightarrow{v} [p]$. On notera

$$(8.3.4.3) \qquad C^{\cdot}(P.(E))$$

l'objet cosimplicial de $Mod(Top^o(X))$ ainsi défini.

Lemme 8.3.5. Sous les hypothèses de (8.3.4), soit $M = (M,a)$ un objet de $Mod(BX)$. Alors $C^{\cdot}(P.(ner(M)))$ est de façon naturelle une résolution de $ner^o(M)$.

Preuve. Soit $[n] \in ob\ \Delta$, on va d'abord redéfinir $P_n(ner(M))$. Regardant $[n]$ comme une catégorie de la façon naturelle, notons

$$F_n(M) \ : \ [n] \longrightarrow Mod(X_n)$$

le foncteur défini comme suit. Pour $0 \leq i \leq n$, notons $h_i : [0] \longrightarrow [n]$ la flèche de Δ envoyant 0 en i . On pose

$$F_n(M)(i) = h_i^*(M) \quad .$$

Pour $0 \leq i \leq j \leq n$, il existe une unique flèche $f : [1] \longrightarrow [n]$ telle que $fd^1 = h_i$, $fd^o = h_j$, on pose

$$F_n(M)(i \longrightarrow j) = f^*a : h_i^*(M) \longrightarrow h_j^*(M)$$

($h_i^*(M) = f^*d_1^*M$, $h_j^*(M) = f^*d_o^*(M)$). Les conditions (i) et (ii) de (8.1.1) impliquent immédiatement qu'on définit bien ainsi un foncteur. Je dis qu'on a

(8.3.5.1) $$P_n(\mathrm{ner}(M)) = F_n(M) \ \sup \quad ,$$

où $\sup : \Delta/[n] \longrightarrow [n]$ est le foncteur (3.1.2), qui associe $f(i)$ à $f : [i] \longrightarrow [n]$. En effet, on a, pour $f : [i] \longrightarrow [n]$,

$$\begin{aligned} P_n(\mathrm{ner}(M))(f) &= f^*\mathrm{ner}_i(M) \\ &= f^*(d_o \ldots d_o)^*M \qquad (8.1.4) \\ &= h_{f(i)}{}^*(M) \\ &= (F_n(M) \ \sup)(f) \quad . \end{aligned}$$

D'autre part, pour $[j] \xrightarrow{g} [i] \xrightarrow{f} [n]$, la flèche $g^*\mathrm{ner}_j(M) \longrightarrow \mathrm{ner}_i(M)$ est égale, d'après (8.1.4), à p^*a , où $p : [1] \longrightarrow [i]$ envoie 0 en $g(j)$ et 1 en i , et par suite on a

$$P_n(\mathrm{ner}(M))(g) = (F_n(M)\sup)(g) : (fg)^*\mathrm{ner}_j(M) \longrightarrow f^*\mathrm{ner}_i(M) \quad ,$$

ce qui prouve (8.3.5.1). Au foncteur $F_n(M)$ est associé comme tout à l'heure un objet cosimplicial de $\mathrm{Mod}(X_n)$:

(8.3.5.2) $$C^{\cdot}(F_n(M)) \quad ,$$

et pour $[n] \in \mathrm{ob}\ \Delta$ variable ceux-ci forment un objet cosimplicial de $\mathrm{Mod}(\mathrm{Top}^o(X))$

(8.3.5.3) $$C^{\cdot}(F_{\cdot}(M)) \quad .$$

La formule (8.3.5.1) implique que (8.3.5.3) et (8.3.4.3) (pour $E = ner(M)$) sont reliés par

$$(8.3.5.4) \qquad C^{\cdot}(P.(ner(M))) = C^{\cdot}(C^{\cdot}(F.(M))) \quad ,$$

où le premier $C^{\cdot}$ au second membre est relatif à $C^{\cdot}(F.(M))$ en tant que foncteur de Δ dans $Mod(Top^{o}(X))$. Appliquant l'énoncé dual de (3.9.3) (cf. (3.9.6)), on trouve une équivalence d'homotopie canonique et fonctorielle

$$(8.3.5.5) \qquad C^{\cdot}(F.(M)) \longrightarrow C^{\cdot}(P.(ner(M))) \quad .$$

Maintenant, on a une augmentation naturelle

$$(8.3.5.6) \qquad ner^{o}(M) \longrightarrow C^{\cdot}(F.(M)) \quad ,$$

définie comme suit : pour $[n] \in ob\ \Delta$, on a

$$ner^{o}_{n}(M) = h^{*}_{o}(M) = (d_1 \ldots d_n)^{*}(M) \qquad (8.1.5) \quad ,$$

$$C^{o}(F_n(M)) = \prod_{0 \leq i \leq n} h^{*}_{i}(M) \quad ;$$

la flèche (8.3.5.6) sur l'étage X_n , envoie $ner^{o}_{n}(M)$ dans le facteur $h^{*}_{i}(M)$ par $F_n(M)\ (0 \longrightarrow i)$ (il est immédiat que les flèches ainsi définies $ner^{o}_{n}(M) \longrightarrow C^{o}(F_n(M))$ forment, pour $[n]$ variable , un morphisme $ner^{o}(M) \longrightarrow C^{o}(F.(M))$, et que celui-ci est une augmentation vers $C^{\cdot}(F.(M))$).
Je dis que (8.3.5.6) est un quasi-isomorphisme, ce qui, compte tenu de (8.3.5.5) démontrera (8.3.5). En effet (8.3.5.6) induit sur chaque étage une équivalence d'homotopie d'après le

<u>Lemme</u> 8.3.5.7. <u>Soit</u> A <u>une catégorie possédant des petits produits</u>, <u>et soit</u> F <u>un foncteur d'une</u> (petite) <u>catégorie</u> I <u>dans</u> A . <u>On suppose que</u> I <u>possède un objet initial</u> 0 . <u>On considère l'objet cosimplicial</u> $C^{\cdot}(F)$ (3.9.6), <u>dont la composante de degré</u> n <u>est</u>

$$C^n(F) = \prod_{i\,:\,[n] \longrightarrow I} F(i_n) \quad .$$

<u>L'augmentation</u>

$$e : F(0) \longrightarrow C^{\cdot}(F) \quad ,$$

<u>envoyant</u> $F(0)$ <u>dans le facteur</u> $F(i)$ <u>de</u> $C^o(F)$ <u>par</u> $F(0 \longrightarrow i)$, <u>est une équivalence d'homotopie</u>.

<u>Preuve</u>. Notons

$$p : C^{\cdot}(F) \longrightarrow F(0)$$

le morphisme donné en degré n par la projection sur le facteur correspondant au foncteur constant $[n] \longrightarrow I$ de valeur 0 . On a $pe = Id$, et l'on définit une homotopie entre ep et Id de la façon suivante. Pour $f : [n] \longrightarrow [1]$, on note $u_f : C^n(F) \longrightarrow C^n(F)$ la flèche définie comme suit : pour $i : [n] \longrightarrow I$, désignons par $i_f : [n] \longrightarrow I$ le foncteur tel que $i_f(j) = i(j)$ pour $j \in f^{-1}(0)$ et $i_f(j) = i_f(\sup f^{-1}(0))$ pour $j \geq f^{-1}(0)$, et i_f constant de valeur 0 si $f^{-1}(0) = \emptyset$; alors u_f envoie $C^n(F)$ sur le facteur $F(i_n)$ correspondant à $i : [n] \longrightarrow I$ par la projection sur le facteur $F(i_f(n))$ correspondant à i_f suivie de la flèche $F(i_f(n) \longrightarrow i(n))$ définie par i . Pour f constant de valeur 0 , u_f est donc l'identité de $C^n(F)$, et pour f constant de valeur 1 , $u_f = ep$. Il est immédiat que les u_f définissent une homotopie entre ep et Id , ce qui achève la preuve de (8.3.5.7), et par suite celle de (8.3.5).

<u>Lemme</u> 8.3.6. <u>Sous les hypothèses de</u> (8.3.2) <u>il existe un isomorphisme canonique fonctoriel</u>

$$d^o_*(e_*, e^*)^{\cdot} d^{o*}_o L \xrightarrow{\sim} C^{\cdot}(P.(ner(coind(L)))) \quad ,$$

<u>avec les notations de</u> (8.3.1) <u>et</u> (8.3.4.3).

Preuve. Posons $d_o^{o*}L = G$ et fixons d'abord n , $r \in \mathbb{N}$. On a

$$d_*^o(e_*,e^*)^r(G) = d_*^o e_* e^* \underbrace{(e_*e^*) \dots (e_*e^*)}_{r \text{ facteurs}} G \quad .$$

D'après (5.8.2), on a donc

$$((d_*(e_*,e^*)^r(G)))_n = \prod_{f : [i] \longrightarrow [n]} f^* d_{i+1*} \underbrace{((e_*e^*)\dots(e_*e^*)G)_i}_{r \text{ facteurs}} \quad .$$

Appliquant la deuxième formule (5.4) on trouve

$$((e_*e^*)\dots(e_*e^*)G)_i = \prod_{[i] = [j_r] \longleftarrow \dots \longleftarrow [j_o]} u^* G_{j_o} \quad ,$$

le produit étant pris sur tous les r-simplexes $j : [r] \longrightarrow \Delta$ de $Ner(\Delta)$ tels que $j_r = i$, et u désignant le composé $[j_o] \longrightarrow [i]$. Or on a $u^*G_{j_o} = (d_o \dots d_o)^* d_o^* L$, et, comme X est une pseudo-catégorie, on a, par l'isomorphisme de changement de base,

$$\begin{aligned} d_{i+1*}(d_o \dots d_o)^* d_o^* L &= (d_o \dots d_o)^* d_{1*} d_o^* L \\ &= ner_i(coind(L)) \quad . \end{aligned}$$

On a donc finalement

$$((d_*^o(e_*,e^*)^r(G)))_n = \prod_{x : [r] \longrightarrow \Delta/[n]} x_r^*(ner_{j_r}(coind(L))) \quad ,$$

où $j_r = source(x_r)$, autrement dit

$$((d_*^o(e_*,e^*)^r(d_o^*L)))_n = C^r(P_n(ner\ coind\ L)) \quad .$$

Des calculs de pure routine montrent que, pour r et n variable, l'isomorphisme précédent fournit un isomorphisme d'objets cosimpliciaux de $Mod(Top^o(X))$:

$$d_*^o(e_*,e^*)^{\cdot}(d_o^{o*}L) \xrightarrow{\sim} C^{\cdot}(P.(ner\ coind\ L)) \quad ,$$

cqfd.

Preuve de (8.3.2 (ii)). Il suffit de conjuguer (8.3.5) et (8.3.6) appliqués à $M = \mathrm{coind}(L)$.

Ceci achève la démonstration de (8.3.2) et (8.3.3).

Signalons encore la compatibilité suivante, qui nous sera utile plus loin :

Proposition 8.3.7. Sous les hypothèses de (8.3.4), soit $M = (M,a)$ un objet de $\mathrm{Mod}(BX)$. Avec les notations de (8.3.1), il existe des isomorphismes canoniques fonctoriels

$$\text{(i)} \qquad d^{o*}\mathrm{ner}^{o}(M) = \mathrm{Dec}_{+}^{1}(\mathrm{ner}^{o}(M)) = \mathrm{ner}^{o}(d_1^{*}M, d_2^{*}a) \quad ,$$

$$\text{(ii)} \qquad d_o^{*}\mathrm{ner}(M) = \mathrm{Dec}_{1}^{+}(\mathrm{ner}(M)) = \mathrm{ner}(d_o^{*}M, d_o^{*}a) \quad .$$

Preuve. Cela résulte immédiatement des définitions.

8.4. Cohomologie de BX.

8.4.1. Soient X un bon topos fibré au-dessus de Δ^{o} , $\mathcal{O}$ un Anneau de $B'X$ (8.1.7), d'où un Anneau cartésien de $\mathrm{Top}(X)$ (resp. $\mathrm{Top}^{o}(X)$), noté encore $\mathcal{O}$. Le foncteur $\mathrm{ner} : \mathrm{Mod}(BX) \longrightarrow \mathrm{Mod}(\mathrm{Top}(X))$, étant exact, induit un foncteur $\mathrm{ner} : D(BX) \longrightarrow D(\mathrm{Top}(X))$. De même, ner^{o} induit un foncteur $\mathrm{ner}^{o} : D(BX) \longrightarrow D(\mathrm{Top}^{o}(X))$. On en déduit, pour $E \in \mathrm{ob}\, D(BX)$, $F \in \mathrm{ob}\, D^{+}(BX)$, des homomorphismes canoniques fonctoriels

$$(8.4.1.1) \qquad \mathrm{RHom}(E,F) \longrightarrow \mathrm{RHom}(\mathrm{ner}(E),\mathrm{ner}(F)) \quad ,$$

$$(8.4.1.2) \qquad \mathrm{RHom}(E,F) \longrightarrow \mathrm{RHom}(\mathrm{ner}^{o}(E),\mathrm{ner}^{o}(F)) \quad .$$

Théorème 8.4.2. Dans la situation de (8.4.1), on suppose que X est une pseudo-catégorie (8.2.2), et que, pour tout $n \in \mathbb{N}$, le foncteur $(d_o \ldots d_o)^* : \mathrm{Mod}(X_o) \longrightarrow \mathrm{Mod}(X_n)$ transforme injectifs en injectifs ([1]). Alors, pour $E \in \mathrm{ob}\, D^-(BX)$, $F \in \mathrm{ob}\, D^+(BX)$, les morphismes (8.4.1.1) et (8.4.1.2) sont des isomorphismes.

Corollaire 8.4.2.1. Sous les hypothèses de (8.4.2), le foncteur

$$\mathrm{ner} : D^b(BX) \longrightarrow D^b(\mathrm{Top}(X)) \text{ (resp. } \mathrm{ner}^o : D^b(BX) \longrightarrow D^b(\mathrm{Top}^o(X)) \text{)}$$

est pleinement fidèle ; de plus, son image essentielle se compose des objets M tels que, pour tout i , $H^i(M)$ soit dans l'image essentielle de ner (resp. ner^o) (cf. (8.1.6)).

Preuve. La première assertion découle trivialement de (8.4.2). Elle implique que l'image essentielle de $D^b(BX)$ par le foncteur ner (resp. ner^o) est une sous-catégorie triangulée de $D^b(\mathrm{Top}(X))$ (resp. $D^b(\mathrm{Top}^o(X))$), et la seconde assertion en résulte aussitôt.

Corollaire 8.4.2.2. Sous les hypothèses de (8.4.2), les flèches

$$R\Gamma(\mathrm{Top}(X),\mathrm{ner}(F)) \xleftarrow{(8.4.1.1)} R\Gamma(BX\ ,F) \xrightarrow{(8.4.1.2)} R\Gamma(\mathrm{Top}^o(X),\ \mathrm{ner}^o(F))$$

sont des isomorphismes. Il existe une suite spectrale canonique fonctorielle

$$E_1^{pq} = H^q(X_p,\mathrm{ner}_p(F)) \Longrightarrow H^*(BX,F) .$$

Le complexe $E_1^{\cdot q}$ est le complexe de cochaînes défini par le groupe abélien cosimplicial $[p] \longmapsto H^q(X_p,\mathrm{ner}_p(F))$.

([1]) Condition réalisée par exemple si $d_o \ldots d_o : X_n \longrightarrow X_o$ est un morphisme de localisation dans un topos.

Preuve. Faire $E = \mathcal{O}$ dans (8.4.2), et appliquer (6.2.3.2).

Pour prouver (8.4.2), nous aurons besoin du

Lemme 8.4.3. Sous les hypothèses de (8.4.2), soient $L \in \mathrm{ob}\, D(BX)$, $E \in \mathrm{ob}\, D^+(X_o)$, $M \in \mathrm{ob}\, D(X_o)$, $F \in \mathrm{ob}\, D^+(BX)$. Il existe des isomorphismes canoniques fonctoriels :

(i) $\mathrm{RHom}(BX;L,\mathrm{Rcoind}(E)) \xrightarrow{\sim} \mathrm{RHom}(X_o;L,E)$,

(ii) $\mathrm{RHom}(BX;\mathrm{ind}(M),F) \xrightarrow{\sim} \mathrm{RHom}(X_o;M,F)$.

En effet, le foncteur coind : $\mathrm{Mod}(X_o) \longrightarrow \mathrm{Mod}(BX)$ (resp. oubli : $\mathrm{Mod}(BX) \longrightarrow \mathrm{Mod}(X_o)$) transforme injectifs en injectifs ((8.2.6 (ii)), (8.2.7)).

Preuve de (8.4.2). Prouvons que (8.4.1.1) est un isomorphisme. On peut supposer E concentré en degré 0 et de la forme $E = \mathrm{ind}(L)$, pour $L \in \mathrm{ob}\, \mathrm{Mod}(X_o)$. D'après (8.3.3 (ii)) et (6.6.2.1), on a un isomorphisme canonique fonctoriel

$$\mathrm{ner}(\mathrm{ind}(L)) = Ld_{o!}d^*L \quad .$$

D'où des isomorphismes canoniques fonctoriels

$$\begin{aligned}
\mathrm{RHom}(\mathrm{ner}(E),\mathrm{ner}(F)) &= \mathrm{RHom}(Ld_{o!}d^*L,\mathrm{ner}(F)) \\
&= \mathrm{RHom}(d^*L,d_o^*\mathrm{ner}(F)) \quad (6.6.2) \\
&= \mathrm{RHom}(d^*L,\mathrm{Dec}_1^+(\mathrm{ner}(F))) \quad (8.3.7\ (ii)) \\
&= \mathrm{RHom}(L,Rd_*\mathrm{Dec}_1^+(\mathrm{ner}(F))) \quad (\text{dualité triviale III 4.6}) \\
&= \mathrm{RHom}(L,F) \quad (6.2.5) \\
&= \mathrm{RHom}(BX;E,F) \quad (8.4.3\ (ii)) \quad ,
\end{aligned}$$

ce qui prouve que (8.4.1.1) est un isomorphisme, moyennant des vérifications de compatibilité triviales entre les isomorphismes canoniques précédents. Prouvons que (8.4.1.2) est un isomorphisme. On peut supposer F concentré en degré 0 et de la forme $F = \mathrm{coind}(L)$, où L est un $\mathcal{O}_{X_o}$-Module injectif. Par hypothèse, $d_o^{o*}L$ (notations de (8.3.2)) induit un Module injectif sur chaque étage de $\mathrm{Dec}_+^1(X)$, donc $e_*e^*d_o^{o*}L$ (notations de (8.3.2 (ii)) est un Module injectif sur $\mathrm{Dec}_+^1(X)$. De plus, comme, pour toute flèche $f : [i] \longrightarrow [j]$ de Δ^o, on a $f^*(d_o^{o*}L)_j = (d_o^{o*}L)_i$, $e_*e^*d_o^{o*}L$ induit un Module injectif sur chaque étage de $\mathrm{Dec}_+^1(X)$. On voit ainsi, de proche en proche, que $(e_*,e^*)^{\cdot}d_o^{o*}L$ est une résolution de $d_o^{o*}L$ par des Modules injectifs. Donc, d'après (8.3.2 (ii)), on a un isomorphisme canonique

$$\mathrm{ner}^o(\mathrm{coind}(L)) = \mathrm{R}d_*^o d_o^{o*}L \quad .$$

D'où des isomorphismes canoniques fonctoriels

$$\begin{aligned}
\mathrm{RHom}(\mathrm{ner}^o(E), \mathrm{ner}^o(F)) &= \mathrm{RHom}(\mathrm{ner}^o(E), \mathrm{R}d_*^o d_o^{o*}L) \\
&= \mathrm{RHom}(d^{o*}\mathrm{ner}^o(E), d_o^{o*}L) \quad \text{(dualité triviale)} \\
&= \mathrm{RHom}(\mathrm{Dec}_+^1(\mathrm{ner}^o(E)), d_o^{o*}L) \quad (8.3.7\ \text{(i)}) \\
&= \mathrm{RHom}(\mathrm{L}d_{o!}^o \mathrm{Dec}_+^1(\mathrm{ner}^o(E)), L) \quad (6.6.4) \\
&= \mathrm{RHom}(E,L) \quad (6.6.4.5) \\
&= \mathrm{RHom}(BX;E,F) \quad (8.4.3\ \text{(i)}),
\end{aligned}$$

ce qui, moyennant encore quelques compatibilités triviales, prouve que (8.4.1.2) est un isomorphisme, et achève la démonstration de (8.4.2).

8.4.4. Exemple. Plaçons-nous dans la situation de (8.1.2). Soit L un faisceau abélien de $BG_{/Y}$. Si le faisceau abélien de T sous-jacent à L est flasque, on a

(8.4.4.1) $$\mathrm{R}\Gamma(BG_{/Y},L) = \Gamma^{\cdot}(\mathrm{Ner}(G,Y),\mathrm{ner}(L))$$
$$=(\Gamma(Y,L) \rightrightarrows \Gamma(G \times Y, d_o^*L) \rightrightarrows \ldots \ \Gamma(G^n \times Y, (d_o \ldots d_o)^*L) \ldots)$$

Pour $L = Y \times M$, où M est un G-faisceau abélien, le groupe abélien cosimplicial au second membre s'écrit :

(8.4.4.2) $$\Gamma(G^n \times Y\ ,\ (d_o \ldots d_o)^*L) = \mathrm{Hom}(G^n \times Y,M)$$

$$= \mathrm{Hom}_{\mathbb{Z}}(\mathbb{Z}(G)^{\otimes n} \otimes \mathbb{Z}(Y),M)$$

(où $\mathbb{Z}(-)$ désigne le foncteur $\mathbb{Z}$-Module libre engendré), avec des opérateurs de face et de dégénérescence donnés par :

$$(d^o u)(g_1,\ldots,g_{n+1},y) = u(g_2,\ldots,g_{n+1},g_1 y)$$

$$(d^i u)(g_1,\ldots,g_{n+1},y) = u(g_1,\ldots,g_{i+1}g_i,\ldots,g_{n+1},y) \quad (0 < i < n)$$

$$(d^n u)(g_1,\ldots,g_{n+1},y) = g_{n+1}u(g_1,\ldots,g_n,y) \quad ,$$

$$(s^i u)(g_1,\ldots,g_{n-1},y) = u(g_1,\ldots,g_i,1,g_{i+1},\ldots,g_{n-1},y) \quad ,$$

pour $u \in \mathrm{Hom}(G^n \times Y,M)$. On peut retrouver ce résultat directement de la manière suivante. Observons qu'on a

(8.4.4.3) $$R\Gamma(BG_{/Y},L) = R\mathrm{Hom}_{\mathbb{Z}(G)}(\mathbb{Z}(Y),M)$$

(les catégories abéliennes $\mathbb{Z}(G)$-Mod(T) et $\mathbb{Z}$-Mod(BG) étant canoniquement équivalentes). Le second membre peut se calculer à l'aide de la bar-résolution, dont nous rappelons la construction plus bas (11.4.4). Si le faisceau abélien sous-jacent à $L = Y \times M$ est flasque, on a
$\mathrm{Ext}^i_{\mathbb{Z}}(\mathbb{Z}(G)^{\otimes n} \otimes \mathbb{Z}(Y),M)$ $(= H^i(G^n \times Y,L)) = 0$ pour tout $i > 0$ et tout n.
Il en résulte qu'avec les notations de (11.4.4) on a :

(8.4.4.4) $$R\mathrm{Hom}_{\mathbb{Z}(G)}(\mathbb{Z}(Y),M) = C(G,Y,M) \quad ,$$

où l'on a posé $\mathrm{Hom}^{\cdot}_{\mathbb{Z}(G)}(\mathrm{Bar}(\mathbb{Z}(G)/\mathbb{Z},\mathbb{Z}(Y)),M) = C(G,Y,M)$. On est alors ramené à comparer les objets cosimpliciaux (8.4.4.2) et $C(G,Y,M)$. Pour cela, on note d'abord que le renversement de l'ordre des facteurs de G^n dans $\mathrm{Hom}(G^n \times Y,M)$ identifie (8.4.4.2) à l'objet cosimplicial de mêmes composantes et ayant des opérateurs de face et de dégénérescence donnés par :

$$
\begin{aligned}
&(8.4.4.2)' \quad (d^{o}u)(g_1,\ldots,g_{n+1},y) = u(g_1,\ldots,g_n,g_{n+1}y)\\
&(d^{i}u)(g_1,\ldots,g_{n+1},y) = u(g_1,\ldots,g_{n-i+1}g_{n-i+2},\ldots,g_{n+1},y) \quad (0 < i < n),\\
&(d^{n}u)(g_1,\ldots,g_{n+1},y) = g_1u(g_2,\ldots,g_{n+1},y)\\
&(s^{i}u)(g_1,\ldots,g_{n-1},y) = u(g_1,\ldots,g_{n-i-1},1,g_{n-i},\ldots,g_{n-1},y) \quad .
\end{aligned}
$$

Or cet objet cosimplicial se déduit de $C(G,Y,M)$ par l'involution "passage à l'ordre opposé sur Δ " (1.2.4), donc les complexes de cochaînes associés à (8.4.4.2)' et $C(G,Y,M)$ sont canoniquement isomorphes, et par suite (8.4.4.1) (pour $L = Y \times M$) découle de la conjonction de (8.4.4.3) et (8.4.4.4).

Si le faisceau abélien sous-jacent à $L = Y \times M$ n'est pas supposé flasque, le complexe (8.4.4.1) n'est que le terme E^1 de la suite spectrale (8.4.2.2), qui s'écrit :

(8.4.4.5) $$E_1^{p,q} = H^q(G^p \times Y,M) \Longrightarrow H^*(BG_{/Y},M_{(Y)}) \quad .$$

On reconnaît là une suite spectrale "d'Eilenberg-Moore" (son existence peut aussi s'établir à partir de (8.4.4.3) et d'une bar-résolution).

Signalons une variante "locale" de (8.4.2.2) :

Proposition 8.4.5. *Soit* T *un topos,* X *une bonne pseudo-catégorie* (8.3 (iii)), $p : X \longrightarrow T$ *un morphisme de topos fibrés, d'où des morphismes de topos*

(8.4.5.1)
$$
\begin{array}{ccccc}
\mathrm{Top}(X) & \longrightarrow & BX & \longleftarrow & \mathrm{Top}^{o}(X)\\
 & {\scriptstyle p}\searrow & \downarrow{\scriptstyle p} & \swarrow{\scriptstyle p^{o}} & \\
 & & T & &
\end{array} \quad ,
$$

où le foncteur image inverse par la flèche horizontale de gauche (resp. *droite*) *est le foncteur* ner (resp. ner^{o}). *On suppose que* $\mathrm{Dec}^1(X)$ *est* $\overline{\Delta}^{o}$ *-isomorphe*

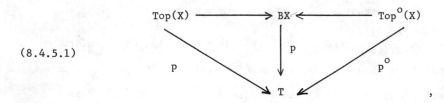

<u>topos fibré défini par un objet simplicial augmenté d'un topos</u>. <u>On se donne un Anneau</u> $\mathcal{O}$ <u>de</u> T , <u>et l'on munit</u> BX, $Top(X)$, $Top^{o}(X)$ <u>des Anneaux images inverses de</u> $\mathcal{O}$ <u>par les projections sur</u> T . <u>Alors</u>, <u>pour</u> $M \in ob\, D^{+}(BX)$, <u>les flèches canoniques</u>

$$Rp_{*}(ner(M)) \longleftarrow Rp_{*}(M) \longrightarrow Rp_{*}^{o}(ner^{o}(M))$$

<u>définies par</u> (8.4.5.1) <u>sont des isomorphismes</u>.

<u>Preuve</u>. On peut supposer M réduit au degré 0 et de la forme $M = coind(L)$, où L est un Module injectif sur X_{o} . Comme on a vu dans la preuve de (8.4.2), on a alors un isomorphisme canonique

(1) $$ner^{o}(M) = Rd_{*}^{o}d_{o}^{o*}L \quad .$$

D'autre part, d'après (6.3.1) et (8.3.2 (i)), on a un isomorphisme canonique

(2) $$ner(M) = Rd_{*}d_{o}^{*}L \quad .$$

Par ailleurs, d'après (6.5.4), on a un isomorphisme canonique

(3) $$Rd_{o*}d_{o}^{*}L = Rd_{o*}^{o}d_{o}^{o*}L \quad ,$$

Enfin, d'après (6.6.4.6), on a un isomorphisme canonique

(4) $$Rd_{o*}d_{o}^{*}L = L \quad .$$

Comme on a $pd = p_{o}d_{o}$, on obtient, en mettant ensemble (1), (2), (3), (4), des isomorphismes canoniques

(5) $$Rp_{*}ner(M) = Rp_{*}^{o}ner^{o}(M) = Rp_{o*}L = p_{o*}L \quad .$$

D'autre part, d'après (8.2.6 (i)), $M = coind(L)$ est injectif et l'on a un isomorphisme canonique

(6) $$Rp_{*}M = p_{o*}L \quad .$$

Combinant (5) et (6), et tenant compte des compatibilités "évidentes" entre les isomorphismes canoniques précédents, on obtient la conclusion de (8.4.5).

Nous allons, pour terminer, donner un procédé de calcul commode de RHom(E,F) dans la situation générale de (8.4.2). Nous aurons besoin, pour cela, de quelques préliminaires, dans le style des constructions du n° 7.

8.4.6. Soit X un bon topos fibré au-dessus de I. Soit $\mathcal{O}$ un Anneau cartésien de $\mathrm{Top}(X)$, d'où (6.5.1) un Anneau cartésien de $\mathrm{Top}^{o}(X)$, noté encore $\mathcal{O}$. Pour $E \in \mathrm{ob}\,\mathrm{Mod}(\mathrm{Top}^{o}(X))$, $F \in \mathrm{ob}\,\mathrm{Mod}(\mathrm{Top}(X))$, on définit (cf. n° 7)

(8.4.6.1) $$\mathrm{Hom}^{!}(E,F) \in \mathrm{ob}\ \mathbb{Z}\text{-}\mathrm{Mod}(\mathrm{Top}(I))$$

comme le foncteur $I^{o} \longrightarrow \mathrm{Ab}$, $i \longmapsto \mathrm{Hom}(E_i,F_i)$, la flèche $\mathrm{Hom}(E_j,F_j) \longrightarrow \mathrm{Hom}(E_i,F_i)$ correspondant à $f : i \longrightarrow j \in \mathrm{Fl}\ I$ étant la composée de la restriction $\mathrm{Hom}(E_j,F_j) \longrightarrow \mathrm{Hom}(f^*E_j,f^*F_j)$ et de la flèche définie par les flèches de transition de E et F. On note

(8.4.6.2) $$\mathrm{RHom}^{!} : D(\mathrm{Top}^{o}(X)) \times D^{+}(\mathrm{Top}(X)) \longrightarrow D(\mathrm{Top}(I))$$

le foncteur dérivé du foncteur $\mathrm{Hom}^{!}$. Pour $E \in \mathrm{ob}\ D(\mathrm{Top}^{o}(X))$, $F \in \mathrm{ob}\ D^{+}(\mathrm{Top}(X))$, on a

(8.4.6.3) $$\mathrm{RHom}^{!}(E,F) \simeq \mathrm{Hom}^{!}(E,F'),$$

où F' est une résolution de F par un complexe, borné inférieurement, de Modules injectifs en restriction à chaque étage (pas nécessairement injectifs comme Modules de $\mathrm{Top}(X)$).

8.4.7. Soit $f : X \longrightarrow Y$ un I-morphisme de I-topos fibrés, X et Y étant bons. Soit $\mathcal{O}_X$ (resp. $\mathcal{O}_Y$) un Anneau cartésien de $\mathrm{Top}(X)$ (resp. $\mathrm{Top}(Y)$), et donnons-nous un morphisme $f^{-1}(\mathcal{O}_Y) \longrightarrow \mathcal{O}_X$. La formule de dualité triviale (III 4.6) fournit, pour $L \in \mathrm{ob}\ D^{-}(\mathrm{Top}^{o}(Y))$, $M \in \mathrm{ob}\ D^{+}(\mathrm{Top}(X))$, un isomorphisme fonctoriel canonique de $D^{+}(\mathrm{Top}(I))$:

(8.4.7.1) $$\mathrm{RHom}^!(L,Rf_*M) \xrightarrow{\sim} \mathrm{RHom}^!(Lf^*L,M) \quad .$$

Celui-ci est encore valable pour $L \in \mathrm{ob}\, D(\mathrm{Top}^o(Y))$ quand f est de tor-dimension finie. D'autre part, si l'on se donne un morphisme d'Anneaux $\mathcal{O}_X \longrightarrow f^{-1}(\mathcal{O}_Y)$ tel que les hypothèses de (6.6.3) et (6.6.4) soient vérifiées, on a, pour $E \in \mathrm{ob}\, D^-(\mathrm{Top}^o(X))$, $F \in \mathrm{ob}\, D^+(\mathrm{Top}(Y))$, un isomorphisme fonctoriel canonique

(8.4.7.2) $$\mathrm{RHom}^!(Lf_!E,F) \xrightarrow{\sim} \mathrm{RHom}^!(E,f^*F)$$

(valable encore pour $E \in \mathrm{ob}\, D(\mathrm{Top}^o(X))$ quand l'hypothèse de (6.6.4.1) est vérifiée). Cela découle immédiatement de (6.6.4), (6.6.4.1), (6.6.4.2).

<u>Théorème</u> 8.4.8. <u>Soit</u> X <u>une bonne pseudo-catégorie vérifiant l'hypothèse de</u> (8.4.2). <u>Pour</u> $E \in \mathrm{ob}\, D^-(BX)$, $F \in \mathrm{ob}\, D^+(BX)$, <u>l'homomorphisme canonique</u>

$$\mathrm{RHom}(BX\ ;\ E,F) \longrightarrow R\Gamma(\mathrm{Top}(\Delta^o),\ \mathrm{RHom}^!\ (\mathrm{ner}^o(E),\ \mathrm{ner}(F))) \quad (^1)$$

<u>est un isomorphisme</u>.

<u>Preuve</u>. On peut supposer E borné supérieurement et F concentré en degré 0 et de la forme $F = \mathrm{coind}(M)$, où M est un $\mathcal{O}_{X_o}$-Module injectif. Rappelons qu'on a des morphismes de topos fibrés (8.3.1 (ii)) :

$$\begin{array}{ccc} \mathrm{Dec}^1_+(X) & \xrightarrow{d_o} & X_o \\ {\scriptstyle d}\big\downarrow & & \\ X & & \end{array} \quad .$$

Par hypothèse, d_o^*M est injectif sur chaque étage. D'après (8.3.2 (i)), on a donc un isomorphisme canonique

$$\mathrm{ner}(F) = Rd_*d_o^*M = d_*d_o^*M \quad .$$

(^{1}) défini par dérivation à partir de l'isomorphisme fonctoriel évident $\mathrm{Hom}(BX\ ;\ L,M) \xrightarrow{\sim} \Gamma(\mathrm{Top}(\Delta^o),\ \mathrm{Hom}^!(\mathrm{ner}^o(L),\ \mathrm{ner}(M)))$ pour L, $M \in \mathrm{ob}\, \mathrm{Mod}(BX)$.

Il en résulte des isomorphismes canoniques

$$\mathrm{RHom}^!(\mathrm{ner}^o(E),\mathrm{ner}(F)) = \mathrm{RHom}^!(\mathrm{ner}^o(E),\mathrm{Rd}_{*}d^*_oM)$$
$$= \mathrm{RHom}^!(d^{o*}\mathrm{ner}^o(E),d^*_oM)$$

(d'après (8.4.7.1) et avec les notations de (8.3.1 (i))), d'où

$$\mathrm{R}\Gamma(\mathrm{Top}(\Delta^o),\ \mathrm{RHom}^!(\mathrm{ner}^o(E),\ \mathrm{ner}(F))) = \int \mathrm{Hom}^!\ (\mathrm{Dec}^1_+\mathrm{ner}^o(E),\ d^*_oM) \quad (8.3.7\ (ii),\ (6.2.3))$$
$$= \mathrm{Hom}^{\cdot}(\mathrm{Ld}^o_{o!}\mathrm{Dec}^1_+\mathrm{ner}^o(E),M)$$

(d'après la définition de $\mathrm{Hom}^!$ et (6.6.4.4)), d'où

$$\mathrm{R}\Gamma(\mathrm{Top}(\Delta^o),\ \mathrm{RHom}^!\ (\mathrm{ner}^o(E),\ \mathrm{ner}(F))) = \mathrm{Hom}(E,M) \quad (6.6.4.5)$$
$$= \mathrm{RHom}(BX;E,F) \quad (8.4.3\ (i))\ ,$$

ce qui achève la démonstration.

Corollaire 8.4.8.1. Sous les hypothèses de (8.4.8), il existe une suite spectrale

$$E_1^{pq} = \mathrm{Ext}^q(\mathrm{ner}^o_p(E),\ \mathrm{ner}_p(F)) \Longrightarrow \mathrm{Ext}^*(BX;E,F) \qquad ,$$

où $E_1^{\cdot q}$ est le complexe de cochaînes du groupe abélien cosimplicial $[p] \longmapsto \mathrm{Ext}^q(\mathrm{ner}^o_p(E),\ \mathrm{ner}_p(F))$ [1].

Corollaire 8.4.8.2. Sous les hypothèses de (8.4.8), supposons que F soit borné inférieurement et que ses composantes soient injectives en tant que $\mathcal{O}_{X_o}$-Modules. Alors RHom(BX;E,F) s'identifie au complexe simple défini l'objet cosimplicial $[n] \longmapsto \mathrm{Hom}^{\cdot}(\mathrm{ner}^o_n(E),\mathrm{ner}_n(F))$.

---

[1] la structure cosimpliciale est la structure évidente définie par les restrictions sur les Ext^q et les flèches de transition des nerfs.

9. Diagrammes spectraux et stabilisation.

9.1. Objets multisimpliciaux réduits.

On fixe une catégorie A . Soient a , n des entiers ≥ 0 . Pour $i \in [n-1]$, on note

$$(9.1.1) \qquad d_a^i \ : \ (\Delta^o)^{n-1} \longrightarrow (\Delta^o)^n$$

le foncteur d'inclusion donné par

$$d_a^i(x_o,\ldots,x_{n-2}) = (x_o,\ldots x_{i-1},[a], x_i,\ldots,x_{n-2}) \quad .$$

Si X est un objet n-simplicial de A (i.e. un foncteur de $(\Delta^o)^n$ dans A), on appelle <u>i-ième face de degré</u> a de X , et l'on note $\partial_i^a X$ l'objet (n-1)-simplicial

$$(9.1.2) \qquad \partial_i^a X \overset{dfn}{=} X d_a^i \quad ,$$

On suppose maintenant que A est une catégorie abélienne. On dit que $X \in$ ob n-Simpl(A) est <u>réduit</u> si toutes les faces de X de degré 0 sont constantes de valeur 0 . On note

$$(9.1.3) \qquad \text{n-Simpl(A)}_{red}$$

la sous-catégorie pleine de n-Simpl(A) formée des objets réduits. Le foncteur normalisation N : n-Simpl(A) $\longrightarrow$ n-C.(A) (I 1.3.5) induit une équivalence

$$(9.1.4) \qquad N : \text{n-Simpl(A)}_{red} \xrightarrow{\approx} \text{n-C.(A)}_{red} \quad ,$$

où n-C.(A)$_{red}$ désigne la sous-catégorie pleine de n-C.(A) formée des complexes <u>réduits</u>, un n-complexe X étant dit réduit si toutes ses faces $X_{*,\ldots,*,0,*,\ldots,*}$ sont nulles. Le foncteur d'inclusion n-Simpl(A)$_{red} \hookrightarrow$ n-Simpl(A) possède un adjoint à gauche

(9.1.5)
$$\text{n-Simpl}(A) \longrightarrow \text{n-Simpl}(A)_{red} ,$$
$$X \longmapsto X^{red} \overset{dfn}{=} X/\partial^{o}X ,$$

où $\partial^{o}X = \Sigma\, \partial_i^{o}X$, chaque face de degré 0 étant regardée de façon naturelle comme un sous-objet de X . Par l'équivalence de Dold-Puppe, (9.1.5) correspond au foncteur de troncation naïf consistant à remplacer par 0 les faces de degré 0 d'un n-complexe de chaînes. En particulier, le foncteur (9.1.5) est exact. Observons d'autre part que, si $X \in$ ob n-Simpl(A) est réduit, alors a fortiori toutes les faces $\partial_i^{a}X$ sont des objets réduits. On a donc pour tout $X \in$ ob n-Simpl(A) un épimorphisme canonique

(9.1.6)
$$(\partial_i^{a}X)^{red} \longrightarrow \partial_i^{a}(X^{red}) .$$

9.1.7. Notons $(1_i)_{1\leq i\leq n}$ la base canonique de $\mathbb{Z}^n$. Pour $Y \in$ ob n-C(A), $r = \Sigma\, r_i 1_i \in \mathbb{Z}^n$, on sait définir le translaté $Y[r]$ (SGA 4 XVII 1.1). Pour $r \geq 0$, le foncteur $Y \longmapsto Y[r]$ envoie n-C.(A) dans n-C.(A), donc, par Dold-Puppe, correspond à un foncteur de n-Simpl(A) dans n-Simpl(A) encore noté $X \longmapsto X[r]$. D'autre part, le foncteur $Y \longmapsto Y\ [\Sigma_1^n -1_i]$ sur n-C(A) envoie $\text{n-C.}(A)_{red}$ dans n-C.(A), donc, encore par Dold-Puppe, correspond à un foncteur de $\text{n-Simpl}(A)_{red}$ dans n-Simpl(A), noté $X \longmapsto X\ [\Sigma_1^n -1_i]$. Ce foncteur est un isomorphisme, son inverse étant $X \longmapsto X\ [\Sigma_1^n\ 1_i]$.

Notons que, pour $Y \in$ ob (n+1)-Simpl(A), $i \in [n]$, on a un isomorphisme canonique

(9.1.8)
$$\partial_i^{1}(Y\ [\Sigma_1^{n+1}\ 1_k])[\Sigma_1^n -1_k] = \partial_i^{o}\ Y .$$

D'où des isomorphismes canoniques

(9.1.8.1)
$$\mathrm{Hom}(X,\partial_i^{o}Y) = \mathrm{Hom}(X[\Sigma_1^n\ 1_k],\ \partial_i^{1}(Y[\Sigma_1^{n+1}\ 1_k]))$$

pour $X \in$ ob n-Simpl(A), et

(9.1.8.2) $\mathrm{Hom}(X',\partial_i^1 Y') = \mathrm{Hom}(X'[\Sigma_1^n -1_k], \partial_i^o(Y'[\Sigma_1^{n+1} -1_k]))$

pour $X' \in$ ob $n\text{-Simpl}(A)_{red}$, $Y' \in$ ob $(n+1)\text{-Simpl}(A)_{red}$.

9.2. Diagrammes spectraux.

Pour $a \in \mathbb{N}$, notons

(9.2.1) $$S_a : \overline{\Delta}' \longrightarrow (\mathrm{Cat})$$

l'objet cosimplicial strict augmenté (4.1) défini par

$$S_a([n]) = (\Delta^o)^{n+1} \qquad (\text{avec } S_a([-1]) = \mathrm{pt} \quad (^1)) \quad ,$$

$$d^i = d_a^i : S_a([n]) \longrightarrow S_a([n+1]) \qquad (9.1.1)$$

(il est trivial que les d^i satisfont à $d^j d^i = d^i d^{j-1}$ pour $i < j$). Soit A une catégorie. Rappelons (5.6.5) que $\mathrm{Diagr}_{S_a}(A)$ désigne la catégorie des 2-diagrammes de A de type S_a . Un objet X de $\mathrm{Diagr}_{S_a}(A)$ consiste en la donnée d'une famille $(X^{(n)} \in n\text{-Simpl}(A))_{n\in\mathbb{N}}$, et d'opérateurs de face $d^i : X^{(n)} \longrightarrow \partial_i^a X^{(n+1)}$ vérifiant la condition habituelle $(d^j d^i = d^i d^{j-1}$ pour $i < j)$. Nous poserons

(9.2.2) $$\mathrm{Diagr}_{S_o}(A) = \mathrm{SIMPL}(A) \ , \quad \mathrm{Diagr}_{S_1}(A) = \mathrm{SPEC}(A) \quad .$$

Les objets de SIMPL(A) (resp. SPEC(A)) s'appelleront <u>diagrammes simpliciaux larges</u> (resp. <u>diagrammes spectraux</u>) de A $(^2)$. La catégorie SIMPL(A) contient A comme sous-catégorie pleine : le foncteur de A dans SIMPL(A) associant à chaque objet X de A <u>l'objet trivial défini par</u> X , i.e. le

---

$(^1)$ pt désigne la catégorie ayant un seul objet et un seul morphisme.

$(^2)$ On dira parfois spectre au lieu de diagramme spectral.

diagramme constant de valeur X , est pleinement fidèle, et son image essentielle se compose des diagrammes simpliciaux larges X tels que $X^{(n)}$ soit trivial pour tout n , et $d^i : X^{(n)} \longrightarrow \partial_i^o X^{(n+1)}$ soit un isomorphisme pour tout i et tout n .

On suppose désormais que A est une catégorie abélienne. On dit qu'un diagramme spectral X de A est <u>réduit</u> si toutes ses composantes $X^{(n)}$ le sont (9.1.3). On note

(9.2.3) $$\mathrm{SPEC}(A)_{red}$$

la sous-catégorie pleine de SPEC(A) formée des diagrammes spectraux réduits. On a deux foncteurs inverses l'un de l'autre :

(9.2.4) $$\mathrm{SPEC}(A)_{red} \underset{Y(1) \leftarrow\!\shortmid\, Y}{\overset{X \mapsto X(-1)}{\rightleftarrows}} \mathrm{SIMPL}(A) \quad ,$$

définis comme suit : $X(-1)^{(n)} = X^{(n)}[\Sigma_1^n -1_k]$, et $d^i : X(-1)^{(n)} \longrightarrow \partial_i^o X(-1)^{(n+1)}$ correspond à $d^i : X^{(n)} \longrightarrow \partial_i^1 X^{(n+1)}$ par (9.1.8.2) ; $Y(1)^{(n)} = Y^{(n)}[\Sigma_1^n 1_k]$ et $d^i : X(1)^{(n)} \longrightarrow \partial_i^1 X(1)^{(n+1)}$ correspond à $d^i : X^{(n)} \longrightarrow \partial_i^o X^{(n+1)}$ par (9.1.8.1). D'autre part le foncteur d'inclusion $\mathrm{SPEC}(A)_{red} \hookrightarrow \mathrm{SPEC}(A)$ possède un adjoint à gauche

(9.2.5) $$\mathrm{SPEC}(A) \longrightarrow \mathrm{SPEC}(A)_{red} \ , \quad X \longmapsto X^{red} \ ,$$

où $X^{red(n)} = X^{(n)red}$, $d^i : X^{red(n)} \longrightarrow \partial_i^1 X^{red(n+1)}$ étant défini comme le composé $X^{(n)red} \xrightarrow{(d^i)^{red}} (\partial_i^1 X^{(n+1)})^{red} \longrightarrow \partial_i^1 (X^{(n+1)red})$, où la seconde flèche est la flèche canonique (9.1.6). L'équivalence (9.2.4) fournit un isomorphisme canonique fonctoriel

(9.2.6) $$\mathrm{Hom}_{\mathrm{SPEC}(A)}(X,Y(1)) = \mathrm{Hom}_{\mathrm{SIMPL}(A)}(X^{red}(-1),Y)$$

pour $X \in$ ob SPEC(A), $Y \in$ ob SIMPL(A).

Comme une face de degré 0 d'un objet multisimplicial est de façon naturelle un sous-objet de celui-ci, on a un foncteur "<u>sous-objet diagonal</u>"

$$(9.2.7) \qquad \mathrm{SIMPL}(A) \longrightarrow \mathrm{Simpl}(A)^{\overline{\Delta}'} \ (^1), \quad X \longmapsto \Delta X \overset{\mathrm{dfn}}{=} ([n] \longmapsto \Delta X^{(n+1)})$$

et un foncteur "<u>complexe simple normalisé associé</u>"

$$(9.2.8) \qquad \mathrm{SIMPL}(A) \longrightarrow C.(A)^{\overline{\Delta}'} \quad , \quad X \longmapsto \int NX \overset{\mathrm{dfn}}{=} ([n] \longmapsto \int NX^{(n+1)}) \quad .$$

La "shuffle-map" et la flèche d'Alexander-Whitney (I 1.2.2) définissent des flèches fonctorielles de $C.(A)^{\overline{\Delta}'}$

$$(9.2.9) \qquad N \,\Delta\, X \rightleftarrows \int NX \quad ,$$

qui induisent des équivalences d'homotopie pour chaque $[n] \in \mathrm{ob}\ \overline{\Delta}'$.

9.3. <u>Spectre d'un groupe commutatif</u>.

9.3.1. Soit T une catégorie possédant des produits finis, l'objet final étant noté e . Si G est un groupe de T , on peut (2.5) regarder G comme une catégorie dont l'objet des objets (resp. flèches) est e (resp. G), et former le nerf correspondant

$$(9.3.1.1) \qquad \mathrm{Ner}(G) = (\dots\ G^n \ \overset{\longrightarrow}{\underset{\longrightarrow}{\vdots}}\ \dots\ G^2 \ \overset{\longrightarrow}{\underset{\longrightarrow}{\longrightarrow}} G \rightrightarrows e) \quad \in \ \mathrm{ob}\ \ \mathrm{Simpl}(T) \ ,$$

dont les opérateurs de face et dégénérescence sont donnés par (2.5.2) (pour $g = (g_1,\dots,g_n)$, $d_o g = (g_2,\dots,g_n)$, $d_i g = (g_1,\dots,g_{i+1}g_i,\dots,g_n)$, $d_n g = (g_1,\dots,g_{n-1})$, $s_i g = (g_1,\dots,g_i,1,g_{i+1},\dots,g_n)$).

Notons $\mathrm{Group}(T)$ la catégorie des groupes de T . Il résulte de (2.2.3) et (2.6.1) que le foncteur

$$(9.3.1.2) \qquad \mathrm{Ner} : \mathrm{Group}(T) \longrightarrow \mathrm{Simpl}(T)$$

est pleinement fidèle, et que son image essentielle se compose des $X \in \mathrm{ob}\ \mathrm{Simpl}(T)$ qui vérifient les conditions :

---

(1) Si C et I sont deux catégories, C^I désigne la catégorie des foncteurs de I dans C .

(9.3.1.3) (i) $X_o \longrightarrow e$ est un isomorphisme ;

(ii) pour $n \geq 2$, la flèche canonique (2.2.3 (iii))

$$X_n \longrightarrow X_1 \times_{X_o} \cdots \times_{X_o} X_1$$

est un isomorphisme ;

(iii) les carrés

$$\begin{array}{ccc} X_2 & \xrightarrow{d_1} & X_1 \\ {\scriptstyle d_2}\downarrow & & \downarrow{\scriptstyle d_1} \\ X_1 & \xrightarrow{d_1} & X_o \end{array} \qquad \text{et} \qquad \begin{array}{ccc} X_2 & \xrightarrow{d_1} & X_1 \\ {\scriptstyle d_o}\downarrow & & \downarrow{\scriptstyle d_o} \\ X_1 & \xrightarrow{d_o} & X_o \end{array}$$

sont cartésiens.

9.3.2. Si G est un groupe <u>commutatif</u> de T, la multiplication $G \times G \longrightarrow G$ est un homomorphisme de groupes, et les formules (9.3.1.1) montrent qu'alors $\mathrm{Ner}(G)$ est objet de $\mathrm{Simpl}(T)^{ab} = \mathrm{Simpl}(T^{ab})$, où C^{ab}, pour une catégorie C possédant des produits finis, désigne la catégorie des groupes abéliens de C. On peut par suite itérer la construction et considérer $\mathrm{Ner}(\mathrm{Ner}(G))$, $\mathrm{Ner}(\mathrm{Ner}(\mathrm{Ner}(G)))$, etc. Pour $G \in \mathrm{ob}\, T^{ab}$ et $n \in \mathbb{N}$, nous définirons $G\langle n\rangle \in \mathrm{ob}\ n\text{-}\mathrm{Simpl}(T)$ par

(9.3.2.1) $$G\langle 0\rangle = G\ ,\quad G\langle n\rangle = \mathrm{Ner}(G\langle n-1\rangle) \text{ pour } n \geq 1\ .$$

<u>Proposition</u> 9.3.2.2. <u>Le foncteur</u>

$$G \longmapsto G\langle n\rangle \quad , \quad T^{ab} \longrightarrow n\text{-}\mathrm{Simpl}(T) \quad ,$$

<u>est fidèle</u>, <u>pleinement fidèle pour</u> $n \geq 1$, <u>et</u>, <u>pour</u> $n \geq 2$, <u>son image essentielle se compose des objets</u> n-<u>simpliciaux</u> X <u>tels que</u>, <u>quels que soient</u> $a_1,\ldots,a_{n-1} \in \mathrm{ob}\,\Delta^o$, <u>les objets simpliciaux</u> $X(a_1,\ldots,a_i,*,a_{i+1},\ldots,a_{n-1})$, <u>pour</u> $0 \leq i < n-1$, <u>vérifient les conditions</u> (9.3.1.3).

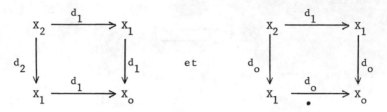

Preuve. Les deux premières assertions découlent trivialement de (9.3.1). Prouvons la dernière. Supposons d'abord $n = 2$. Soit X un objet bisimplicial dont les lignes et les colonnes satisfont aux conditions (9.3.1.3). Considéré comme objet simplicial de Simpl(T), X vérifie les conditions (9.3.1.3), donc on a $X \xrightarrow{\sim} \mathrm{Ner}(Y)$, où Y est un groupe de Simpl(T). D'autre part, Y, isomorphe à $X_1 = X([1],*)$, vérifie les conditions (9.3.1.3), donc on a $Y \xrightarrow{\sim} \mathrm{Ner}(G)$, où G est un groupe de T. La structure de groupe de Y définit sur G une loi de groupe $G \times G \longrightarrow G$, qui est un homomorphisme de groupes. Comme il est bien connu, il en résulte que les deux lois de groupe dont on dispose ainsi sur G coïncident et sont commutatives. Donc on a $X \xrightarrow{\sim} \mathrm{Ner}(\mathrm{Ner}(G))$ pour $G \in \mathrm{ob}\, T^{ab}$, ce qui prouve la dernière assertion de (9.3.2.2) dans le cas $n = 2$. Le cas général s'en déduit trivialement par récurrence.

9.3.3. On suppose maintenant que la catégorie T^{ab} des groupes abéliens de T est une catégorie abélienne. Soit $G \in \mathrm{ob}\, T^{ab}$. On déduit facilement de (2.7.2) que, pour $n \in \mathbb{N}$, on a un isomorphisme canonique

(9.3.3.1) $$G\langle n\rangle = G\,[\Sigma_1^n 1_i] \quad ,$$

où, dans le membre de droite, G est considéré comme objet n-simplicial trivial et les notations sont celles de (9.1.7). Regardant G comme objet trivial de $\mathrm{SIMPL}(T^{ab})$ (9.2.2), on peut former $G(1) \in \mathrm{ob}\, \mathrm{SPEC}(T^{ab})$ (9.2.4), dont la composante $G(1)^{(n)} = G\langle n\rangle$, et considérer G(1), par oubli, comme un objet de SPEC(T). On a ainsi un foncteur

(9.3.3.2) $$T^{ab} \longrightarrow \mathrm{SPEC}(T) \quad , \quad G \longmapsto G(1) \quad .$$

Proposition 9.3.3.3. Le foncteur (9.3.3.2) est pleinement fidèle et son image essentielle se compose des diagrammes spectraux X qui vérifient les deux conditions suivantes :

(i) pour tout $n \geq 1$, $X^{(n)}$ est dans l'image essentielle du foncteur $G \longmapsto G\langle n \rangle$ de T^{ab} dans n-Simpl(T), i.e. vérifie les conditions de (9.3.2.2) ;

(ii) chaque $d^i : X^{(n)} \longrightarrow \partial_i^1 X^{(n+1)}$ est un isomorphisme.

Preuve. C'est un corollaire immédiat de (9.3.3.2).

9.4. Formules d'adjonction.

Soit A une catégorie abélienne vérifiant (AB 5) et possédant assez d'injectifs. On a vu que, si I est une (petite) catégorie, la catégorie A^I jouit des mêmes propriétés (4.6). Plus généralement, la catégorie des diagrammes de A de type un n-diagramme donné de (Cat) jouit des mêmes propriétés, comme on le voit facilement par récurrence. C'est le cas par exemple des catégories SPEC(A) et SIMPL(A) (9.2.2).

Les foncteurs

$$\mathrm{SPEC}(A) \underset{Y(1) \longleftarrow\!\shortmid\, Y}{\overset{X \longmapsto X^{red}(-1)}{\rightleftarrows}} \mathrm{SIMPL}(A)$$

étant exacts, la formule d'adjonction (9.2.6) fournit des isomorphismes canoniques fonctoriels

$$(9.4.1) \qquad \mathrm{Hom}_{D(\mathrm{SPEC}(A))}(X, Y(1)) = \mathrm{Hom}_{D(\mathrm{SIMPL}(A))}(X^{red}(-1), Y)$$

pour $X \in$ ob D(SPEC(A)), $Y \in$ ob D(SIMPL(A)), et

$$(9.4.2) \qquad \mathrm{RHom}(X, Y(1)) = \mathrm{RHom}(X^{red}(-1), Y)$$

pour $Y \in \text{ob } D^+(\text{SIMPL}(A))$.

Composant le foncteur (9.2.7) (ou (9.2.8)) avec le foncteur H_o , on obtient un foncteur noté encore

$$(9.4.3) \qquad H_o : \text{SIMPL}(A) \longrightarrow A^{\overline{\Delta}'} \quad ,$$

qui est adjoint à gauche au foncteur d'inclusion évident. On voit, comme en (4.6), que le foncteur H_o admet un dérivé gauche

$$(9.4.4) \qquad LH_o : D^-(\text{SIMPL}(A)) \longrightarrow D^-(A^{\overline{\Delta}'})$$

au sens de (I 1.4.4) : pour $X \in \text{ob } D(\text{SIMPL}(A))$, le pro-objet de $D^-(A^{\overline{\Delta}'})$ $\text{"}\varprojlim_{X' \to X}\text{"} \; H_oX'$ (où $X' \longrightarrow X$ parcourt l'ensemble des classes d'homotopie de quasi-isomorphismes de but X) est essentiellement constant de valeur H_oX', où X' est un diagramme simplicial large tel que chaque $X'^{(n)}$ soit un complexe d'objets induits au sens de (4.6.2) (avec $I = (\Delta^o)^n$). Les résolutions standard (4.6.3) des $X^{(n)}$ définissent un objet X' possédant les propriétés précédentes, et pour lequel $H_oX'^{(n)} = C.(X^{(n)})$ (4.6.4) s'identifie à homotopie près à $\int X^{(n)}$ (3.9.3) (et cela fonctoriellement suivant $\overline{\Delta}'$). Il en résulte qu'on a un diagramme commutatif

$$(9.4.4.1) \qquad \begin{array}{ccccc} & & D^-(\text{SIMPL}(A)) & & \\ & \overset{1}{\swarrow} & & \overset{2}{\searrow} & \\ D^-(C.(A)^{\overline{\Delta}'}) & & \downarrow LH_o & & D^-(\text{Simpl}(A)^{\overline{\Delta}'}) \\ & \underset{3}{\searrow} & & \underset{4}{\swarrow} & \\ & & D^-(A^{\overline{\Delta}'}) & & \end{array} \quad ,$$

où 1 et 2 sont les extensions à $D^-(\text{SIMPL}(A))$ des foncteurs (exacts) (9.2.8) et (9.2.7), tandis que 3 et 4 sont les foncteurs "complexe simple associé". Comme en (4.6), on vérifie qu'on a des isomorphismes canoniques fonctoriels

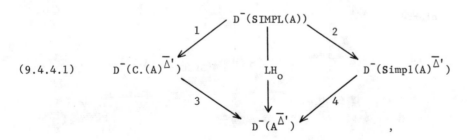

(9.4.5) $$\mathrm{Hom}_{D(A^{\overline{\Delta}'})}(LH_o X,Y) = \mathrm{Hom}_{D(\mathrm{SIMPL}(A))}(X,Y)$$

pour $X \in \mathrm{ob}\ D^-(\mathrm{SIMPL}(A))$, $Y \in \mathrm{ob}\ D(A^{\overline{\Delta}'})$, et

(9.4.6) $$\mathrm{RHom}(LH_o X,Y) = \mathrm{RHom}(X,Y)$$

pour $X \in \mathrm{ob}\ D^-(\mathrm{SIMPL}(A))$, $Y \in \mathrm{ob}\ D^+(A^{\overline{\Delta}'})$.

Nous désignerons par

(9.4.7) $$\mathrm{L}\varinjlim : D^-(\mathrm{SIMPL}(A)) \longrightarrow D^-(A)$$

le foncteur composé de LH_o (9.4.4) et $\mathrm{L}\varinjlim_{\overline{\Delta}'} : D^-(A^{\overline{\Delta}'}) \longrightarrow D^-(A)$ (4.6.8). Combinant (9.4.5) (resp. (9.4.6)) avec (4.6.10) (resp. (4.6.11)) pour $I = \overline{\Delta}'$, on obtient des isomorphismes canoniques fonctoriels

(9.4.8) $$\mathrm{Hom}_{D(A)}(\mathrm{L}\varinjlim\ X\ \ Y) = \mathrm{Hom}_{D(\mathrm{SIMPL}(A))}(X,Y)$$

pour $X \in \mathrm{ob}\ D^-(\mathrm{SIMPL}(A))$, $Y \in \mathrm{ob}\ D(A)$, et

(9.4.9) $$\mathrm{RHom}(\mathrm{L}\varinjlim\ X\ , Y) = \mathrm{RHom}(X,Y)$$

pour $X \in \mathrm{ob}\ D^-(\mathrm{SIMPL}(A))$, $Y \in \mathrm{ob}\ D^+(A)$. On peut encore combiner (9.4.8) (resp. (9.4.9)) avec (9.4.1) (resp. (9.4.2)) pour obtenir des isomorphismes canoniques fonctoriels

(9.4.10) $$\mathrm{Hom}_{D(A)}(\mathrm{L}\varinjlim\ X^{\mathrm{red}}(-1),Y) = \mathrm{Hom}_{D(\mathrm{SPEC}(A))}(X,Y(1))$$

pour $X \in \mathrm{ob}\ D^-(\mathrm{SPEC}(A))$, $Y \in \mathrm{ob}\ D(A)$, et

(9.4.11) $$\mathrm{RHom}(\mathrm{L}\varinjlim\ X^{\mathrm{red}}(-1), Y) = \mathrm{RHom}(X,Y(1))$$

pour $X \in \mathrm{ob}\ D^-(\mathrm{SPEC}(A))$, $Y \in \mathrm{ob}\ D^+(A)$.

Ce qui précède montre en particulier qu'on a des foncteurs pleinement fidèles

(9.4.12) $D^-(A) \hookrightarrow D^-(A^{\overline{\Delta}'}) \hookrightarrow D^-(\mathrm{SIMPL}(A)) \hookrightarrow D^-(\mathrm{SPEC}(A))$.

$\nwarrow$ "objet constant" $\quad\uparrow$ $X \mapsto X(1)$

L'image essentielle du foncteur composé est formée des objets X de $D^-(\mathrm{SPEC}(A))$ tels que la flèche canonique

(9.4.13) $$X \longrightarrow (\mathrm{L}\varinjlim\ X^{red}(-1))(1)$$

soit un isomorphisme, ce qui revient encore à dire que les H^iX sont dans l'image essentielle de $A \hookrightarrow \mathrm{SPEC}(A)$, $Y \mapsto Y(1)$.

9.5. Stabilisation.

Soient A , B des catégories abéliennes, B vérifiant (AB 5), et soit

(9.5.1) $$F : A \longrightarrow B$$

un foncteur, qu'on ne suppose pas additif, ni même tel que $F(0) = 0$. On note

(9.5.2) $$F^{st} : A \longrightarrow \mathrm{Simpl}(B)$$

le foncteur défini par le diagramme commutatif ci-dessous :

$$
\begin{array}{ccc}
\mathrm{SPEC}(A) & \xrightarrow{\ \mathrm{SPEC}(F)\ } & \mathrm{SPEC}(B) \\
\Big\uparrow & & \Big\downarrow \; {\scriptstyle X \mapsto X^{red}(-1)} \\
 & & \mathrm{SIMPL}(B) \\
 & & \Big\downarrow \; {\scriptstyle (9.2.7)} \\
 & & \mathrm{Simpl}(B)^{\overline{\Delta}'} \\
 & & \Big\downarrow \; {\scriptstyle \Delta C.(-)} \\
A & \xrightarrow{\ F^{st}\ } & \mathrm{Simpl}(B)
\end{array} ,
$$

où la flèche verticale de gauche est le plongement canonique $X \longmapsto X(1)$, et la dernière flèche verticale de droite associe à un foncteur X de $\overline{\Delta}'$ dans $\mathrm{Simpl}(B)$ l'objet diagonal de l'objet simplicial $C.(X)$ de $\mathrm{Simpl}(B)$ défini par X ((3.9.1), (4.6.4)). On note encore

(9.5.3) $$F^{st} : \mathrm{Simpl}(A) \longrightarrow \mathrm{Simpl}(B)$$

le foncteur composé de $\mathrm{Simpl}(F^{st}) : \mathrm{Simpl}(A) \longrightarrow 2\text{-}\mathrm{Simpl}(B)$ et de la diagonale $2\text{-}\mathrm{Simpl}(B) \longrightarrow \mathrm{Simpl}(B)$. Le foncteur F^{st} s'appelle stabilisé de F. En dépit de son apparence sophistiquée, cette construction n'est pas nouvelle : nous allons voir que les $H_i F^{st}$ ne sont autres que les classiques "groupes d'homologie stables" de F.

a) Il résulte tout d'abord de (4.6.9) et de la description (9.4.4.1) du foncteur LH_o que, pour $X \in \mathrm{ob}\,\mathrm{Simpl}(A)$, on a un isomorphisme canonique fonctoriel de $D(B)$:

(9.5.4) $$\mathrm{L}\varinjlim\ (F(X(1)))^{red}(-1) \xrightarrow{\ \sim\ } F^{st}(X) \quad ,$$

où $\mathrm{L}\varinjlim$ est le foncteur (9.4.7).

b) Pour $X \in \mathrm{ob}\,\mathrm{Simpl}(A)$, $n > 0$, on a

$$F(X[\Sigma_1^n 1_i])^{red} = F^{+}(X[\Sigma_1^n 1_i]) \quad ,$$

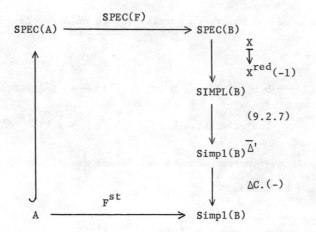

où $F^+ : A \longrightarrow B$ est le foncteur défini par

(9.5.5) $$F = F^+ \oplus F(0) \quad ,$$

$F(0)$ désignant le foncteur constant de valeur $F(0)$.

c) Chaque flèche

$$d^j : F^+(X[\Sigma_1^n 1_i]) [\Sigma_1^n -1_i] \longrightarrow F^+(X[\Sigma_1^{n+1} 1_i]) [\Sigma_1^{n+1} -1_i]$$

s'identifie, à homotopie près, à la flèche de suspension habituelle

(9.5.6) $$F^+(X[n]) [-n] \longrightarrow F^+(X[n+1]) [-n-1] \quad ,$$

définie à l'aide de la bar-construction ([3] § 6). D'après ([3] 6.12), on a donc :

Lemme 9.5.7. _Soit_ $X \in \text{ob Simpl}(A)$. _Pour tout_ $i \in \mathbb{N}$, _la restriction de_ $H_i(\Delta\, F(X(1))^{red}(-1))$ _à_ $\overline{\Delta}'_{[i}$ _est localement constante_ (_donc_ (4.3) _constante_), _de valeur_ $H_{i+n}\,(F^+(X[n]))$ _pour_ $n > i$.

d) Grâce à (9.5.4) et (9.5.7), on peut appliquer (4.6.12) (avec $n(i) = i$), et l'on obtient :

Proposition 9.5.8. _Soit_ $X \in \text{ob Simpl}(A)$. _La flèche canonique_ (_donnée par_ (4.6.5))

$$F^{st}(X) \longrightarrow \varinjlim_{\overline{\Delta}'} \Delta\, F(X(1))^{red}(-1)$$

est un quasi-isomorphisme, _et_, _pour tout_ $i \in \mathbb{N}$, _on a un isomorphisme canonique fonctoriel_

$$H_i F^{st}(X) \;=\; H_{i+n}(F^+(X[n]))$$

pour $n > i$, _i.e._ $H_i F^{st}$ _s'identifie au i-ième groupe d'homologie stable de_ F ([3] § 8).

Corollaire 9.5.8.1. *Pour* $X \in \mathrm{ob}\,\mathrm{Simpl}(A)$, *la flèche canonique*

$$(F^{+})^{st}(X) \longrightarrow F^{st}(X)$$

est un quasi-isomorphisme.

Corollaire 9.5.8.2. *Si* F *est additif*, *on a*, *pour* $X \in \mathrm{ob}\,\mathrm{Simpl}(A)$, *un quasi-isomorphisme canonique fonctoriel*

$$F^{st}(X) \longrightarrow F(X) \quad .$$

Preuve. $\Delta\, F(X(1))^{red}(-1)$ est en effet le foncteur constant de $\overline{\Delta}'$ dans $\mathrm{Simpl}(B)$ de valeur $F(X)$.

Proposition 9.5.9. *Supposons que* $F(0) = 0$, *et soit*

$$(*) \qquad 0 \longrightarrow X \xrightarrow{i} Y \xrightarrow{j} Z \longrightarrow 0$$

une suite exacte de $\mathrm{Simpl}(A)$. *Alors* :

(i) *Si* $(*)$ *est scindée degré à degré*, *la suite*

$$0 \longrightarrow F^{st}(X) \longrightarrow F^{st}(Y) \longrightarrow F^{st}(Z) \longrightarrow 0$$

déduite de $(*)$ *par application du foncteur* F^{st} *est une* 0-*suite*, *exacte aux extrémités*, *et telle que la flèche*

$$\mathrm{Coker}\ F^{st}(i) \longrightarrow F^{st}(Z)$$

qu'elle définit soit un quasi-isomorphisme.

(ii) *Si* $(*)$ *est scindée par une section* s *de* j , *la flèche*

$$F^{st}(i) + F^{st}(s) : F^{st}(X) \oplus F^{st}(Z) \longrightarrow F^{st}(Y)$$

est un quasi-isomorphisme.

<u>Preuve</u>. Prouvons d'abord (ii). Soit n un entier ≥ 1, posons

$$X[n] = X', \quad Y[n] = Y', \quad Z[n] = Z' \quad .$$

La section s définit un isomorphisme

$$X' \oplus Z' \xrightarrow{\sim} Y' \quad .$$

Compte tenu de (9.5.8), il suffit de prouver que celui-ci induit un isomorphisme

$$H_{i+n}F(X') \oplus H_{i+n}F(Z') \longrightarrow H_{i+n}F(Y')$$

pour $n > i$. Or, d'après ([3] 4.18), on a

$$F(Y') = F(X') \oplus F(Z') \oplus F_2(X',Z') \quad ,$$

et comme, d'après ([3] 6.10), on a $H_{i+n}F_2(X',Z') = 0$ pour $n > i$, notre assertion en résulte. Prouvons (i). Comme $F(0) = 0$, il est clair $F^{st}(*)$ est une 0-suite. Il est clair également qu'elle est exacte aux extrémités. Reste à prouver que $\mathrm{Coker}\, F^{st}(i) \longrightarrow F^{st}(Z)$ est un quasi-isomorphisme. Revenant à la définition de F^{st} (9.5.3), on se ramène, par Eilenberg-Zilber et une suite spectrale des bicomplexes, au cas où X , Y, Z sont concentrés en degré 0 . La suite $(*)$ est alors scindée ; choisissant une décomposition $Y = X \oplus Z$, on a un morphisme de suites exactes

$$\begin{array}{ccccccccc}
0 & \longrightarrow & F^{st}(X) & \longrightarrow & F^{st}(Y) & \longrightarrow & \mathrm{Coker}\, F^{st}(i) & \longrightarrow & 0 \\
 & & \Big\downarrow \mathrm{Id} & & \Big\downarrow & & \Big\downarrow & & \\
0 & \longrightarrow & F^{st}(X) & \longrightarrow & F^{st}(X) \oplus F^{st}(Z) & \longrightarrow & F^{st}(Z) & \longrightarrow & 0
\end{array} \quad ,$$

où la flèche verticale médiane est un quasi-isomorphisme d'après (ii), donc aussi la flèche verticale de droite, ce qui achève la démonstration.

Appliquant (9.5.9) à la suite exacte standard (I 3.2.1.5)

$$0 \longrightarrow X \xrightarrow{i} \gamma X \longrightarrow \sigma X \longrightarrow 0 \quad ,$$

où γX est le cône sur X , on obtient un isomorphisme canonique de $D(B)$, fonctoriel en $X \in$ ob Simpl(A) :

$$(9.5.10) \qquad F^{st}(X[1]) \xrightarrow{\sim} F^{st}(X)[1] \quad .$$

Par définition, (9.5.10) est le composé de l'inverse de l'isomorphisme $\mathrm{Coker}\, F^{st}(i) \longrightarrow F^{st}(X[1])$ donné par (9.5.9 (i)), et de l'opposée ([1]) de la flèche de degré 1 du triangle distingué associé à la suite exacte

$$0 \longrightarrow F^{st}(X) \longrightarrow F^{st}(\gamma X) \rightarrow \mathrm{Coker}\, F^{st}(i) \longrightarrow 0$$

(cette flèche de degré 1 est un isomorphisme car, γX étant homotopiquement trivial, $F^{st}(\gamma X)$ est acyclique).

9.5.11. <u>Dérivés stables</u>. On se place maintenant dans la situation de (I 4.2.2) : on se donne un topos T , des Anneaux A et B de T , et un foncteur F du champ des A-Modules dans le champ des B-Modules, compatible aux limites inductives locales. Le foncteur composé

$$\mathrm{Simpl(A\text{-}Mod)} \xrightarrow{F^{st}} \mathrm{Simpl(B\text{-}Mod)} \longrightarrow D.(B) \quad ,$$

où la seconde flèche est la flèche canonique, transforme homotopismes en quasi-isomorphismes d'après (9.5.8), donc se factorise à travers la catégorie Hot.(A) des A-Modules simpliciaux à homotopie près, en un foncteur encore noté

$$(9.5.11.1) \qquad F^{st} : \mathrm{Hot.}(A) \longrightarrow D.(B) \quad .$$

([1]) La raison de cette convention de signe apparaîtra en (9.5.11.4).

Proposition 9.5.11.2. Le foncteur (9.5.11.1) admet un dérivé gauche au sens de (I 1.4.4)

$$LF^{st} : D.(A) \longrightarrow D.(B) \quad ,$$

qu'on appelle dérivé stable de F . Plus précisément, pour X ∈ ob Simpl(A), le pro-objet de D.(B),

$$\underset{X' \to X}{\text{"}\varprojlim\text{"}} \quad F^{st}(X') \quad ,$$

où $X' \longrightarrow X$ parcourt l'ensemble des classes d'homotopie de quasi-isomorphismes de but X , est essentiellement constant de valeur $F^{st}(X')$, où X' est à composantes plates.

Preuve. C'est une conséquence immédiate de (I 4.2.2.2) et (9.5.8).

Il résulte de (9.5.9 (ii)) que le dérivé stable de F est un foncteur additif. Grâce à (9.5.10), il se prolonge, de manière essentiellement unique en un foncteur gradué (SGA 4 XVII 0.3)

(9.5.11.3) $$LF^{st} : D^{-}(A) \longrightarrow D^{-}(B) \quad .$$

Le miracle de la stabilisation se résume alors dans la proposition suivante, qui découle facilement de (9.5.9 (i)) :

Proposition 9.5.11.4. Le foncteur (9.5.11.3) est exact (SGA 4 XVII 1.1.3) ([1]).

([1]) Si, dans (9.5.10), on avait fait le convention de signe opposée, le foncteur (9.5.11.3) aurait transformé triangles distingués en triangles anti-distingués : cela tient à ce que le morphisme de degré 1 défini par la suite exacte du cône $0 \longrightarrow X \longrightarrow \gamma X \longrightarrow \sigma X \longrightarrow 0$ est $-Id_{X[1]}$ (cf. (I 3.2.3.6 (i))).

Exemples 9.5.12. a) Dans la situation de (9.5.11), prenons pour A et B le faisceau constant $\mathbb{Z}$, et pour F le foncteur

$$\mathbb{Z}(-) \ : \ \mathbb{Z}\text{-Mod} \longrightarrow \mathbb{Z}\text{-Mod}$$

associant à un $\mathbb{Z}$-Module X le $\mathbb{Z}$-Module libre sur le faisceau d'ensembles sous-jacent à X . Il résulte du théorème de Whitehead (I 2.2.2 (ii)) et de (9.5.8) que $\mathbb{Z}^{st}(-)$ transforme quasi-isomorphismes en quasi-isomorphismes, et que par suite la flèche canonique

$$L\,\mathbb{Z}^{st}(X) \longrightarrow \mathbb{Z}^{st}(X) \tag{9.5.12.1}$$

est un isomorphisme pour tout $X \in \text{ob } D.(\mathbb{Z})$. D'autre part, pour $X \in \text{ob Simpl}(\mathbb{Z}\text{-Mod})$, on a une flèche canonique fonctorielle

$$\mathbb{Z}^{st}(X) \longrightarrow X \quad , \tag{9.5.12.2}$$

définie par stabilisation à partir de la flèche d'adjonction $\mathbb{Z}(G) \longrightarrow G$ pour $G \in \text{ob } \mathbb{Z}\text{-Mod}$. On peut montrer que, pour $X \in \text{ob } \mathbb{Z}\text{-Mod}$, $\mathbb{Z}^{st}(X)$ s'identifie, dans $D(\mathbb{Z})$, au "complexe d'Eilenberg-MacLane stable" décrit par exemple dans ([2'] § 1). L'homologie $H_*\mathbb{Z}^{st}(X)$ a été calculée complètement par Cartan (Séminaire 54-55). On sait notamment que l'augmentation (9.5.12.2) induit un isomorphisme

$$H_o\,\mathbb{Z}^{st}(X) \longrightarrow X \quad , \tag{9.5.12.3}$$

et que $H_i\,\mathbb{Z}^{st}(X)$ est de torsion pour $i > 0$. Les premiers groupes sont donnés par

$$\begin{cases} H_1\mathbb{Z}^{st}(X) = 0 \\ H_2\mathbb{Z}^{st}(X) = X/2X \\ H_3\mathbb{Z}^{st}(X) = \text{Ker}(2.\text{Id}_X). \end{cases} \tag{9.5.12.4}$$

b) [1] Dans la situation de (9.5.11), avec $A = B$, on peut prendre pour F l'un des foncteurs S^n_A , $\wedge^n_A$, Γ^n_A . Les dérivés stables de ces trois foncteurs sont essentiellement identiques, à une translation près des degrés. En effet, les isomorphismes de décalage (I 4.3.2.1 (i), (ii)) fournissent, pour $n \geq 1$, $X \in \mathrm{ob}\, D^-(A)$, des isomorphismes canoniques fonctoriels

$$(9.5.12.5) \qquad L(S^n)^{st}(X) \xrightarrow{\sim} (L(\wedge^n)^{st}(X))[n-1] \quad ,$$

$$(9.5.12.5) \qquad L(\wedge^n)^{st}(X) \xrightarrow{\sim} (L(\Gamma^n)^{st}(X))[n-1] \quad .$$

Pour une étude de $H_*L(S^n)^{st}$, voir Dold-Puppe ([3] § 12), et aussi les travaux récents de L. Breen [2'], et S. Priddy [21].

10. Sorites sur les Modules différentiels gradués.

L'objet de ce n° est d'étendre aux Modules différentiels gradués sur un Anneau différentiel gradué certaines constructions familières sur les complexes de Modules sur un Anneau ordinaire : foncteurs RHom, $\overset{L}{\otimes}$, etc. Il s'agit en fait de notions bien connues des topologues, que nous nous bornons à formuler dans le cadre des catégories dérivées.

Un topos T est fixé pour toute la suite de ce numéro.

10.1. La catégorie dérivée $D(A)$.

Soit A un Anneau différentiel gradué de T, i.e. un complexe de $\mathbb{Z}$-Modules muni d'une multiplication associative $A \otimes A \longrightarrow A$, et d'un élément unité $1 \in Z^0(A)$ (i.e. un morphisme $\mathbb{Z} \longrightarrow A$ compatible à la multiplication). Un A-Module (à gauche) différentiel gradué est un complexe M de $\mathbb{Z}$-Modules,

---

[1] Cet exemple ne servira pas dans la suite.

muni d'une action de A (i.e. d'un morphisme $A \otimes M \longrightarrow M$) associative et unitaire. Un morphisme $f : L \longrightarrow M$ de A-Modules différentiels gradués est un morphisme de complexes compatible à l'action de A , i.e. tel que $f(ax) = af(x)$ quels que soient $a \in A^i$, $x \in L^j$. On note

(10.1.1) $$C(A)$$

la catégorie des A-Modules différentiels gradués. Quand A est concentré en degré 0, c'est simplement la catégorie des complexes de A-Modules. On définit des sous-catégories pleines de C(A) :

(10.1.2) $$C^-(A),\ C^+(A),\ C^b(A),\ C^{[p}(A),\ C^{q]}(A),\ C^{[p,q]}(A)$$

par les conditions de degré habituelles : $C^-(A)$ (resp. $C^+(A)$) est formée des A-Modules différentiels gradués à degré borné supérieurement (resp. inférieurement), $C^b(A) = C^-(A) \cap C^+(A)$; pour $p, q \in \mathbb{Z}$, $C^{p]}(A)$ (resp. $C^{q]}(A)$) est formée des A-Modules différentiels gradués nuls en degré $< p$ (resp. $> q$), $C^{[p,q]}(A) = C^{[p}(A) \cap C^{q]}(A)$ pour $p \leq q$.

Si $f_o, f_1 : L \longrightarrow M$ sont des flèches de C(A), une <u>homotopie</u> h entre f_o et f_1 est une famille d'applications $\mathbb{Z}$-linéaires $h = (u^i : L^i \longrightarrow M^{i-1})$ telle que $f_o - f_1 = dh + hd$, et $h(ax) = (-1)^p ah(x)$ quels que soient $a \in A^p$ et $x \in L^q$. On note

(10.1.3) $$Hot(A)$$

la catégorie des A-Modules différentiels gradués à homotopie près, i.e. la catégorie ayant mêmes objets que C(A), et dont les flèches sont les classes d'homotopie de morphismes. On voit facilement, comme dans le cas où A est concentré en degré 0, que Hot(A) se déduit de C(A) en inversant les homotopismes (ou équivalences d'homotopie) (i.e. les flèches de C(A) qui deviennent inversibles dans Hot(A)).

On dit qu'une flèche f de C(A) est un <u>quasi-isomorphisme</u> si f induit un quasi-isomorphisme sur les complexes de $\mathbb{Z}$-Modules sous-jacents. La catégorie

(10.1.4) D(A) ,

localisée de C(A) (ou Hot(A)) par rapport aux quasi-isomorphismes (I 1.4.1) s'appelle <u>catégorie dérivée</u> des A-Modules différentiels gradués. Dans le cas où A est concentré en degré 0, on retrouve la catégorie dérivée habituelle. On prendra garde de ne pas confondre la catégorie D(A) avec la catégorie dérivée de la catégorie abélienne C(A), qui s'obtient en localisant la catégorie des <u>complexes</u> de A-Modules différentiels gradués par rapport aux flèches qui induisent des isomorphismes sur les Modules différentiels gradués de cohomologie (comparer (I 3.3.1)).

Pour $X \in \mathrm{ob}\, C(A)$, le complexe $X[1]$ est de façon naturelle un A-Module différentiel gradué (grâce à l'isomorphisme canonique $A \otimes X[1] = (A \otimes X)[1]$). Cela permet de définir sur C(A) (resp. Hot(A)) une structure de catégorie <u>graduée</u>. Si $F : X \longrightarrow Y$ est une flèche de C(A), le cône C(f) du morphisme de complexes de $\mathbb{Z}$-Modules sous-jacent est de façon naturelle un A-Module différentiel gradué ([1]), et les flèches du triangle canonique

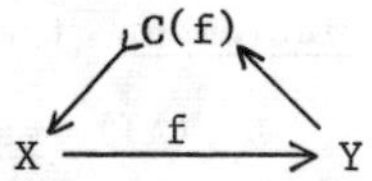

sont des flèches de C(A). Paraphrasant ([H] I § 2), on voit que la famille des triangles isomorphes à un triangle de ce type définit sur Hot(A) une structure de catégorie <u>triangulée</u>. Les quasi-isomorphismes de Hot(A) forment

---

([1]) Plus généralement, le complexe simple associé à un complexe de A-Modules différentiels gradués est de façon naturelle un A-Module différentiel gradué.

un système multiplicatif compatible à la triangulation ([H] I § 3). Ils permettent donc d'obtenir D(A) à partir de Hot(A) par un calcul de fractions bilatère (I 1.4.2), et il existe sur D(A) une unique structure de catégorie triangulée pour laquelle le foncteur canonique $\mathrm{Hot}(A) \longrightarrow D(A)$ est exact.

Localisant les catégories (10.1.2) par rapport aux quasi-isomorphismes, on obtient des catégories

(10.1.5) $$D^-(A),\ D^+(A),\ D^b(A),\ D^{[p}(A),\ D^{q]}(A),\ D^{[p,q]}(A) \quad .$$

Les catégories $D^-(A)$, $D^+(A)$, $D^b(A)$ se calculent par fractions bilatèrement à partir des catégories à homotopie près correspondantes. On a des foncteurs canoniques évidents

(10.1.6) $$\begin{array}{ccccc} & & D(A) & & \\ & \nearrow & & \nwarrow & \\ D^+(A) & & & & D^-(A) \\ & \nwarrow & & \nearrow & \\ & & D^b(A) & & \end{array} \qquad\qquad \begin{array}{ccccc} & & D(A) & & \\ & \nearrow & & \nwarrow & \\ D^{[p}(A) & & & & D^{q]}(A) \\ & \nwarrow & & \nearrow & \\ & & D^{[p,q]}(A) & & \end{array} \quad .$$

J'ignore si ceux-ci sont pleinement fidèles en général. Cependant :

Proposition 10.1.7. *Si* A *est à degrés* ≤ 0, *les foncteurs* (10.1.6) *sont pleinement fidèles*. *L'image essentielle de* $D^+(A)$ (resp. $D^-(A)$) *est formée des objets à cohomologie bornée inférieurement* (resp. *supérieurement*). *De même, l'image essentielle de* $D^{[p}(A)$ (resp. $D^{q]}(A)$) *est formée des objets à cohomologie nulle en degré* $< p$ (resp. $> q$).

Preuve. Elle est analogue à celle de (I 1.4.7) (cf. aussi (V 1.2.5.3)). En effet, comme A est à degrés ≤ 0, les foncteurs de troncation (I 1.4.7) $t_{[n}$, $t_{n]}$, qui tuent la cohomologie en degré resp. $< n$, $> n$, induisent des foncteurs

(10.1.7.1) $$t_{[n} : C(A) \longrightarrow C^{[n}(A), \quad t_{n]} : C(A) \longrightarrow C^{n]}(A)$$

(pour $X \in$ ob $C(A)$, il existe sur $t_{[n}(X)$ (resp. $t_{n]}(X)$) une et une seule structure de A-Module différentiel gradué pour laquelle la flèche canonique $X \longrightarrow t_{[n}(X)$ (resp. $t_{n]}(X) \longrightarrow X$) soit une flèche de $C(A)$). A partir de là, la preuve de (10.1.7) est purement formelle (cf. (SGA 4 XVII 5.5.4.1)).

10.1.8. Supposons A à degrés ≤ 0 . Soit $n \in \mathbb{N}$. Il existe sur

$$t_{[-n}(A) = (0 \longrightarrow A_n/\mathrm{Im}\, d \longrightarrow A_{n-1} \longrightarrow \dots \longrightarrow A_o \longrightarrow 0)$$

une unique structure d'Anneau différentiel gradué telle que la flèche canonique $A \longrightarrow t_{[-n}(A)$ soit un morphisme d'Anneaux différentiels gradués. Soit $[a,b]$ un intervalle de $\mathbb{Z}$ tel que $b-a = n$. Si $E \in$ ob $C^{[a,b]}(A)$ (10.1.2), on a $(dA_{n+1}).E = 0$, de sorte que E est de façon naturelle un Module différentiel gradué sur $t_{[-n}(A)$. Ainsi, la restriction des scalaires

(10.1.8.1) $$C^{[a,b]}(t_{[-n}(A)) \longrightarrow C^{[a,b]}(A)$$

est une équivalence de catégories. Par localisation par rapport aux quasi-isomorphismes, (10.1.8.1) définit une équivalence

(10.1.8.2) $$D^{[a,b]}(t_{[-n}(A)) \xrightarrow{\approx} D^{[a,b]}(A) \quad .$$

10.2. <u>Le foncteur</u> RHom .

Pour $E, F \in$ ob $C(A)$ (10.1.1), on note

(10.2.1) $$\mathrm{Hom}^{\cdot}_A(E,F)$$

le sous-complexe de $\mathrm{Hom}^{\cdot}_{\mathbb{Z}}(E,F)$ formé des morphismes "A-linéaires", i.e. des f tels que $f(ax) = (-1)^{kp} a f(x)$, pour $a \in A^p$, f étant de degré k . En d'autres termes, $\mathrm{Hom}^{\cdot}_A(E,F)$ est défini par la suite exacte

(10.2.1.1) $$0 \longrightarrow \mathrm{Hom}^{\cdot}_A(E,F) \longrightarrow \mathrm{Hom}^{\cdot}_{\mathbb{Z}}(E,F) \underset{d^o}{\overset{d^1}{\rightrightarrows}} \mathrm{Hom}^{\cdot}_{\mathbb{Z}}(A \otimes_{\mathbb{Z}} E,F) \quad ,$$

où la double flèche est donnée par

$$(d^o f)\ (a \otimes x) = f(ax)$$

$$(d^1 f)\ (a \otimes x) = (-1)^{kp} af(x)$$

pour $f \in \mathrm{Hom}^k_{\mathbb{Z}}(E,F)$, $a \in A^p$. Observons que, par définition des homotopies (10.1.3), on a

(10.2.2) $$\mathrm{Hom}_{\mathrm{Hot}(A)}(E,F) = H^o \mathrm{Hom}^{\cdot}_A(E,F) \quad .$$

D'autre part, il est immédiat que le foncteur $\mathrm{Hom}^{\cdot}_A : C(A)^o \times C(A) \longrightarrow C(ab)$ (où Ab désigne la catégorie des groupes abéliens) induit un foncteur

(10.2.3) $$\mathrm{Hom}^{\cdot}_A : \mathrm{Hot}(A)^o \times \mathrm{Hot}(A) \longrightarrow \mathrm{Hot}(Ab) \quad ,$$

qui est exact (i.e. transforme triangles distingués en triangles distingués).

Proposition 10.2.4. *Si A est à degrés ≤ 0 , le foncteur (10.2.3) admet un dérivé droit au sens de Deligne* ((SGA 4 XVII 1.2.1), (I 1.4.4)),

(10.2.4.1) $$\mathrm{RHom}_A \ : \ D^-(A)^o \times D(A) \longrightarrow D(Ab),$$

i.e., pour $E \in \mathrm{ob}\, D^-(A)$, $F \in \mathrm{ob}\, D^+(A)$, *le ind-objet de* D(Ab),

$$\underset{\substack{E' \to E \\ F \to F'}}{\text{"}\varinjlim\text{"}} \mathrm{Hom}^{\cdot}_A(E',F') \quad ,$$

où $E' \to E$ (resp. $F \to F'$) *parcourt l'ensemble des classes d'homotopie de quasi-isomorphismes de but* E (resp. *source* F), *est essentiellement constant. Le foncteur* RHom_A *est exact, et envoie* $D^{o]}(A)^o \times D^{[o}(A)$ *dans* $D^{[o}(Ab)$.

La preuve de (10.2.4) sera donnée après quelques préliminaires.

Définition 10.2.5. Soit M un $\mathbb{Z}$-Module. On dit que M est faiblement injectif si, pour tout $\mathbb{Z}$-Module plat P, on a

$$\mathrm{Ext}^i(P,M) = 0$$

pour tout $i > 0$.

Exemple 10.2.5.1. Soit F un $\mathbb{Z}$-Module injectif. Pour tout $\mathbb{Z}$-Module E, $\underline{\mathrm{Hom}}(E,F)$ est faiblement injectif. Cela résulte trivialement de la formule chère à Cartan (SGA 6 I 7.4).

Définition 10.2.6 (comparer (8.2.3), (8.2.4)). Soit M un complexe de $\mathbb{Z}$-Modules. On appelle A-Module induit (resp. coinduit) de M le complexe

$$\mathrm{ind}(M) = A \otimes_{\mathbb{Z}} M \qquad (\text{resp. } \mathrm{coind}(M) = \underline{\mathrm{Hom}}^{\cdot}_{\mathbb{Z}}(A,M)) \quad ,$$

muni de sa structure naturelle évidente de A-Module différentiel gradué.

Pour $E, F \in \mathrm{ob}\, C(A)$, on a des isomorphismes canoniques fonctoriels

(10.2.6.1)
$$\mathrm{Hom}^{\cdot}_A(\mathrm{ind}(M),F = \mathrm{Hom}^{\cdot}_{\mathbb{Z}}(M,F) \quad ,$$
$$\mathrm{Hom}^{\cdot}_A(E,\mathrm{coind}\ (M)) = \mathrm{Hom}^{\cdot}_{\mathbb{Z}}(E,M) \quad ,$$

(d'où des isomorphismes analogues avec Hom_A (resp. $\mathrm{Hom}_{\mathrm{Hot}(A)}$) au lieu de $\mathrm{Hom}^{\cdot}_A$) . Il en résulte notamment que tout A-Module différentiel gradué est quotient d'un (resp. se plonge dans un) Module induit (resp. coinduit).

10.2.7. Soit $E \in \mathrm{ob}\, C(A)$. Nous inspirant de la terminologie de (SGA 4 XVII 1.2.1), nous dirons que E est déployé pour le foncteur $\mathrm{Hom}^{\cdot}_A(-,E)$ si, pour tout $F \in \mathrm{ob}\, C^-(A)$ tel que F soit acyclique, $\mathrm{Hom}^{\cdot}_A(F,E)$ est acyclique. Nous dirons que E est faiblement déployé pour $\mathrm{Hom}^{\cdot}_A(E,-)$ si, pour tout $F \in \mathrm{ob}\, C^+(A)$ tel que F soit acyclique et à composantes faiblement injectives sur $\mathbb{Z}$, $\mathrm{Hom}^{\cdot}_A(E,F)$ est acyclique.

Lemme 10.2.8. *Soit* $M \in \mathrm{ob}\, C(\mathbb{Z})$. *Si* M *est borné supérieurement et à composantes plates,* $\mathrm{ind}(M)$ *est faiblement déployé pour* $\mathrm{Hom}^{\cdot}_A(\mathrm{ind}(M),-)$. *Si* M *est borné inférieurement et à composantes injectives,* $\mathrm{coind}(M)$ *est déployé pour* $\mathrm{Hom}^{\cdot}_A(-,\mathrm{coind}(M))$, *et les composantes de* $\mathrm{coind}(M)$ *sont faiblement injectives sur* $\mathbb{Z}$.

Preuve. C'est une conséquence immédiate des définitions et de (10.2.6.1).

Lemme 10.2.9. *On suppose* A *à degrés* ≤ 0.

(i) *Pour* $E \in \mathrm{ob}\, C^-(A)$, *il existe un quasi-isomorphisme* $E' \longrightarrow E$ *de* $C^-(A)$ *tel que* E' *soit faiblement déployé pour* $\mathrm{Hom}^{\cdot}_A(E',-)$. *Si* $E \in \mathrm{ob}\, C^{o]}(A)$, *on peut choisir* $E' \in \mathrm{ob}\, C^{o]}(A)$.

(ii) *Pour* $F \in \mathrm{ob}\, C^+(A)$, *il existe un quasi-isomorphisme* $F \longrightarrow F'$ *de* $C^+(A)$ *tel que* F' *soit déployé pour* $\mathrm{Hom}^{\cdot}_A(-,F')$ *et que les composantes de* F' *soient faiblement injectives sur* $\mathbb{Z}$. *Si* $F \in \mathrm{ob}\, C^{[o}(A)$, *on peut choisir* $F' \in \mathrm{ob}\, C^{[o}(A)$.

Preuve. Soit $a \in \mathbb{Z}$ tel que $E^i = 0$ pour $i > a$. Choisissons un épimorphisme $M_o \longrightarrow E$ de $C(\mathbb{Z})$ tel que M_o soit à composantes plates (sur $\mathbb{Z}$), nulles en degré $> a$, et posons $L_o = \mathrm{ind}(M_o)$. On a $L_o \in \mathrm{ob}\, C^{a]}(A)$, et $M_o \longrightarrow E$ définit (grâce à (10.2.6.1)) un épimorphisme $L_o \longrightarrow E$. Itérant la construction, on obtient une résolution $L. \longrightarrow E$, où les $L_i \in \mathrm{ob}\, C^{a]}(A)$ sont de la forme $\mathrm{ind}(M_i)$, avec $M_i \in \mathrm{ob}\, C^{a]}(\mathbb{Z})$ à composantes plates. Cette résolution définit, par passage aux complexes simples associés, un quasi-isomorphisme de $C^{a]}(A)$,

$$E' = \int L. \longrightarrow E \quad .$$

Je dis que E' est faiblement déployé pour $\mathrm{Hom}^{\cdot}_A(E',-)$. En effet, soit $Y \in \mathrm{ob}\, C^+(A)$ tel que Y soit acyclique et à composantes faiblement injectives sur $\mathbb{Z}$. On a

$$\mathrm{Hom}^{\bullet}_A(E',Y) \;=\; \int \mathrm{Hom}^{\bullet}_A(L.,Y) \quad .$$

D'après (10.2.8), chaque ligne $\mathrm{Hom}^{\bullet}_A(L_i,Y)$ du bicomplexe $\mathrm{Hom}^{\bullet}_A(L.,Y)$ est acyclique, donc, comme ces lignes sont uniformément bornées inférieurement, $\mathrm{Hom}^{\bullet}_A(E',Y)$ est acyclique, ce qui prouve notre assertion et démontre (i). L'assertion (ii) se prouve de manière analogue.

Preuve de (10.2.4). C'est formel à partir de (10.2.9) : le ind-objet envisagé en (10.2.4) est essentiellement constant de valeur $\mathrm{Hom}^{\bullet}_A(E',F')$, où $E' \in \mathrm{ob}\, C^-(A)$ est faiblement déployé pour $\mathrm{Hom}^{\bullet}_A(E',-)$ et $F' \in \mathrm{ob}\, C^+(A)$ est à composantes faiblement injectives sur $\mathbb{Z}$. Le reste de la proposition est immédiat.

Corollaire 10.2.10. Sous les hypothèses de (10.2.4), pour $E \in \mathrm{ob}\, D^-(A)$, $F \in \mathrm{ob}\, D^+(A)$, on a un isomorphisme canonique fonctoriel

$$\mathrm{Hom}_{D(A)}(E,F) = H^0 R\mathrm{Hom}_A(E,F) \quad .$$

Preuve. Comme $D(A)$ se calcule par fractions bilatèrement à partir de $\mathrm{Hot}(A)$, l'isomorphisme en question découle trivialement de (10.2.2).

Remarque 10.2.11. Pour A concentré en degré 0, le foncteur $R\mathrm{Hom}_A$ (10.2.4.1) coïncide avec le foncteur $R\mathrm{Hom}_A$ habituel. Cela résulte trivialement de la définition.

Question 10.2.12. Soient R un Anneau simplicial de T, $A = NR$ l'Anneau différentiel gradué normalisé de R (I 3.1.3). Chaque R-Module E définit un A-Module différentiel gradué NE (loc. cit.), d'où un foncteur

$$N : D.(R) \longrightarrow D^{0]}(A) \quad .$$

Ce foncteur est-il pleinement fidèle ? La réponse devrait être affirmative au moins dans le cas où R est de caractéristique nulle, comme le suggèrent les résultats de Quillen ([18'] I 4.6).

10.3. <u>Les foncteurs</u> $\overset{L}{\otimes}_A$ <u>et</u> $\underline{RHom}_A$.

Soit E (resp. F) un A-Module à droite (resp. à gauche) différentiel gradué. Le produit tensoriel

(10.3.1) $$E \otimes_A F \in \text{ob}\, C(\mathbb{Z})$$

est défini par la suite exacte

$$E \otimes_{\mathbb{Z}} A \otimes_{\mathbb{Z}} F \underset{d_o}{\overset{d_1}{\rightrightarrows}} E \otimes_{\mathbb{Z}} F \longrightarrow E \otimes_A F \quad ,$$

où $d_o(x \otimes a \otimes y) = xa \otimes y$, $d_1(x \otimes a \otimes y) = x \otimes ay$. Si A est <u>anti-commutatif</u>, i.e. si $ab = (-1)^{ij}ba$ quels que soient $a \in A^i$, $b \in A^j$, E peut être considéré comme un A-Module à gauche par $ax \overset{dfn}{=} (-1)^{ij}xa$ pour $a \in A^i$, $x \in E^j$, et $E \otimes_A F$ se trouve muni naturellement d'une structure de A-Module différentiel gradué (telle que $a(x \otimes y) = ax \otimes y$ quels que soient $a \in A^i$, $x \in E^j$, $y \in F^k$). Il est clair que $(E,F) \longmapsto E \otimes_A F$ induit un foncteur

(10.3.2) $$\otimes_A : \text{Hot}(A) \times \text{Hot}(A) \longrightarrow \text{Hot}(\mathbb{Z}) \quad (^1) \, ,$$

et un foncteur

(10.3.3) $$\otimes_A : \text{Hot}(A) \times \text{Hot}(A) \longrightarrow \text{Hot}(A)$$

---

(1) Dans le membre de gauche, le premier (resp. second) facteur désigne la catégorie des A-Modules différentiels gradués à droite (resp. à gauche) à homotopie près.

quand A est anti-commutatif.

Soit $A \longrightarrow B$ un morphisme d'Anneaux différentiels gradués. Pour $E \in \text{ob } C(A)$, le produit tensoriel $B \otimes_A E$ est de façon naturelle un B-Module différentiel gradué, et le foncteur $E \longmapsto B \otimes_A E$ induit un foncteur

(10.3.4) $$B \otimes_A - \; : \; \mathrm{Hot}(A) \longrightarrow \mathrm{Hot}(B) \quad .$$

Pour $E, F \in \text{ob } C(A)$, on définit

(10.3.5) $$\underline{\mathrm{Hom}}^{\boldsymbol{\cdot}}_A(E,F) \in \text{ob } C(\mathbb{Z})$$

comme le sous-complexe de $\underline{\mathrm{Hom}}^{\boldsymbol{\cdot}}_{\mathbb{Z}}(E,F)$ formé des homomorphismes A-linéaires, ou, si l'on préfère, comme le complexe défini par la suite exacte analogue à (10.2.1.1) avec $\underline{\mathrm{Hom}}^{\boldsymbol{\cdot}}$ au lieu de $\mathrm{Hom}^{\boldsymbol{\cdot}}$. Si A est anti-commutatif, $\underline{\mathrm{Hom}}^{\boldsymbol{\cdot}}_A(E,F)$ est de façon naturelle un A-Module différentiel gradué. Le foncteur $(E,F) \longmapsto \underline{\mathrm{Hom}}^{\boldsymbol{\cdot}}_A(E,F)$ induit un foncteur

(10.3.6) $$\underline{\mathrm{Hom}}^{\boldsymbol{\cdot}}_A \; : \; \mathrm{Hot}(A)^{\circ} \times \mathrm{Hot}(A) \longrightarrow \mathrm{Hot}(\mathbb{Z})$$

et un foncteur

(10.3.7) $$\underline{\mathrm{Hom}}^{\boldsymbol{\cdot}}_A \; : \; \mathrm{Hot}(A)^{\circ} \times \mathrm{Hot}(A) \longrightarrow \mathrm{Hot}(A)$$

quand A est anti-commutatif.

Les foncteurs $\mathrm{Hom}^{\boldsymbol{\cdot}}_A$, $\otimes_A$, $\underline{\mathrm{Hom}}^{\boldsymbol{\cdot}}_A$ donnent lieu à un formulaire tout analogue au formulaire bien connu dans le cas des Anneaux ordinaires (associativité, adjonction, formules chères à Cartan, etc.), et que nous laissons au lecteur le soin de détailler.

<u>Les Anneaux différentiels gradués considérés à partir de maintenant seront</u>, <u>sauf mention du contraire</u>, <u>supposés à degrés</u> ≤ 0 . Cette hypothèse va nous permettre de construire les dérivés des foncteurs (10.3.3), (10.3.4),

(10.3.6), (10.3.7). De façon précise, on a les résultats suivants :

a) Le foncteur (10.3.2) (resp. (10.3.3)) admet un dérivé gauche au sens de Deligne ((SGA 4 XVII 1.2.1), (I 1.4.4))

(10.3.8) $$\overset{L}{\otimes}_A : D^-(A) \times D^-(A) \longrightarrow D^-(\mathbb{Z})\ ,$$

(resp.

(10.3.9) $$\overset{L}{\otimes}_A : D^-(A) \times D^-(A) \longrightarrow D^-(A)\quad)\ ;$$

ce foncteur est exact et envoie $D^{o]}(A) \times D^{o]}(A)$ dans $D^{o]}(\mathbb{Z})$ (resp. $D^{o]}(A)$).

b) Le foncteur (10.3.4) admet un dérivé gauche au sens de (loc. cit.)

(10.3.10) $$B \overset{L}{\otimes}_A - \ :\ D^-(A) \longrightarrow D^-(B)\ ,$$

qui est un foncteur exact, envoyant $D^{o]}(A)$ dans $D^{o]}(B)$.

c) Le foncteur (10.3.6) (resp. (10.3.7)) admet un dérivé droit au sens de (loc. cit.)

(10.3.11) $$R\underline{\mathrm{Hom}}_A\ :\ D^-(A)^o \times D^+(A) \longrightarrow D^+(\mathbb{Z})$$

(resp.

(10.3.12) $$R\underline{\mathrm{Hom}}_A\ :\ D^-(A)^o \times D^+(A) \longrightarrow D^+(A)\quad)\ ;$$

ce foncteur est exact, et envoie $D^{o]}(A) \times D^{[o}(A)$ dans $D^{[o}(\mathbb{Z})$ (resp. $D^{[o}(A)$).

<u>Preuve des assertions</u> a) à c). Nous nous bornerons à prouver l'assertion a) : l'assertion b) se démontre de manière analogue, quant à l'assertion c), sa preuve est analogue à celle de (10.2.4). Il s'agit de montrer que, pour $E, F \in \mathrm{ob}\, D^-(A)$, le pro-objet de $D(\mathbb{Z})$ (resp. $D(A)$),

$$\underset{\substack{E' \to E \\ F' \to F}}{\text{"}\varprojlim\text{"}} \quad E' \otimes_A F'\ ,$$

où $E' \longrightarrow E$ (resp. $F' \longrightarrow F$) parcourt l'ensemble des classes d'homotopie de quasi-isomorphismes de but E (resp. F) est essentiellement constant. Nous dirons que $L \in \mathrm{ob}\, C(A)$ est déployé pour le foncteur $L \otimes_A -$ si, pour tout objet acyclique M de $C^-(A)$, $L \otimes_A M$ est acyclique. Pour prouver notre assertion, il suffit de montrer que, pour tout $E \in \mathrm{ob}\, C^-(A)$, il existe un quasi-isomorphisme $E' \longrightarrow E$ de $C^-(A)$, avec E' déployé relativement à $E' \otimes_A -$. Or, la formule

$$\mathrm{ind}(P) \otimes_A Q = P \otimes_{\mathbb{Z}} Q$$

pour $P \otimes \mathrm{ob}\, C(\mathbb{Z})$, $Q \in \mathrm{ob}\, C(A)$, montre que, si $P \in \mathrm{ob}\, C^-(\mathbb{Z})$ est à composantes plates, $\mathrm{ind}(P)$ est déployé pour $\mathrm{ind}(P) \otimes_A -$. Par suite, le quasi-isomorphisme $E' \longrightarrow E$ construit dans la preuve de (10.2.9) répond à la question. Ceci prouve donc la première partie de a), le seconde est immédiate.

<u>Remarque</u> 10.3.13. Soient R et A comme en (10.2.12). On définit, à l'aide des shuffles (I 3.3.3.3), une flèche canonique fonctorielle

$$N(E \otimes_R F) \longrightarrow NE \otimes_A NF$$

pour $E, F \in \mathrm{ob}\, R\text{-Mod}$. Par passage aux catégories dérivées, celle-ci fournit une flèche (canonique, fonctorielle)

$$N(E \overset{\ell}{\otimes}_R F) \longrightarrow NE \overset{L}{\otimes}_A NF$$

pour E, $F \in \mathrm{ob}\, D.(R)$. Cette dernière est un isomorphisme, comme on le vérifie facilement. On a un résultat de comparaison analogue pour les foncteurs "extension des scalaires" (I 3.3.4.1) et (10.3.10), résultat qu'on laisse au lecteur le soin d'énoncer.

<u>Proposition</u> 10.3.14. <u>Dans la situation</u> b), <u>pour</u> $E \in \mathrm{ob}\, D^-(A)$, $F \in \mathrm{ob}\, D(B)$, <u>il existe un isomorphisme canonique fonctoriel</u>

$$\mathrm{Hom}_{D(B)}(B \overset{L}{\otimes}_A E, F) \;=\; \mathrm{Hom}_{D(A)}(E,F) \quad .$$

<u>Preuve</u>. Pour $L \in \mathrm{ob}\, C(A)$, $M \in \mathrm{ob}\, C(B)$, on a un isomorphisme canonique fonctoriel

$$\mathrm{Hom}^{\bullet}_B(B \otimes_A L, M) = \mathrm{Hom}^{\bullet}_A(L,M) \quad , \tag{10.3.14.1}$$

d'où résulte un isomorphisme analogue avec $\mathrm{Hom}_{\mathrm{Hot}(-)}$ au lieu de $\mathrm{Hom}^{\bullet}$. La proposition en découle par un argument standard (cf. preuve de (4.6.10)).

<u>Corollaire</u> 10.3.15. (cf. (I 3.3.4.6)). <u>Si</u> $A \longrightarrow B$ <u>est un quasi-isomorphisme</u> [1], <u>les foncteurs</u> $B \overset{L}{\otimes}_A - : D^-(A) \longrightarrow D^-(B)$ <u>et</u> "<u>restriction des scalaires</u>" $D^-(B) \longrightarrow D^-(A)$ <u>sont quasi-inverses l'un de l'autre</u>.

La preuve est analogue à celle de (loc. cit.).

<u>Scholie</u> 10.3.16. Notons Andg la catégorie des Anneaux différentiels gradués (à degrés ≤ 0), D(Andg) la catégorie localisée de Andg par rapport aux quasi-isomorphismes. Grâce à (10.3.14) et (10.3.15), les catégories $D^-(A)$, pour $A \in \mathrm{ob}\, D(\mathrm{Andg})$, forment une catégorie fibrée et cofibrée sur D(Andg) : si $A \longrightarrow B$ est une flèche de D(Andg), on dispose d'un foncteur "extension des scalaires", noté encore $B \overset{L}{\otimes}_A - : D^-(A) \longrightarrow D^-(B)$, et d'un foncteur "restriction des scalaires" $D^-(B) \longrightarrow D^-(A)$, (tous deux bien déterminés à isomorphisme près ...), et tels que (10.3.14) soit encore valable pour $E \in \mathrm{ob}\, D^-(A)$, $F \in \mathrm{ob}\, D^-(B)$.

---

[1] des complexes de $\mathbb{Z}$-Modules sous-jacents.

Proposition 10.3.17. Dans la situation b), pour $E \in ob\ D^-(A)$, $F \in ob\ D^+(B)$, il existe un isomorphisme canonique fonctoriel

$$RHom_B(B \overset{L}{\otimes}_A E,\ F) \longrightarrow RHom_A(E,F) \quad .$$

Preuve. Grâce à (10.3.14.1), on a une flèche canonique fonctorielle

$$RHom_B(B \overset{L}{\otimes}_A E,\ F) \ \ldots \longrightarrow \ldots \ RHom_A(E,F) \quad .$$

Montrons que c'est un isomorphisme. On peut supposer F à degrés bornés inférieurement et à composantes faiblement injectives sur $\mathbb{Z}$ ((10.2.5), (10.2.9 (ii))). D'autre part, on peut supposer que E est de la forme $\int L$. comme dans la preuve de (10.2.9 (i)). On a alors $B \overset{L}{\otimes}_A E = B \otimes_A E$, $RHom_B(B \overset{L}{\otimes}_A E,F) = Hom^{\bullet}_B(B \otimes_A E,F)$, $RHom_A(E,F) = Hom^{\bullet}_A(E,F)$, et l'on gagne par (10.3.14.1).

Bien entendu, l'isomorphisme déduit de (10.3.17) par application de H^o s'identifie à (10.3.14) via (10.2.10) (mais 10.3.17) n'implique pas tout à fait (10.3.14) à cause des hypothèses de degré).

Corollaire 10.3.18. Si $A \longrightarrow B$ est un quasi-isomorphisme, alors, pour $E \in ob\ D^-(B)$, $F \in ob\ D^+(B)$, la flèche de restriction

$$RHom_B(E,F) \longrightarrow RHom_A(E,F)$$

est un isomorphisme.

Preuve. Cette flèche s'identifie en effet à la flèche

$$RHom_B(E,F) \longrightarrow RHom_B(B \overset{L}{\otimes}_A E,F)$$

déduite de la flèche d'adjonction $B \overset{L}{\otimes}_A E \longrightarrow E$. Comme cette dernière est un isomorphisme d'après (10.3.15), on a gagné.

Remarque 10.3.19. Plus généralement, compte tenu de (10.3.16), on voit que (10.3.17) s'étend au cas d'une flèche $A \longrightarrow B$ de $D(Andg)$. Nous aurons notamment l'occasion d'appliquer (10.3.17) au cas de la flèche canonique

(10.3.20) $$R \longrightarrow R \overset{L}{\otimes}_{\mathbb{Z}} S \quad ,$$

normalisée de la flèche canonique $R \longrightarrow R \overset{\ell}{\otimes}_{\mathbb{Z}} S$, où R, S sont deux Anneaux de T et $R \overset{\ell}{\otimes}_{\mathbb{Z}} S$ désigne leur produit tensoriel dérivé simplicial (I 3.3.5.2). Noter que, comme $\mathbb{Z}$ est de tor-dimension 1, $R \overset{L}{\otimes}_{\mathbb{Z}} S$ se calcule très simplement : si

(10.3.20.1) $$0 \longrightarrow J \longrightarrow Q \xrightarrow{q} S \longrightarrow 0$$

est une suite exacte où q est un morphisme d'Anneaux, avec Q plat sur $\mathbb{Z}$, on a un isomorphisme canonique (de $D(Andg)$)

(10.3.20.2) $$R \overset{L}{\otimes}_{\mathbb{Z}} S \xrightarrow{\sim} R \otimes (0 \longrightarrow J \longrightarrow Q \longrightarrow 0) \quad ,$$

où $(0 \longrightarrow J \longrightarrow Q \longrightarrow 0)$ est considéré comme Anneau différentiel gradué de la manière évidente ; moyennant l'identification (10.3.20.2), (10.3.20) est donnée par $r \longmapsto r \otimes 1$.

Voci encore un complément qui nous sera utile plus loin. Soit $A \longrightarrow B$ un morphisme d'Anneaux différentiels gradués. On suppose que A est anti-commutatif, et que B est "une A-Algèbre", i.e. que $ab = (-1)^{ij}ba$ quels que soient $a \in A^i$, $b \in A^i$, $b \in B^j$. Alors, pour $E \in \mathrm{ob}\, C(B)$, $F \in \mathrm{ob}\, C(A)$, $E \otimes_A F$ (resp. $\underline{\mathrm{Hom}}^{\cdot}_A(E,F)$) est de façon naturelle objet de $C(B)$. Par des constructions analogues à celles faites plus haut, on en déduit des foncteurs dérivés

(10.3.21) $$\overset{L}{\otimes}_A \ : D^-(B) \times D^-(A) \longrightarrow D^-(B) \quad ,$$

(10.3.22) $$R\underline{\mathrm{Hom}}_A : D^-(B)^o \times D^+(A) \longrightarrow D^+(B) \quad ,$$

tels que les carrés ci-dessous, où les flèches verticales sont les restrictions des scalaires, soient commutatifs :

$$\begin{array}{ccc} D^{-}(B) \times D^{-}(A) & \xrightarrow{(10.3.21)} & D^{-}(B) \\ \downarrow & & \downarrow \\ D^{-}(A) \times D^{-}(A) & \xrightarrow{(10.3.9)} & D^{-}(A) \end{array} \qquad \begin{array}{ccc} D^{-}(B)^{o} \times D^{+}(A) & \xrightarrow{(10.3.22)} & D^{+}(B) \\ \downarrow & & \downarrow \\ D^{-}(A)^{o} \times D^{+}(A) & \xrightarrow{(10.3.12)} & D^{+}(A) \end{array} \; .$$

<u>Exercice</u> 10.3.23. Soit A un Anneau différentiel gradué anti-commutatif. Prouver que, pour $E, F \in \mathrm{ob}\, D^{-}(A)$, $G \in \mathrm{ob}\, D^{+}(A)$, on a des isomorphismes "chers à Cartan" (cf. (SGA 6 I 7.4), (V 2.3)) :

$$\underline{\mathrm{RHom}}_A(E \overset{L}{\otimes}_A F, G) = \underline{\mathrm{RHom}}_A(E, \underline{\mathrm{RHom}}_A(F,G))$$

$$\mathrm{RHom}_A(E \overset{L}{\otimes}_A F, G) = \mathrm{RHom}_A(E, \underline{\mathrm{RHom}}_A(F,G))$$

$$\mathrm{Hom}_{D(A)}(E \overset{L}{\otimes}_A F, G) = \mathrm{Hom}_{D(A)}(E, \underline{\mathrm{RHom}}_A(F,G)) \quad .$$

11. <u>Cohomologie de monoïdes spectraux</u>.

11.1. <u>Pseudo-catégories associées à certains monoïdes gradués</u>.

11.1.1. Soit T une catégorie possédant des produits finis, l'objet final étant noté e. La catégorie $\mathrm{Diagr}_1(T)$ (5.6.1) possède à son tour des produits finis. L'objet final de $\mathrm{Diagr}_1(T)$ est le diagramme, indexé par la catégorie ponctuelle, de valeur e. Si X, Y sont des diagrammes de types respectifs I, J, leur produit est le diagramme

(11.1.1.1) $$X \times Y : I \times J \longrightarrow T \; , \quad (i,j) \longmapsto X_i \times Y_j \quad .$$

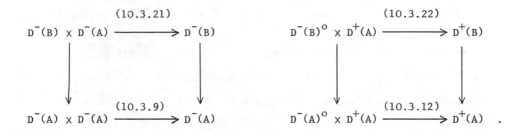

Il en résulte par récurrence que, pour tout $n \in \mathbb{N}$, la catégorie $\mathrm{Diagr}_n(T)$ (5.6.2) possède des produits finis. L'objet final de $\mathrm{Diagr}_n(T)$ est toujours le diagramme ponctuel de valeur e, et le foncteur Typ (5.6.4) est compatible

aux produits :

(11.1.1.2) $$\mathrm{Typ}(X \times Y) = \mathrm{Typ}(X) \times \mathrm{Typ}(Y) \quad .$$

On peut en particulier parler de <u>monoïdes</u> et d'<u>objets à monoïde d'opérateurs</u> dans $\mathrm{Diagr}_n(T)$ (nous ne considérerons que des monoïdes associatifs et unitaires, et les G-objets seront unitaires). Si G est un monoïde de $\mathrm{Diagr}_n(T)$, $\mathrm{Typ}(G)$ est un monoïde de $\mathrm{Diagr}_{n-1}(\mathrm{Cat})$. Si X est un G-objet de $\mathrm{Diagr}_n(T)$, $\mathrm{Typ}(X)$ est un $\mathrm{Typ}(G)$-objet (de $\mathrm{Diagr}_{n-1}(\mathrm{Cat})$).

Si I est un (n-1)-diagramme de (Cat), au lieu de "n-diagramme de T de type I" nous dirons parfois "<u>objet</u> I-<u>gradué de</u> T" . De même, si I est un monoïde de $\mathrm{Diagr}_{n-1}(\mathrm{Cat})$, nous dirons "<u>monoïde</u> I-<u>gradué</u> de T" au lieu de "monoïde de $\mathrm{Diagr}_{n-1}(T)$ de type I", etc.

Les types de monoïdes les plus intéressants pour nous seront :

a) <u>La catégorie</u> $\overline{\Delta}'$ (4.1), munie de la structure de monoïde définie par la somme disjointe ordonnée $([p], [q]) \longmapsto [p] \amalg [q]$ (1.2) (l'élément unité est $[-1] = \emptyset$).

b) <u>Les diagrammes</u> S_a (9.2.1). Le morphisme de diagrammes de (Cat)

(11.1.1.3) $$\pi : S_a \times S_a \longrightarrow S_a$$
$$\pi((\Delta^o)^p \times (\Delta^o)^q) = (\Delta^o)^{p+q} \quad ,$$

de type la loi de composition de $\overline{\Delta}'$, munit S_a d'une structure de monoïde $\overline{\Delta}'$-gradué.

11.1.2. On suppose maintenant que T est un topos. On fixe un monoïde I de (Cat), noté additivement ([1]), et un monoïde I-gradué $J = (J_i)_{i \in I}$ de $\mathrm{Diagr}_1(\mathrm{Cat})$. On fait l'hypothèse suivante :

([1]) mais on ne suppose pas I commutatif.

(11.1.2.1) <u>Quels que soient</u> p, $q \in \text{ob } I$, $J_p \times J_q \longrightarrow J_{p+q}$ <u>est un isomorphisme</u>, <u>et</u> J_o <u>est la catégorie ponctuelle</u> ([1]).

Sous cette hypothèse (qui est vérifiée par exemple par $J = S_a$), nous allons nous inspirer de (2.7.3) pour associer à chaque couple (G,X), où G est un monoïde J-gradué de T et X un G-objet J-gradué, une pseudo-catégorie (8.2.2) dépendant fonctoriellement de (G,X).

a) Le diagramme J définit (3.9.1) un objet simplicial de (Cat)

(11.1.2.2) $$C.(J) \in \text{ob Simpl(Cat)} \quad , \quad C_n(J) = \coprod_{i_o \to \dots \to i_n} J_{i_o} \quad .$$

Tout objet J-gradué X de T définit de même un objet C.(J)-gradué

(11.1.2.3) $$C.(X) \in \text{ ob Simpl}(\text{Diagr}_1(T)) \quad ,$$
$$C_n(X) = \coprod_{i_o \to \dots \to i_n} X_{i_o} \quad ([2]) \quad ,$$

qu'on peut aussi interpréter de la manière suivante. Convenons, pour simplifier, de noter encore $C_n(J)$ le topos $\text{Top}^o(C_n(J)_T)$ (5.6.3) où $C_n(J)_T : C_n(J) \longrightarrow T$ est le diagramme constant de valeur e . La donnée de X équivaut à celle d'un objet de $C_o(J)$ muni d'une "structure" relativement au topos fibré simplicial C.(J) (8.1.1), et l'on a, avec la notation de (8.1.5),

(11.1.2.3 bis) $$C.(X) = \text{ner}^o(X) \quad .$$

D'après (8.1.6), le foncteur $X \longmapsto C.(X)$ est donc une équivalence de la catégorie des objets J-gradués de T sur la sous-catégorie pleine de celle des objets C.(J)-gradués formée des $Y = (\dots Y_1 \rightrightarrows Y_o)$ tels que, pour tout $(i_o \longrightarrow \dots \longrightarrow i_n) \in \text{Ner}_n(I)$, $d_1 \dots d_n : Y_n | J_{i_o} \longrightarrow Y_o | J_{i_o}$ soit un

---

([1]) o désigne l'élément neutre de I .

([2]) Si $(U_\lambda : A_\lambda \longrightarrow T)_{\lambda \in L}$ est une famille de foncteurs, $\coprod U_\lambda : \coprod A_\lambda \longrightarrow T$ désigne l'unique foncteur dont la restriction à chaque A_λ est U_λ .

isomorphisme.

b) La structure de monoïde I-gradué de J définit sur C.(J) une structure de monoïde de Simpl(Cat) : on a

$$C_n(J) \times C_n(J) = \coprod_{\substack{p_o \to \cdots \to p_n \\ q_o \to \cdots \to q_n}} J_{p_o} \times J_{q_o} ,$$

et le produit $C_n(J) \times C_n(J) \longrightarrow C_n(J)$ envoie le composant $(J_{p_o} \times J_{q_o}, p_o \longrightarrow \cdots \longrightarrow p_n, q_o \longrightarrow \cdots \longrightarrow q_n)$ sur le composant $(J_{p_o+q_o}, p_o+q_o \longrightarrow \cdots \longrightarrow p_n+q_n)$ par l'isomorphisme structural. Si G est un monoïde J-gradué de T, C.(G) est de façon naturelle un monoïde de $\mathrm{Simpl}(\mathrm{Diagr}_1(T))$ de type C.(J) : on a

$$C_n(G) \times C_n(G) = \coprod_{\substack{p_o \to \cdots \to p_n \\ q_o \to \cdots \to q_n}} G_{p_o} \times G_{q_o} ,$$

et le produit $C_n(G) \times C_n(G) \longrightarrow C_n(G)$ envoie le composant $(G_{p_o} \times G_{q_o}, p_o \longrightarrow \cdots \longrightarrow p_n, q_o \longrightarrow \cdots \longrightarrow q_n)$ dans le composant $(G_{p_o+q_o}, p_o+q_o \longrightarrow \cdots \longrightarrow p_n+q_n)$ par la flèche structurale $G_{p_o} \times G_{q_o} \longrightarrow G_{p_o+q_o}$, (qui est, d'après (11.1.2.1), un morphisme de diagrammes de type $J_{p_o+q_o}$). De même, si X est un G-objet J-gradué, C.(X) est un C.(G)-objet de $\mathrm{Simpl}(\mathrm{Diagr}_1(T))$, de type C.(J) (agissant sur lui-même par translations à gauche). On peut alors former (2.7.3)

(11.1.2.4) $$\mathrm{Ner}(C(G), C.(X)) = (\ldots\ C.(G) \times C.(X) \rightrightarrows C.(X)) ,$$

qui est un objet bisimplicial de $\mathrm{Diagr}_1(T)$, de type Ner(C.(J), C.(J)). Notons e_J le G-objet J-gradué de T constant de valeur e (i.e. l'objet final de la catégorie des G-objets J-gradués). La projection canonique $\mathrm{Ner}(C.(G), C.(X)) \longrightarrow \mathrm{Ner}(C.(G), C.(e_J))$ fait de Ner(C.(G), C.(X)) un objet du topos $\mathrm{Top}^{o}(\mathrm{Ner}(C.(G),\ C.(e_J))$. Combinant (2.7.3.1) avec l'observation faite en a), on obtient :

Proposition 11.1.2.5 ([1]). Le foncteur $X \longmapsto \mathrm{Ner}(C.(G),\ C.(X))$ de la catégorie des G-objets J-gradués de T dans le topos $\mathrm{Top}^{o}(\mathrm{Ner}(C.(G),\ C.(e_J))$ (i.e. la catégorie des diagrammes de T de type $\mathrm{Ner}(C.(J),\ C.(J))$ au-dessus de $\mathrm{Ner}(C.(G),\ C.(e_J)))$ est pleinement fidèle. Son image essentielle est formée des objets $Y = (Y_{p,q})$ qui vérifient les deux conditions suivantes :

(i) pour tout p, le carré

$$\begin{array}{ccc} Y_{p,q} & \xrightarrow{d_1 \ldots d_p} & Y_{o,q} \\ \downarrow & & \downarrow \\ C_q(G)^p & \longrightarrow & e \end{array}$$

est cartésien ;

(ii) pour tout $(i_o \longrightarrow \ldots \longrightarrow i_q) \in \mathrm{Ner}_q(I)$,
$d_1 \ldots d_q : Y_{o,q}|J_{i_o} \longrightarrow Y_{o,o}|J_{i_o}$ est un isomorphisme.

Le résultat ci-après tient la promesse faite au début de (11.1.2) :

Proposition 11.1.2.6. Soit X un G-objet J-gradué. Le topos fibré simplicial $[n] \longmapsto \mathrm{Top}^{o}(\mathrm{Ner}_n(C.(G), C.(X)))$ (11.1.2.4) est une pseudo-catégorie (8.2.2). Son décalé $\mathrm{Dec}^1(X)$ est $\overline{\Delta}^{o}$-isomorphe au topos fibré défini par un objet simplicial augmenté d'un topos.

([1]) Dans cet énoncé, l'hypothèse (11.1.2.1) est superflue.

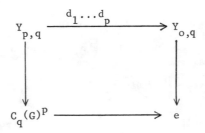

Preuve. Quels que soient p,q, $d_o : G_p \times X_q \longrightarrow X_{p+q}$ (resp. $d_1 : G_p \times G_q \longrightarrow G_{p+q}$) est, d'après (11.1.2.1), un morphisme de diagrammes de type J_{p+q}. Il s'ensuit que $d_o : C.(G) \times C.(X) \longrightarrow C.(X)$ (resp. $d_1 : C.(G) \times C.(G) \longrightarrow C.(G)$) fait de $C.(G) \times C.(X)$ (resp. $C.(G) \times C.(G)$) un objet de $Top^o(C.(X))$ (resp. $Top^o(C.(G))$). La proposition en découle facilement (cf. (8.2.1.4)).

11.2. Spectre d'un Module.

11.2.1. Soit A une catégorie abélienne munie d'un foncteur bilinéaire $\otimes : A \times A \longrightarrow A$. Ce foncteur se prolonge naturellement en un foncteur bilinéaire

(11.2.1.1) $$\otimes : \mathrm{Diagr}_I(A) \times \mathrm{Diagr}_J(A) \longrightarrow \mathrm{Diagr}_{I \times J}(A) \quad ,$$

où I (resp. J) est un $(n-1)$-diagramme de (Cat) (pour $n = 1$, $X \in \mathrm{ob}\, \mathrm{Diagr}_I(A)$, $Y \in \mathrm{ob}\, \mathrm{Diagr}_J(A)$, $X \otimes Y$ est le diagramme $(i,j) \longmapsto X_i \otimes Y_j$). On notera parfois $\underline{\otimes}$ le foncteur (11.2.1.1), notamment pour éviter des confusions, quand $I = J$, avec le produit tensoriel interne à la catégorie $\mathrm{Diagr}_I(A)$. Comme cas particuliers de (11.2.1.1), on a, pour $p, q \in \mathbb{N}$, des foncteurs bilinéaires

(11.2.1.2) $$\otimes : p\text{-Simpl}(A) \times q\text{-Simpl}(A) \longrightarrow (p+q)\text{-Simpl}(A) \quad ,$$

(11.2.1.3) $$\otimes : p\text{-}C(A) \times q\text{-}C(A) \longrightarrow (p+q)\text{-}C(A) \quad ,$$

(où $n\text{-}C(A)$ désigne la catégorie des n-complexes (naïfs) de A). Il est immédiat que, pour $X \in \mathrm{ob}\, p\text{-Simpl}(A)$, $Y \in \mathrm{ob}\, q\text{-Simpl}(A)$, on a des isomorphismes canoniques fonctoriels :

(11.2.1.4) $\Delta(X \underline{\otimes} Y) = \Delta X \otimes \Delta Y$ ([1]) ,

(11.2.1.5) $N(X \underline{\otimes} Y) = NX \underline{\otimes} NY$,

(11.2.1.6) $(X \otimes Y)^{red} = X^{red} \otimes Y^{red}$,

où Δ (resp. N, resp. red) est le foncteur objet diagonal (resp. normalisé total, resp. (9.1.5)). D'autre part, si $r = \Sigma_1^{p+q} r_i 1_i$ est une famille d'entiers comme en (9.1.7), on vérifie trivialement qu'on a, pour $X \in \mathrm{ob}\ p\text{-}C(A)$, $Y \in \mathrm{ob}\ q\text{-}C(A)$, un isomorphisme canonique fonctoriel

(11.2.1.7) $X[\Sigma_1^p r_i 1_i] \underline{\otimes} Y[\Sigma_{p+1}^{p+q} r_j 1_j] = (X \underline{\otimes} Y)[\Sigma_1^{p+q} r_k 1_k]$.

Grâce à (11.2.1.5), on en déduit un isomorphisme analogue pour $X \in \mathrm{ob}\ p\text{-}\mathrm{Simpl}(A)$, $Y \in \mathrm{ob}\ q\text{-}\mathrm{Simpl}(A)$, $r \geq 0$, et aussi pour $X \in \mathrm{ob}\ p\text{-}\mathrm{Simpl}(A)_{red}$, $Y \in \mathrm{ob}\ q\text{-}\mathrm{Simpl}(A)_{red}$ (9.1.3), $r = \Sigma_1^{p+q} -1_i$.

11.2.2. Soit T un topos, et soit J un monoïde de $\mathrm{Diagr}_{n-1}(\mathrm{Cat})$. Paraphrasant (11.1.1), on appelle <u>Anneau</u> J-<u>gradué</u> A de T un $\mathbb{Z}$-Module J-gradué A muni d'un homormorphisme $A \otimes A \longrightarrow A$ de $\mathrm{Diagr}_n(\mathbb{Z}\text{-Mod})$ de type la loi de composition de J , cet homomorphisme étant associatif dans le sens évident et possédant une unité $e \longrightarrow A$ de type l'unité de J . On définit de manière analogue la notion de A-<u>Module</u> J-<u>gradué</u>.

Plaçons-nous maintenant dans la situation de (11.1.2). Nous appellerons <u>Anneau de type</u> C.(J) la donnée d'un $\mathbb{Z}$-Module C.(J)-gradué R, muni d'un homomorphisme $R \otimes R \longrightarrow R$ de type la loi de composition de C.(J) ([2]) , cet homomorphisme étant associatif et possédant une unité ; on définit comme on pense la notion de R-<u>Module de type</u> C.(J). Cela étant, tout Anneau J-gradué

([1]) à droite, il s'agit d'un produit tensoriel interne dans la catégorie Simpl(A).

([2]) $R \otimes R$ est ici l'objet simplicial $[n] \longmapsto R_n \otimes R_n$ (de type $C.(J) \times C.(J)$: $[n] \longmapsto C_n(J) \times C_n(J)$) .

A définit un Anneau de type C.(J) :

(11.2.2.1) $\qquad C.(A)\ ,\ \ C_n(A) = \coprod_{i_o \to \cdots \to i_n} A_{i_o}$ [1] .

De même, tout A-Module J-gradué M définit un C.(A)-Module de type C.(J) :

(11.2.2.2) $\qquad C.(M)\ ,\ \ C_n(M) = \coprod_{i_o \to \cdots \to i_n} M_{i_o}$ [1] .

Pour A fixé, $M \mapsto C.(M)$ *est un plongement pleinement fidèle de la catégorie des A-Modules J-gradués dans celle des C.(A)-Modules de type* C.(J), l'image essentielle étant formée des C.(A)-Modules L tels que, pour tout $i_o \to \cdots \to i_n$, $d_1 \ldots d_n : L_n | J_{i_o} \to L_o | J_{i_o}$ soit un isomorphisme (cf. (11.1.2 a))). Observons d'autre part que, si R est un Anneau de type C.(J), *la catégorie* R-Mod *des R-Modules de type* C.(J) *est une catégorie abélienne vérifiant* AB 5 *et possédant une petite famille de générateurs* : l'existence de générateurs provient de ce que le foncteur d'oubli de R-Mod dans la catégorie $\mathbb{Z}$-Mod(C.(J)) des $\mathbb{Z}$-Modules de type C.(J) admet un adjoint à gauche

(11.2.2.3) $\qquad \mathrm{ind} : \mathbb{Z}\text{-Mod}(C.(J)) \longrightarrow R\text{-Mod}$,

donné par

(11.2.2.4) $\qquad \mathrm{ind}(L) = d_{o!}(R \otimes L)$,

où $d_{o!} : \mathbb{Z}\text{-Mod}(C.(J) \times C.(J)) \longrightarrow \mathbb{Z}\text{-Mod}(C.(J))$ est le prolongement par zéro correspondant au morphisme de localisation d_o : $\mathrm{Top}^o(C.(J) \times C.(J)) \longrightarrow \mathrm{Top}^o(C.(J))$ (cf. (11.1.2.6)) (explicitement,

---

[1] Comme en (11.1.2.3), si $(U_\lambda : A_\lambda \to \mathbb{Z}\text{-Mod}(T))_{\lambda \in L}$ est une famille de foncteurs, $\coprod U_\lambda : \coprod A_\lambda \to \mathbb{Z}\text{-Mod}(T)$ désigne l'unique foncteur dont la restriction à chaque A_λ est U_λ .

$$\mathrm{ind}(L)_{n,r_o \to \ldots \to r_n} = \oplus(R_{p_o \to \ldots \to p_n} \otimes L_{q_o \to \ldots \to q_n}) \quad ,$$

somme prise sur les couples $(p_o \to \ldots p_n, q_o \to \ldots \to q_n)$ de somme $r_o \to \ldots \to r_n$), la structure de R-Module de ind(L) étant définie grâce à l'isomorphisme $d_{o!}(R \otimes d_{o!}(R \otimes L)) = (d_o d_o)_!(R \otimes R \otimes L)$ et à la multiplication de R . Notons que le foncteur (11.2.2.3) est exact quand les composantes de R ([1]) sont des $\mathbb{Z}$-Modules plats.

11.2.3. On se restreint maintenant au cas où $J = S_a$, avec a = 0 ou 1 (11.1.1 b)). Il découle de (11.2.1.7) que le foncteur $X \mapsto X(1)$ (9.2.4) définit une équivalence de la catégorie des Anneaux S_o-gradués sur celle des Anneaux S_1-gradués réduits (i.e. appartenant à $\mathrm{SPEC}(\mathbb{Z}\text{-Mod})_{red}$), $X \mapsto X(-1)$ étant un foncteur quasi-inverse. De même, si A est un Anneau S_o-gradué, le foncteur $X \mapsto X(1)$ définit une équivalence de la catégorie des A-Modules S_o-gradués sur celle des A(1)-Modules S_1-gradués réduits. D'autre part, il découle de (11.2.1.6) que le foncteur d'inclusion de la catégorie des Anneaux S_1-gradués réduits (resp. des Modules S_1-gradués réduits sur un Anneau S_1-gradué réduit B) dans celle des Anneaux S_1-gradués (resp. des B-Modules S_1-gradués) admet un adjoint à gauche donné par $X \mapsto X^{red}$ (de plus, si B est un Anneau S_1-gradué, il revient au même de se donner un B-Module S_1-gradué réduit ou un B^{red}-Module S_1-gradué réduit).

On a des sorites tout analogues pour les Anneaux et Modules de type $C.(S_a)$ (a = 0 ou 1). Tout d'abord, paraphrasant (9.2.4), on définit une équivalence

$$(11.2.3.1) \qquad \mathbb{Z}\text{-Mod}(C.(S_1))_{red} \underset{Y(1) \leftarrow\!\dashv Y}{\overset{X \mapsto X(-1)}{\rightleftarrows}} \mathbb{Z}\text{-Mod}(C.(S_o)) \quad ,$$

([1]) on entend ici les composantes des $\mathbb{Z}$-Modules multisimpliciaux $R_{n,i_o \to \ldots \to i_n}$.

où $\mathbb{Z}\text{-Mod}(C.(S_1))_{red}$ est la sous-catégorie pleine de $\mathbb{Z}\text{-Mod}(C.(S_1))$ formée des objets "réduits", i.e. réduits terme à terme (le foncteur $X \longmapsto X(1)$ (resp. $X(-1)$) consiste à décaler terme à terme de $\Sigma\, 1_i$ (resp. $\Sigma\, -1_i$) ...). De même, on a un foncteur "réduction"

(11.2.3.2) $$\mathbb{Z}\text{-Mod}(C.(S_1)) \longrightarrow \mathbb{Z}\text{-Mod}(C.(S_1))_{red} \, , \quad X \longmapsto X^{red} \, ,$$

adjoint à gauche au foncteur d'inclusion. Alors, comme à l'alinéa précédent, le foncteur $X \longmapsto X(1)$ (11.2.3.1) définit une équivalence de la catégorie des Anneaux de type $C.(S_o)$ sur celle des Anneaux de type $C.(S_1)$ réduits, etc.

11.2.3.3. On notera que le foncteur $C.(-)$ commute au foncteur $X \longmapsto X(1)$ (resp. $X \longmapsto X(-1)$, resp. $X \longmapsto X^{red}$).

11.2.4. Soient X, Y, Z des faisceaux abéliens de T. Toute application linéaire $f : X \otimes Y \longrightarrow Z$ définit, grâce à (11.2.1.7), un morphisme $f(1,1) : X(1) \otimes Y(1) \longrightarrow Z(1)$ de diagrammes de $\mathbb{Z}$-Modules de type $\pi : S_1 \times S_1 \longrightarrow S_1$ (11.1.1.3), tel que $f(1,1)|X < p > \otimes Y < q > = f < p+q >$, avec la notation (9.3.3.1). Notons $f(1,1)^{\times} : X(1) \times Y(1) \longrightarrow Z(1)$ le morphisme de diagrammes de T de type π, composé de $f(1,1)$ et de la flèche canonique $X(1) \times Y(1) \longrightarrow X(1) \otimes Y(1)$. On définit de la sorte une application

(11.2.4.1) $$\mathrm{Hom}_{\mathbb{Z}}(X \otimes Y, Z) \longrightarrow \mathrm{Hom}_{\pi}(X(1) \times Y(1), Z(1)), \quad f \longmapsto f(1,1)^{\times} \, ,$$

où $\mathrm{Hom}_{\pi}(U,V)$ désigne l'ensemble des morphismes de 2-diagrammes de T de type π de U dans V.

Proposition 11.2.4.2. L'application (11.2.4.1) est bijective.

Preuve. Rappelons (9.3.2.1) que, si G est un groupe de T , on a $G < 1 > = Ner(G)$, et que le foncteur Ner(-) est pleinement fidèle et commute aux produits. Il s'ensuit qu'une application $u : X \times Y \longrightarrow Z$ est linéaire par rapport à X (resp. Y) si et seulement si elle se prolonge en une application $X < 1 > \times Y \longrightarrow Z < 1 >$ (resp. $X \times Y < 1 > \longrightarrow Z < 1 >$), et qu'alors le prolongement est unique. La proposition en découle aisément, compte tenu de (9.3.3.3).

11.2.5. Soit A un Anneau de T . Regardant A comme Anneau S_o-gradué trivial (9.2.2), on en déduit (11.2.3) un Anneau S_1-gradué A(1), dont nous désignerons par $A(1)^{\times}$ le monoïde multiplicatif S_1-gradué sous-jacent. A chaque A-Module M on peut associer le A(1)-Module S_1-gradué M(1) (11.2.3), qui définit (par oubli de la structure additive) un $A(1)^{\times}$-objet S_1-gradué $M(1)^{\times}$.

Proposition 11.2.5.1. Le foncteur $M \longmapsto M(1)^{\times}$ de la catégorie des A-Modules de T dans celle des $A(1)^{\times}$-objets S_1-gradués de T est pleinement fidèle, et son image essentielle se compose des objets qui, en tant qu'objets de SPEC(T), sont dans l'image essentielle du foncteur (9.3.3.2) (i.e. vérifient les conditions (i) et (ii) de (9.3.3.3)).

Preuve. C'est une conséquence immédiate de (9.3.3.3) et (11.2.4.2).

Combinant (11.1.2.5) et (11.2.5.1), on obtient :

Proposition 11.2.5.2. Le foncteur $M \longmapsto Ner(C.(A(1)^{\times}), C.(M (1)^{\times}))$ de la catégorie des A-Modules de T dans celle des diagrammes de T de type $Ner(C.(S_1),C.(S_1))$ au-dessus de $Ner(C.(A(1)^{\times}), C.(e_{S_1}))$ est pleinement fidèle. Son image essentielle se compose des objets $Y = (Y_{p,q})$ qui vérifient les conditions suivantes :

(i) *pour tout* p, *le carré*

$$\begin{array}{ccc}
Y_{p,q} & \xrightarrow{d_1 \dots d_p} & Y_{o,q} \\
\downarrow & & \downarrow \\
C_q(A(1)^{\mathbf{x}})^p & \longrightarrow & e
\end{array}$$

est cartésien ;

(ii) *pour tout* $([i_o] \to \dots \to [i_q]) \in \mathrm{Ner}_q(\overline{\Delta}')$,

$d_1 \dots d_q : Y_{o,q}|(\Delta^o)^{i_o+1} \longrightarrow Y_{o,o}|(\Delta^o)^{i_o+1}$ *est un isomorphisme* ;

(iii) *pour tout* $[n] \in \mathrm{ob}\, \overline{\Delta}'$ *et tout* i, *la flèche structurale* $d^i : Y_{o,o}|(\Delta^o)^{n+1} \longrightarrow \partial_i^1(Y_{o,o}|(\Delta^o)^{n+2})$ (*donnée par* $d_o : Y_{o,1} \longrightarrow Y_{o,o}$) est un isomorphisme ;

(iv) *pour tout* $[n] \in \mathrm{ob}\, \overline{\Delta}'$, $Y_{o,o}|(\Delta^o)^{n+1}$ *est dans l'image essentielle du foncteur* $X \longmapsto X < n+1 >$, *i.e. vérifie les conditions de* (9.3.2.2).

11.3. *Formules d'adjonction.*

11.3.1. **Soit,** comme en (11.2.3), Q un Anneau de type $C.(S_1)$ de T, d'où un Anneau $Q^{red}(-1)$ de type $C.(S_o)$. Les foncteurs $X \longmapsto X(1)$, $X \longmapsto X^{red}(-1)$ étant exacts, il découle des sorites de (loc. cit.) qu'on a des isomorphismes canoniques fonctoriels

(11.3.1.1) $$\mathrm{Hom}_{D(Q)}(X,Y(1)) = \mathrm{Hom}_{D(Q^{red}(-1))}(X^{red}(-1),Y)$$

pour $X \in \mathrm{ob}\, D(Q)$, $Y \in D(Q^{red}(-1))$ [1], et

(11.3.1.2) $$\mathrm{RHom}_{D(Q)}(X,Y(1)) = \mathrm{RHom}_{D(Q^{red}(-1))}(X^{red}(-1),Y)$$

---

[1] $D(Q)$ (resp. $D(Q^{red}(-1))$) désigne la catégorie dérivée de la catégorie abélienne (11.2.2) des Q-Modules (resp. $Q^{red}(-1)$-Modules) de type $C.(S_1)$ (resp. $C.(S_o)$).

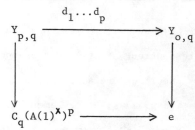

pour $Y \in \text{ob}\ D^{+}(Q^{red}(-1))$. En particulier, le foncteur $D(Q^{red}(-1)) \longrightarrow D(Q)$, $Y \mapsto Y(1)$ est pleinement fidèle, et son image essentielle se compose des objets X qui, en tant qu'objets de $D(C.(S_1))$, sont réduits, i.e. tels que tous les H^iX soient des $\mathbb{Z}$-Modules de type $C.(S_1)$ réduits.

11.3.2. Soit R un Anneau de type $C.(S_o)$ de T. Comme en (9.2.7), on peut appliquer à R, terme à terme, le foncteur sous-objet diagonal, et l'on obtient, d'après (11.2.1.4), un Anneau bisimplicial $[n] \mapsto \Delta R_n$, où

$$\Delta R_n = \bigoplus_{i_o \to \dots \to i_n} \Delta R_{i_o \to \dots \to i_n} .$$

Nous noterons

(11.3.2.1) $$\Delta^2 R$$

l'Anneau simplicial diagonal défini par $[n] \longmapsto \Delta R_n$ (donc $(\Delta^2 R)_n$ est la composante de degré n de l'Anneau simplicial ΔR_n). A chaque R-Module E de type $C.(S_o)$ on associe de même, par la diagonale, un ΔR-Module $\Delta E : [n] \mapsto \Delta E_n$ et un $\Delta^2 R$-Module

(11.3.2.2) $$\Delta^2 E \quad \in \quad \text{ob}\ \Delta^2 R\text{-Mod} \quad ,$$

qui dépendent fonctoriellement de E .

Si A est un Anneau S_o-gradué, ΔA (9.2.7) est un Anneau $\overline{\Delta}'$-gradué de $\text{Simpl}(T)$, qui donne naissance, par application du foncteur $C.(-)$ relatif à $\overline{\Delta}'$, à un Anneau bisimplicial $C.(\Delta A)$, donc à un Anneau simplicial diagonal $\Delta C.(\Delta A)$, qui n'est autre que $\Delta^2 C.(A)$, comme on le vérifie trivialement :

(11.3.2.3) $$\Delta C.(\Delta A) = \Delta^2 C.(A) \quad .$$

De même, si M est un A-Module S_o-gradué, on a un isomorphisme canonique fonctoriel de $\Delta^2 C.(A)$-Modules :

(11.3.2.4) $$\Delta\, C.(\Delta\, M) = \Delta^2 C.(M) .$$

Fixons maintenant l'Anneau R de type $C.(S_o)$. Notons $N\,\Delta^2 R$ l'Anneau différentiel gradué normalisé de $\Delta^2 R$ (10.2.12), et de même $N\,\Delta^2 E$ le $N\,\Delta^2 R$-Module différentiel gradué normalisé de $\Delta^2 E$ (11.3.2.2) pour $E \in$ ob R-Mod . Le foncteur $E \longmapsto N\,\Delta^2 E$ est exact. Par extension à la catégorie des complexes de R-Modules de type $C.(S_o)$ et composition avec le foncteur complexe simple associé, il définit un foncteur exact entre catégories dérivées

(11.3.2.5) $$D(R) \longrightarrow D(N\,\Delta^2 R) , \quad E \longmapsto \int N\,\Delta^2 E ,$$

où $D(N\,\Delta^2 R)$ est la catégorie dérivée des $N\,\Delta^2 R$-Modules différentiels gradués (10.1.4). Le foncteur (11.3.2.5) envoie $D^-(R)$ dans $D^-(N\,\Delta^2 R)$, et même, plus précisément, $D^{a]}(R)$ dans $D^{a]}(N\,\Delta^2 R)$ pour tout $a \in \mathbb{Z}$, où $D^{a]}(R)$ (resp. $D^{a]}(N\,\Delta^2 R)$) désigne la sous-catégorie pleine de $D(R)$ (resp. $D(N\,\Delta^2 R)$) formée des objets à cohomologie nulle en degré $> a$ (cf. (10.1.7)).

Pour $E, F \in$ ob R-Mod, on a une flèche canonique fonctorielle

$$\mathrm{Hom}_R(E,F) \longrightarrow \mathrm{Hom}^{\cdot}_{N\,\Delta^2 R}(N\,\Delta^2 E,\ N\,\Delta^2 F) ,$$

composée de $\mathrm{Hom}_R(E,F) \longrightarrow \mathrm{Hom}_{N\,\Delta^2 R}(N\,\Delta^2 E,\ N\,\Delta^2 F)$ et de la flèche canonique $\mathrm{Hom}_{N\,\Delta^2 R}(N\,\Delta^2 E,\ N\,\Delta^2 F) = Z^o\mathrm{Hom}^{\cdot}_{N\,\Delta^2 R}(N\,\Delta^2 E,\ N\,\Delta^2 F) \longrightarrow \mathrm{Hom}^{\cdot}_{N\,\Delta^2 R}(N\,\Delta^2 E,\ N\,\Delta^2 F)$. Par extension aux complexes de R-Modules et passage aux complexes simples associés, on en déduit une flèche canonique fonctorielle

(11.3.2.6) $$\mathrm{Hom}^{\cdot}_R(E,F) \longrightarrow \mathrm{Hom}^{\cdot}_{N\,\Delta^2 R}\Big(\int N\,\Delta^2 E,\ \int N\,\Delta^2 F\Big)$$

pour $E, F \in$ ob Hot(R) ([1]), d'où, par passage aux ind-objets (cf. (10.2.4)), une flèche canonique fonctorielle

(11.3.2.7) $$\mathrm{RHom}_R(E,F) \longrightarrow \mathrm{RHom}_{N\,\Delta^2 R}\Big(\int N\,\Delta^2 E, \int N\,\Delta^2 F\Big)$$

([1]) Hot(R) désigne la catégorie des complexes de R-Modules à homotopie près.

pour $E \in \text{ob } D^-(R)$, $F \in \text{ob } D^+(R)$ tel que $\int N\,\Delta^2 F \in \text{ob } D^+(N\,\Delta^2 R)$. La flèche déduite de (11.2.3.7) par application de H^σ n'est autre que la flèche définie par (11.3.2.5) : $\text{Hom}_{D(R)}(E,F) \longrightarrow \text{Hom}_{D(N\,\Delta^2 R)}(N\,\Delta^2 E, N\,\Delta^2 F)$ (cf. (10.2.10)).

11.3.3. Nous allons montrer que, moyennant certaines hypothèses sur R et F, (11.2.3.7) est un isomorphisme. Pour formuler ce résultat, nous aurons besoin de revenir un instant sur les formules d'adjonction de (9.4). Soit donc A une catégorie abélienne comme en (loc. cit.). Notons $A^{C.(S_o)}$ la catégorie des 2-diagrammes de A de type $C.(S_o)$. Elle contient de manière évidente comme sous-catégorie pleine la catégorie $A^{Ner(\overline{\Delta}')}$ des 2-diagrammes de A de type $Ner(\overline{\Delta}')$ (1) (regarder un objet de A comme un objet multisimplicial trivial). Le foncteur d'inclusion possède un adjoint à gauche, composé de Δ et de H_o, et noté encore

(11.3.3.1) $$H_o : A^{C.(S_o)} \longrightarrow A^{Ner(\overline{\Delta}')} .$$

On voit comme en (9.4.4) que ce foncteur admet un dérivé gauche

(11.3.3.2) $$LH_o : D^-(A^{C.(S_o)}) \longrightarrow D^-(A^{Ner(\overline{\Delta}')}) ,$$

donné par

(11.3.3.3) $$LH_o(E) = \int \Delta E ,$$

pour $E \in \text{ob } D^-(A^{C.(S_o)})$ (l'objet diagonal ΔE est un complexe d'objets simpliciaux de $A^{Ner(\overline{\Delta}')}$, donc définit par passage au complexe simple associé un complexe $\int \Delta E$ d'objets de $A^{Ner(\overline{\Delta}')}$), et que l'on a des isomorphismes fonctoriels canoniques

(11.3.3.4) $$\text{Hom}_{D(A^{Ner(\overline{\Delta}')})}(LH_o E,F) = \text{Hom}_{D(A^{C.(S_o)})}(E,F)$$

---

(1) $Ner(\overline{\Delta}')$ est considéré comme un objet simplicial en catégories discrètes.

pour $E \in \mathrm{ob}\, D^-(A^{C.(S_o)})$, $F \in \mathrm{ob}\, D(A^{Ner(\overline{\Delta}')})$, et

(11.3.3.5) $$\mathrm{RHom}(LH_o E,F) = \mathrm{RHom}(E,F)$$

pour $E \in \mathrm{ob}\, D^-(A^{C.(S_o)})$, $F \in \mathrm{ob}\, D^+(A^{Ner(\overline{\Delta}')})$. On vérifie d'autre part que le foncteur "objet constant" $A \longrightarrow A^{Ner(\overline{\Delta}')}$ possède un adjoint à gauche noté $\varinjlim_{Ner(\overline{\Delta}')}$, lequel admet un dérivé gauche

(11.3.3.6) $$\mathrm{L}\varinjlim_{Ner(\overline{\Delta}')} : D^-(A^{Ner(\overline{\Delta}')}) \longrightarrow D^-(A) \quad ,$$

donné par

(11.3.3.7) $$\mathrm{L}\varinjlim_{Ner(\overline{\Delta}')} E = \int([n] \longmapsto \bigoplus_{i_o \to \dots \to i_n} E_{i_o \to \dots \to i_n})$$

pour $E \in \mathrm{ob}\, D^-(A^{Ner(\overline{\Delta}')})$ (la preuve, analogue à celle de (6.6.4.4.), est laissée en exercice au lecteur). On vérifie de plus qu'on a des isomorphismes fonctoriels canoniques

(11.3.3.8) $$\mathrm{Hom}_{D(A)}(\mathrm{L}\varinjlim_{Ner(\overline{\Delta}')} E,F) = \mathrm{Hom}_{D(A^{Ner(\overline{\Delta}')})}(E,F)$$

pour $E \in \mathrm{ob}\, D^-(A^{Ner(\overline{\Delta}')})$, $F \in \mathrm{ob}\, D(A)$, et

(11.3.3.9) $$\mathrm{RHom}(\mathrm{L}\varinjlim_{Ner(\overline{\Delta}')} E,F) = \mathrm{RHom}(E,F)$$

pour $E \in \mathrm{ob}\, D^-(A^{Ner(\overline{\Delta}')})$, $F \in \mathrm{ob}\, D^+(A)$. Il découle par ailleurs de (11.3.3.3), (11.3.3.7), et d'Eilenberg-Zilber qu'on a un isomorphisme fonctoriel canonique

(11.3.3.10) $$\mathrm{L}\varinjlim_{Ner(\overline{\Delta}')} LH_o E = \int \Delta^2 E \quad ,$$

pour $E \in \mathrm{ob}\, D^-(A^{C.(S_o)})$, où, comme en (11.3.2.1) et (11.3.2.2), $\Delta^2 E$ désigne l'objet diagonal de l'objet bisimplicial $[n] \longmapsto \bigoplus_{i_o \to \dots \to i_n} E_{i_o \to \dots \to i_n}$.

Cette formule, jointe à l'isomorphisme (cf. (11.3.2.3))

(11.3.3.11) $$\Delta\, C.(\Delta X) = \Delta^2 C.(X)$$

pour $X \in$ ob SIMPL(A), et à la description explicite ((4.6.9), (9.4.4.1)) du foncteur $L\varinjlim : D^-(\mathrm{SIMPL}(A)) \longrightarrow D^-(A)$ (9.4.7), montre que le diagramme

(11.3.3.12)
$$\begin{array}{ccc} D^-(\mathrm{SIMPL}(A)) & \xrightarrow{\;C.(-)\;} & D^-(A^{C.(S_o)}) \\ & {\scriptstyle L\varinjlim}\searrow \qquad \swarrow {\scriptstyle L\varinjlim_{Ner(\bar{\Delta}')}\, LH_o} & \\ & D^-(A) & \end{array}$$

est commutatif à isomorphisme canonique près. D'autre part, combinant (11.3.3.4) (resp. (11.3.3.5)) avec (11.3.3.8) (resp. (11.3.3.9)), on obtient, compte tenu de (11.3.3.10), des isomorphismes canoniques fonctoriels

(11.3.3.13) $$\mathrm{Hom}_{D(A)}(\int \Delta^2 E, F) = \mathrm{Hom}_{D(A^{C.(S_o)})}(E,F)$$

pour $E \in$ ob $D^-(A^{C.(S_o)})$, $F \in$ ob $D(A)$, et

(11.3.3.14) $$\mathrm{RHom}(\int \Delta^2 E, F) = \mathrm{RHom}(E,F)$$

pour $E \in$ ob $D^-(A^{C.(S_o)})$, $F \in$ ob $D^+(A)$. En particulier, le foncteur "objet constant"

(11.3.3.15) $$D^-(A) \longrightarrow D^-(A^{C.(S_o)})$$

est pleinement fidèle, et son image essentielle se compose des objets X tels que la flèche canonique $X \longrightarrow \int \Delta^2 X$ [1] soit un isomorphisme, i.e. tels que les $H^i X$ soient "constants". Composant (11.3.3.15) avec le foncteur (cf. (11.2.3.1))

(11.3.3.16) $$D(A^{C.(S_o)}) \hookrightarrow D(A^{C.(S_1)}) \quad , \quad X \longmapsto X(1) \quad ,$$

qui est une équivalence sur la sous-catégorie pleine de $D(A^{C.(S_1)})$ formée des objets Y tels que les $H^i Y$ soient réduits, on obtient un foncteur pleinement fidèle

[1] où le second membre désigne l'image de $\int \Delta^2 X \in$ ob $D^-(A)$ par (11.3.3.15).

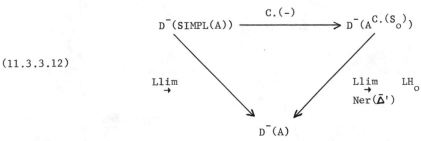

(11.3.3.17) $$D^-(A) \hookrightarrow D^-(A^{C.(S_1)})$$,

dont l'image essentielle se compose des Y tels que les H^iY soient dans l'image essentielle du foncteur composé

$$A \xhookrightarrow{L \mapsto L(1)} SPEC(A) \xhookrightarrow{C.(-)} A^{C.(S_1)} .$$

Nous pouvons maintenant énoncer le résultat principal de ce numéro :

Théorème 11.3.4. *Soit* R *un Anneau de type* $C.(S_o)$ *de* T, *tel que les composantes de* R [1] *soient des* $\mathbb{Z}$*-Modules plats, et soient* $E \in$ ob $D^-(R)$, $F \in$ ob $D^+(R)$. *On suppose que l'objet de* $D^+(C.(S_o), \mathbb{Z})$ [2] *défini par* F *par oubli est dans l'image essentielle de* $D^b(\mathbb{Z})$ *par le foncteur "objet constant"* (11.3.3.15). *Alors la flèche* (11.3.2.7)

$$RHom_R(E,F) \longrightarrow RHom_{N\,\Delta^2 R}\left(\int N\,\Delta^2 E, \int N\,\Delta^2 F\right)$$

est un isomorphisme.

Preuve. On a vu plus haut (11.2.2) que tout R-Module est quotient d'un module "induit", i.e. de la forme ind(L) (11.2.2.4) avec $L \in$ ob $\mathbb{Z}$-Mod$(C.(S_o))$. Comme le foncteur (11.3.2.5) envoie $D^{a]}(R)$ dans $D^{a]}(N\,\Delta^2 R)$, on peut, par dévissage, se borner au cas où E est concentré en degré 0 et de la forme ind(L). Comme les composantes de R sont plates, le foncteur ind est exact, et l'on a par suite un isomorphisme canonique

(*) $$RHom_R(ind(L), F) = RHom(L,F)$$,

où le RHom à droite est calculé dans la catégorie $D(C.(S_o), \mathbb{Z})$. D'autre part, on vérifie, par exemple sur la description explicite de ind(L) donnée en (11.2.2.4), qu'on a un isomorphisme canonique de $\Delta^2 R$-Modules

---

[1] cf. note [1] à la fin de (11.2.2).

[2] on note $D(\mathbb{Z})$ (resp. $D(C.(S_a), \mathbb{Z})$) la catégorie dérivée de celle des $\mathbb{Z}$-Modules de T (resp. des $\mathbb{Z}$-Modules de T de type $C.(S_a)$).

(**) $$\Delta^2\mathrm{ind}(L) = \Delta^2 R \otimes \Delta^2 L \quad ,$$

d'où, par les shuffles (I 3.1.3), un isomorphisme canonique de $N\,\Delta^2 R$-Modules différentiels gradués

(**)' $$N\,\Delta^2\mathrm{ind}(L) = N\,\Delta^2 R \otimes N\,\Delta^2 L \quad .$$

Comme $N\,\Delta^2 R$ est plat, on a $N\,\Delta^2 R \otimes N\,\Delta^2 L = N\,\Delta^2 R \overset{L}{\otimes} N\,\Delta^2 L$, et d'après (10.3.17), on a un isomorphisme canonique

(***) $$\mathrm{RHom}_{N\,\Delta^2 R}(N\,\Delta^2\mathrm{ind}(L), \int N\,\Delta^2 F) = \mathrm{RHom}(N\,\Delta^2 L, \int N\,\Delta^2 F) \quad ,$$

où le RHom à droite est calculé dans la catégorie $D(\mathbb{Z})$. Grâce à (*) et (***), on est ramené, moyennant une compatibilité triviale, à prouver que la flèche canonique (définie de manière analogue à (11.2.3.7))

(****) $$\mathrm{RHom}(L,F) \longrightarrow \mathrm{RHom}(N\,\Delta^2 L, \int N\,\Delta^2 F)$$

est un isomorphisme. L'hypothèse que F en tant qu'objet de $D(C.(S_o),\mathbb{Z})$ est dans l'image essentielle de $D(\mathbb{Z})$ signifie, comme on a vu plus haut que la flèche canonique (de $D(C.(S_o),\mathbb{Z})$) $F \longrightarrow \int N\,\Delta^2 F = G$ est un isomorphisme, et l'on peut récrire (****) sous la forme

(****)' $$\mathrm{RHom}(L,G) \longrightarrow \mathrm{RHom}(\Delta^2 L, G) \quad ;$$

mais on reconnaît en (****)' l'isomorphisme (11.3.3.14) (avec E (resp. F) remplacé par L (resp. G)), donc on a gagné.

11.3.5. Soit, comme en (11.3.1), Q un Anneau de type $C.(S_1)$ de T. Le foncteur $L \longmapsto L^{\mathrm{red}}(-1)$ définit une flèche canonique fonctorielle

(11.3.5.1) $$\mathrm{RHom}_Q(X,Y) \longrightarrow \mathrm{RHom}_{Q^{\mathrm{red}}(-1)}(X^{\mathrm{red}}(-1), Y^{\mathrm{red}}(-1))$$

pour $X \in \mathrm{ob}\,D(Q)$, $Y \in \mathrm{ob}\,D^+(Q)$, d'où, par composition avec (11.3.2.7), une flèche canonique fonctorielle

(11.3.5.2) $\mathrm{RHom}_Q(X,Y) \longrightarrow \mathrm{RHom}_{N\,\Delta^2(Q^{red}(-1))}(\int N\,\Delta^2 X^{red}(-1), \int N\,\Delta^2 Y^{red}(-1))$,

pour $X \in \mathrm{ob}\, D^-(Q)$, $Y \in \mathrm{ob}\, D^+(Q)$ tel que $\int N\,\Delta^2 Y^{red}(-1) \in \mathrm{ob}\, D^+(N\,\Delta^2 Q^{red}(-1))$. De (11.3.4) et de l'isomorphisme (11.3.1.2) résulte alors le

Corollaire 11.3.5.3. Si les composantes de Q sont des $\mathbb{Z}$-Modules plats, et si l'objet de $D(C.(S_1), \mathbb{Z})$ défini par Y par oubli est dans l'image essentielle de $D^b(\mathbb{Z})$ par le foncteur (11.3.3.17), la flèche (11.3.5.2) est un isomorphisme.

11.4. L'Anneau $\mathbb{Z}^{st}(A)$ et la résolution de MacLane.

On fixe un topos T.

11.4.1. Soit A un Anneau de T (associatif et unitaire). Cet Anneau définit (11.2.5) un monoïde S_1-gradué $A(1)^X$, et un monoïde de type $C.(S_1)$, $C(A(1)^X)$. Comme le foncteur $\mathbb{Z}$-Module libre engendré, noté $\mathbb{Z}(-)$, transforme produit en produit tensoriel, $\mathbb{Z}(A(1)^X)$ (resp. $\mathbb{Z}(C.(A(1)^X))$) est un Anneau S_1-gradué (resp. de type $C.(S_1)$), et l'on a

(11.4.1.1) $$\mathbb{Z}(C.(A(1)^X)) = C.(\mathbb{Z}(A(1)^X)) ,$$

avec la notation (11.2.2.1). Utilisant que le foncteur $C.(-)$ commute au foncteur $X \longmapsto X^{red}(-1)$ (11.2.3.3), on en déduit

(11.4.1.2) $$\mathbb{Z}(C.(A(1)^X))^{red}(-1) = C.(\mathbb{Z}(A(1)^X)^{red}(-1)) ,$$

d'où, grâce à (11.3.2.3),

(11.4.1.3) $$\Delta^2\mathbb{Z}(C.(A(1)^X))^{red}(-1) = \mathbb{Z}^{st}(A) ,$$

où $\mathbb{Z}^{st}(-)$ est le stabilisé de $\mathbb{Z}(-)$ (9.5.2). Ainsi, $\mathbb{Z}^{st}(A)$ est muni canoniquement d'une structure d'Anneau simplicial (associatif et unitaire). Cet Anneau est plat sur $\mathbb{Z}$: ses composantes sont en effet des sommes dénombrables de

$\mathbb{Z}$-Modules de la forme $\mathbb{Z}(A^n)$ ou $\mathbb{Z}^+(A^n)$ (notation de (9.5.4)). D'autre part, l'augmentation canonique

(11.4.1.4) $$\mathbb{Z}^{st}(A) \longrightarrow A \quad ,$$

définie en (9.5.12.2), est un homomorphisme d'Anneaux : en effet, $\mathbb{Z}^{st}(A)_o$ n'est autre que l'Anneau $\mathbb{N}$-gradué $\mathbb{Z}(A) \oplus \mathbb{Z}^+(A) \oplus \dots$ (égal à $\mathbb{Z}^+(A)$ en chaque degré $n > 0$, avec la multiplication évidente), et (11.4.1.4) est le composé de la projection canonique sur $\mathbb{Z}(A)$ et de l'homomorphisme canonique $\mathbb{Z}(A) \longrightarrow A$. Si $N\mathbb{Z}^{st}(A)$ désigne l'Anneau différentiel gradué normalisé de $\mathbb{Z}^{st}(A)$ (10.2.12), il découle de (9.5.12.4) que (11.4.1.4) définit une résolution, au sens de (10.3.20.1),

(11.4.1.5) $$t_{[-1}(N\mathbb{Z}^{st}(A)) \longrightarrow A \quad ,$$

avec la notation de (10.1.8). Cette résolution permet de calculer $A \overset{L}{\otimes}_{\mathbb{Z}} \mathcal{O}$, où $\mathcal{O}$ est un Anneau donné de T : d'après (10.3.20.2), on a

$$A \overset{L}{\otimes}_{\mathbb{Z}} \mathcal{O} = t_{[-1}(N\mathbb{Z}^{st}(A)) \otimes_{\mathbb{Z}} \mathcal{O} \quad , \quad (\text{dans } D(\text{Andg})) \quad ,$$

et comme

$$t_{[-1}(N\mathbb{Z}^{st}(A)) \otimes_{\mathbb{Z}} \mathcal{O} = t_{[-1}(N\mathbb{Z}^{st}(A) \otimes_{\mathbb{Z}} \mathcal{O}) = t_{[-1}(N\mathcal{O}^{st}(A)) \qquad (^1)$$

(dans Andg), on obtient finalement un isomorphisme canonique de D(Andg) :

(11.4.1.6) $$A \overset{L}{\otimes}_{\mathbb{Z}} \mathcal{O} = t_{[-1}(N\mathcal{O}^{st}(A)) \quad .$$

On a en particulier une flèche canonique (projection sur $t_{[-1}$)

(11.4.1.7) $$N\mathcal{O}^{st}(A) \longrightarrow A \overset{L}{\otimes}_{\mathbb{Z}} \mathcal{O} \quad ,$$

---

(1) si R est un Anneau de T , on note bien entendu $R(-)$ le foncteur R-Module libre engendré.

pour laquelle le foncteur restriction des scalaires établit, d'après (10.1.8.2), une équivalence de catégories

(11.4.1.8) $$D^{[n,n+1]}(A \overset{L}{\otimes}_{\mathbb{Z}} \mathcal{O}) \xrightarrow{\approx} D^{[n,n+1]}(N\mathcal{O}^{st}(A))$$

pour tout entier n .

11.4.2. Tout A-Module M définit (11.2.5) un $A(1)^X$-objet S_1-gradué $M(1)^X$, et un $C.(A(1)^X)$-objet de type $C.(S_1)$, $C.(M(1)^X)$. Par suite, $\mathbb{Z}(M(1)^X)$ (resp. $\mathbb{Z}(C.(M(1)^X))$) est un $\mathbb{Z}(A(1)^X)$-Module S_1-gradué (resp. un $\mathbb{Z}(C.(A(1)^X))$-Module de type $C.(S_1)$), et l'on voit, comme en (11.4.1), qu'on a des isomorphismes canoniques :

(11.4.2.1) $$\mathbb{Z}(C.(M(1)^X)) = C.(\mathbb{Z}(M(1)^X)) \quad ,$$

(11.4.2.2) $$\mathbb{Z}(C.(M(1)^X))^{red}(-1) = C.(\mathbb{Z}(M(1)^X)^{red}(-1)) \quad ,$$

(11.4.2.3) $$\Delta^2\mathbb{Z}(C.(M(1)^X))^{red}(-1) = \mathbb{Z}^{st}(M) \quad ,$$

de sorte que $\mathbb{Z}^{st}(M)$ <u>est muni canoniquement d'une structure de</u> $\mathbb{Z}^{st}(A)$-<u>Module</u>. Les composantes de $\mathbb{Z}^{st}(M)$ sont des sommes dénombrables de $\mathbb{Z}$-Modules de la forme $\mathbb{Z}(M^n)$ ou $\mathbb{Z}^+(M^n)$. D'autre part, on vérifie comme tout à l'heure que <u>l'augmentation canonique</u> (9.5.12.2)

(11.4.2.4) $$\mathbb{Z}^{st}(M) \longrightarrow M$$

<u>est un homomorphisme de Modules au-dessus de l'homomorphisme d'Anneaux</u> (11.4.1.4). "Plus généralement", si A est un Anneau simplicial, et M un A-Module (de Simpl(T)), $\mathbb{Z}^{st}(A)$ (défini comme en (9.5.3)) est un Anneau simplicial, $\mathbb{Z}^{st}(M)$ un $\mathbb{Z}^{st}(A)$-Module, et (11.4.1.4) (resp. 11.4.2.4)) définit un homomorphisme d'Anneaux simpliciaux $\mathbb{Z}^{st}(A) \longrightarrow A$ (resp. un homomorphisme de Modules $\mathbb{Z}^{st}(M) \longrightarrow M$ au-dessus de $\mathbb{Z}^{st}(A) \longrightarrow A$). Cet homomorphisme de Modules définit un homomorphisme A-linéaire

(11.4.2.5) $$A \otimes_{\mathbb{Z}^{st}(A)} \mathbb{Z}^{st}(M) \longrightarrow M \quad ,$$

d'où un homomorphisme de D.(A) (I 3.1.7, I 3.3.4)

(11.4.2.6) $$A \overset{\ell}{\otimes}_{\mathbb{Z}^{st}(A)} \mathbb{Z}^{st}(M) \longrightarrow M \quad .$$

Le résultat ci-après est implicite dans MacLane [12] :

Théorème 11.4.3. La flèche (11.4.2.6) est un isomorphisme.

Preuve. Le théorème est évidemment vrai pour $M = A$. Grâce à (9.5.9 (ii)), il en résulte que le théorème est vrai pour M libre de type fini. Notons maintenant que le foncteur $\mathbb{Z}^{st}(-)$: A-Mod $\longrightarrow \mathbb{Z}^{st}(A)$-Mod commute aux limites inductives locales (I 4.2.1) (on le vérifie trivialement sur chacun des foncteurs dont $\mathbb{Z}^{st}(-)$ est le composé). Par la suite spectrale (I 3.3.3.1)

$$E^1_{pq} = \mathrm{Tor}_q^{\mathbb{Z}^{st}(A)_p}(A_p, \mathbb{Z}^{st}(M)_p) \Longrightarrow H_*(A \overset{\ell}{\otimes}_{\mathbb{Z}^{st}(A)} \mathbb{Z}^{st}(M)) \quad ,$$

il s'ensuit que, pour chaque i , le foncteur $M \longmapsto H_i(A \overset{\ell}{\otimes}_{\mathbb{Z}^{st}(A)} \mathbb{Z}^{st}(M))$ commute aux limites inductives locales. Par le théorème de Lazard-Deligne (I 4.2.1.1), il en résulte que le théorème est vrai pour M plat, donc vrai pour tout M grâce à (9.5.12.1).

Compte tenu de (10.3.13), (11.4.3) fournit un isomorphisme canonique fonctoriel de D(NA) :

(11.4.3.1) $$NA \overset{L}{\otimes}_{N\mathbb{Z}^{st}(A)} N\mathbb{Z}^{st}(M) \xrightarrow{\sim} NM \quad .$$

11.4.4. Fixons l'Anneau A de T . On peut se servir de l'isomorphimse (11.4.2.6) pour construire, fonctoriellement en le A-Module M , une résolution de M par des sommes de Modules de la forme $A(A^p \times M^q)$ (ou de facteurs directs de $A(A^p \times M^q)$ définis par des "effets croisés" ([3] 4.18) de A(-)). Cette construction s'appuie sur la traditionnelle bar-résolution pour les Modules, que nous allons d'abord rappeler rapidement.

Soit $K \longrightarrow R$ un morphisme d'Anneaux (non nécessairement commutatifs) de T . Le couple de foncteurs adjoints (extension des scalaires, restriction des scalaires) entre les catégories K-Mod et R-Mod fournit, d'après (I 1.5.2), fonctoriellement en $X \in$ ob R-Mod, un R-Module simplicial

(11.4.4.1) $$\mathrm{Bar}(R/K,X) \in \mathrm{ob\ Simpl}(R\text{-}\mathrm{Mod}) \quad ,$$

muni d'une augmentation R-linéaire

(11.4.4.2) $$\mathrm{Bar}(R/K,X) \longrightarrow X \quad ,$$

qu'on appelle <u>bar-résolution de</u> X <u>relative à</u> $K \longrightarrow R$ (ou simplement K).

On a :

(11.4.4.3) $$\mathrm{Bar}_n(R/K,X) = R^{\otimes\, n+1} \otimes X$$

(produits tensoriels pris sur K), avec la structure de R-Module définie par le facteur extrême gauche. Les opérateurs de face et de dégénérescence sont donnés par :

(11.4.4.4) $$d_i y = r_1 \otimes \ldots \otimes r_{i+1} r_{i+2} \otimes \ldots \otimes r_{n+1} \otimes x \quad ,$$

pour $0 \leq i < n$,

$$d_n y = r_1 \otimes \ldots \otimes r_n \otimes r_{n+1} x \quad ,$$

où $y = r_1 \otimes \ldots \otimes r_{n+1} \otimes x$; et

$$s_i y = r_1 \otimes \ldots \otimes r_{i+1} \otimes 1 \otimes r_{i+2} \otimes \ldots \otimes r_{n+1} \otimes x \quad ,$$

pour $0 \leq i \leq n$. Enfin, l'augmentation (11.4.4.2) est donnée par la flèche canonique $R \otimes X \longrightarrow X$, $r \otimes x \longmapsto rx$. Le complexe augmenté (11.4.4.2) est acyclique : en effet, d'après (I 1.5.3), le complexe K-linéaire sous-jacent est homotopiquement trivial. Quand X est plat sur K, la bar-résolution de X relative à K est donc une résolution plate de X comme R-Module. Elle permet par suite de calculer des produits tensoriels dérivés.

Par exemple, pour tout A-Module M, $\mathrm{Bar}(\mathbb{Z}^{st}(A)/\mathbb{Z}, \mathbb{Z}^{st}(M))$ est une résolution de $\mathbb{Z}^{st}(M)$ par des $\mathbb{Z}^{st}(A)$-Modules plats, et, d'après (11.4.3), la flèche canonique $A \otimes \mathbb{Z}(M) \longrightarrow$ fournit une résolution

(11.4.4.5) $$A \otimes_{\mathbb{Z}^{st}(A)} \Delta\, \mathrm{Bar}(\mathbb{Z}^{st}(A)/\mathbb{Z}, \mathbb{Z}^{st}(M)) \longrightarrow M \quad ,$$

où Δ désigne la diagonale. D'après (11.4.4.3), la n-ième composante de cette résolution s'écrit

$$A \otimes_{\mathbb{Z}} \mathbb{Z}^{st}(A)_n^{\otimes n} \otimes \mathbb{Z}^{st}(M)_n \quad ,$$

donc, compte tenu des descriptions données plus haut de $\mathbb{Z}^{st}(A)$, $\mathbb{Z}^{st}(M)$, est une somme dénombrable de Modules de la forme $A(A^p \times M^q)$, ou facteur direct de $A(A^p \times M^q)$ défini par des effets croisés de $A(-)$. Le lecteur trouvera dans Breen [2] une variante plus économique de (11.4.4.5), où les composantes sont des sommes finies de Modules de la forme $A(A^p \times M^q)$. Dans (SGA 7 VII 3.5.4), Grothendieck avait construit le début d'une telle résolution, et posé le problème de son prolongement en une résolution de longueur infinie. L'existence d'un tel prolongement fut prouvée par Deligne en Août 1970, et, indépendamment, par Breen (loc. cit.). C'est cette dernière construction, inspirée de MacLane [12], que nous avons ici essentiellement reproduite.

11.5. Applications.

On conserve le topos T de (11.4). On se donne des Anneaux A et $\mathcal{O}$ de T ; on suppose $\mathcal{O}$ commutatif.

11.5.1. Simplification de (11.3.5.2).

Notons

(11.5.1.1) $$Q = \mathbb{Z}(C.(A(1)^{\times}))$$

l'Anneau de type $C.(S_1)$ envisagé en (11.4.1), et

(11.5.1.2) $$X = \mathbb{Z}(C.(G(1)^{\times}))$$

le Q-Module de type $C.(S_1)$ défini par un A-Module G (11.4.2). D'après (11.4.1.3), on a

(11.5.1.3) $$N\,\Delta^2 Q^{red}(-1) = N\mathbb{Z}^{st}(A) \quad ,$$

et la formule analogue avec Q remplacé par $Q \otimes_{\mathbb{Z}} \mathbb{Q}$:

(11.5.1.3)' $$N\,\Delta^2(Q \otimes_{\mathbb{Z}} \mathbb{Q})^{red}(-1) = N\mathbb{Q}^{st}(A) \quad .$$

Pour $Y \in \mathrm{ob}\, D^+(Q \otimes_{\mathbb{Z}} \mathbb{Q})$ tel que $\int N\,\Delta^2 Y^{red}(-1) \in \mathrm{ob}\, D^+(N\mathbb{Q}^{st}(A))$, la flèche canonique (11.3.5.2) s'écrit, compte tenu de (11.4.2.3) :

(11.5.1.4) $$\mathrm{RHom}_Q(X,Y) \longrightarrow \mathrm{RHom}_{N\mathbb{Z}^{st}(A)}(N\mathbb{Z}^{st}(G), \int N\,\Delta^2 Y^{red}(-1)) \quad .$$

Supposons que l'on dispose d'un objet M de $D^+(A \overset{L}{\otimes}_{\mathbb{Z}} \mathbb{Q})$ tel que l'on ait

(11.5.1.5) $$\int N\,\Delta^2 Y^{red}(-1) = M$$

dans $D(N\mathbb{Q}^{st}(A))$, M étant considéré comme objet de $D(N\mathbb{Q}^{st}(A))$ par restriction des scalaires relativement à (11.4.1.7). D'après (10.3.17) appliqué à la flèche $N\mathbb{Z}^{st}(A) \longrightarrow A \overset{L}{\otimes}_{\mathbb{Z}} \mathbb{Q}$, diagonale du carré commutatif

(11.5.1.6) $$\begin{array}{ccc} N\mathbb{Q}^{st}(A) & \xrightarrow{(11.4.1.7)} & A \overset{L}{\otimes}_{\mathbb{Z}} \mathbb{Q} \\ \uparrow & & \uparrow {\scriptstyle (10.3.20)} \\ N\mathbb{Z}^{st}(A) & \xrightarrow{(11.4.1.4)} & A \end{array} \quad ,$$

on a

$$\mathrm{RHom}_{N\mathbb{Z}^{st}(A)}(N\mathbb{Z}^{st}(G),M) = \mathrm{RHom}_{A \overset{L}{\otimes}_{\mathbb{Z}} \mathbb{G}}((A \overset{L}{\otimes}_{\mathbb{Z}} \mathbb{G}) \overset{L}{\otimes}_{N\mathbb{Z}^{st}(A)} N\mathbb{Z}^{st}(G),M) \quad .$$

Or, d'après (11.4.3.1) (et (11.5.1.6)), on a

$$(A \overset{L}{\otimes}_{\mathbb{Z}} \mathbb{G}) \overset{L}{\otimes}_{N\mathbb{Z}^{st}(A)} N\mathbb{Z}^{st}(G) = (A \overset{L}{\otimes}_{\mathbb{Z}} \mathbb{G}) \overset{L}{\otimes}_{A} G \quad ,$$

de sorte qu'en appliquant (10.3.17) à $A \longrightarrow A \overset{L}{\otimes}_{\mathbb{Z}} \mathbb{G}$, on obtient finalement

(11.5.1.7) $$\mathrm{RHom}_{N\mathbb{Z}^{st}(A)}(N\mathbb{Z}^{st}(G), M) = \mathrm{RHom}_A(G,M) \quad ,$$

et que la flèche (11.5.1.4) se récrit

(11.5.1.8) $$\mathrm{RHom}_Q(X,Y) \longrightarrow \mathrm{RHom}_A(G,M) \quad .$$

D'après (11.3.5.3), (11.5.1.8) est donc un isomorphisme quand l'objet de $D(C.(S_1),\mathbb{Z})$ défini par Y est dans l'image essentielle de $D^b(\mathbb{Z})$ par (11.3.3.17).

11.5.2. <u>Exemple</u>.

On a vu en (11.2.5) que, si M est un A-Module, M(1) est un A(1)-Module S_1-gradué ; par restriction des scalaires via la flèche canonique $\mathbb{Z}(A(1)^{\times}) \longrightarrow A(1)$, M(1) est donc un $\mathbb{Z}(A(1)^{\times})$-Module S_1-gradué, et par suite C.(M(1)) est un Q-Module de type $C.(S_1)$, où Q est donné par (11.5.1.1). Ainsi, $M \longmapsto C.(M(1))$ définit un foncteur (exact) de A-Mod dans Q-Mod, et, plus généralement, de $C(A \otimes_{\mathbb{Z}} P)$ dans $C(Q \otimes_{\mathbb{Z}} P)$ (10.1.1) pour tout Anneau différentiel gradué P de T , donc de $D(A \otimes_{\mathbb{Z}} P)$ dans $D(Q \otimes_{\mathbb{Z}} P)$ dans $D(Q \otimes_{\mathbb{Z}} P)$; en particulier, comme Q est plat sur $\mathbb{Z}$, on obtient un foncteur

(11.5.2.1) $$C.(-(1)) : D(A \overset{L}{\otimes}_{\mathbb{Z}} \mathbb{G}) \longrightarrow D(Q \otimes_{\mathbb{Z}} \mathbb{G}) \quad ,$$

exact, et qui envoie $D^{[a,b]}(-)$ dans $D^{[a,b]}(-)$ pour tout intervalle $[a,b]$ de $\mathbb{Z}$. Il est immédiat que le triangle ci-après, où la flèche oblique est la restriction des scalaires, est commutatif à isomorphisme canonique près :

(11.5.2.2)
$$\begin{array}{ccc} D(A \overset{L}{\otimes}_{\mathbb{Z}} \mathcal{O}) & \xrightarrow{(11.5.2.1)} & D(Q \otimes_{\mathbb{Z}} \mathcal{O}) \\ & \searrow & \Big\downarrow \; Y \mapsto \int N\, \Delta^{2} Y^{red}(-1) \\ & & D(N\mathcal{O}^{st}(A)) \end{array} ;$$

il suffit en effet d'observer que $C.(M(1))^{red}(-1)$ est "constant" de valeur M. En d'autres termes, pour $M \in \mathrm{ob}\, D(A \overset{L}{\otimes}_{\mathbb{Z}} \mathcal{O})$, M et $Y = C.(M(1))$ sont liés par un isomorphisme (11.5.1.5) canonique et fonctoriel en M, et (11.5.1.8) fournit un isomorphisme canonique et fonctoriel en $G \in \mathrm{ob}$ A-Mod, $M \in \mathrm{ob}\, D^{b}(A \overset{L}{\otimes}_{\mathbb{Z}} \mathcal{O})$:

(11.5.2.3)
$$\mathrm{RHom}_{Q}(\mathbb{Z}(C.(G(1)^{\times})), C.(M(1))) \xrightarrow{\sim} \mathrm{RHom}_{A}(G,M) .$$

Le foncteur (11.5.2.1) n'est pas pleinement fidèle. On a cependant :

Proposition 11.5.2.4. *Pour tout entier* n, *le foncteur*

$$D^{[n,n+1]}(A \overset{L}{\otimes}_{\mathbb{Z}} \mathcal{O}) \longrightarrow D(Q \otimes_{\mathbb{Z}} \mathcal{O})$$

induit par (11.5.2.1) *est pleinement fidèle, et son image essentielle se compose des* Y *qui, en tant qu'objets de* $D(C.(S_1), \mathbb{Z})$ *sont dans l'image essentielle de* $D^{[n,n+1]}(\mathbb{Z})$ *par* (11.3.3.17).

Preuve. Compte tenu de la commutativité de (11.5.2.2), il suffit de conjuger (11.3.5.3) et (11.4.1.8).

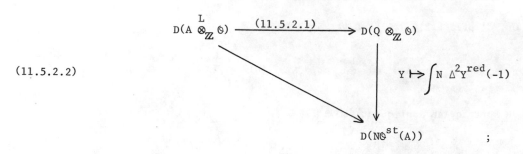

Observons enfin que, si $Y \in \mathrm{ob}\, D^{-}(Q \otimes_{\mathbb{Z}} \mathcal{O})$ s'écrit $C.(M(1))$ pour un $M \in \mathrm{ob}\, D^{-}(A \overset{L}{\otimes}_{\mathbb{Z}} \mathcal{O})$, il en est de même de $Y \overset{L}{\otimes}_{\mathcal{O}} I$ pour $I \in \mathrm{ob}\, D^{-}(T,\mathcal{O})$. Plus précisément, pour $M \in \mathrm{ob}\, D^{-}(A \overset{L}{\otimes}_{\mathbb{Z}} \mathcal{O})$, $I \in \mathrm{ob}\, D^{-}(T,\mathcal{O})$, il existe un isomorphisme canonique fonctoriel de $D(Q \otimes_{\mathbb{Z}} \mathcal{O})$:

(11.5.2.5) $$C.(M(1)) \overset{L}{\otimes}_{\mathcal{O}} I = C.((M \overset{L}{\otimes}_{\mathcal{O}} I)(1)) \quad ,$$

où, au second membre, $M \overset{L}{\otimes}_{\mathcal{O}} I$ désigne l'objet de $D^{-}(A \overset{L}{\otimes}_{\mathbb{Z}} \mathcal{O})$ défini par (10.3.21) (i.e. $M \otimes_{\mathcal{O}} I'$, où I' est une résolution plate de I). La vérification est immédiate.

11.5.3. <u>Interprétation en termes de cohomologie d'une pseudo-catégorie</u>.

Notons

(11.5.3.1) $$BA$$

la catégorie des $C.(A(1)^{\times})$-objets de T de type $C.(S_1)$, i.e. le topos des objets de $Top^{o}(C.(e_{S_1}))$ (11.1.2 b)) munis d'une structure relativement à la pseudo-catégorie $[n] \longmapsto Top^{o}(Ner_n(C.(A(1)^{\times}), C.(e_{S_1}))$ (cf. (11.1.2.6), où J (resp. G) est remplacé par S_1 (resp. $A(1)^{\times}$)). Avec la notation (11.5.1.1), on a donc

(11.5.3.2) $$Q\text{-Mod} = \mathbb{Z}\text{-Mod}(BA) \quad .$$

Soit G un A-Module, notons

(11.5.3.3) $$p : BA_{/C.(G(1)^{\times})} \longrightarrow BA$$

le morphisme de localisation par rapport à $C.(G(1)^{\times}) \in \text{ob } BA$. On a :

(11.5.3.4) $$p_{!}\mathbb{Z} = \mathbb{Z}(C.(G(1)^{\times})) \quad .$$

Pour $M \in \text{ob } D^{b}(A \overset{L}{\otimes}_{\mathbb{Z}} \mathcal{O})$, l'isomorphisme (11.5.2.3) s'écrit, compte tenu de (11.5.3.2), (11.5.3.4) :

(11.5.3.5) $$R\Gamma(BA_{/C.(G(1)^{\times})}, p^{*}C.(M(1))) \xrightarrow{\sim} RHom_{A}(G,M) \quad .$$

Notons que $BA_{/C.(G(1)\ )}$ n'est autre que le topos B de la pseudo-catégorie

$[n] \longmapsto Top^{o}(Ner_n(C.(A(1)^X), C.(G(1)^X)))$ (11.1.2.6). Désignons encore par

(11.5.3.6) $p : Top^{o}(Ner(C.(A(1)^X), C.(G(1)^X))) \longrightarrow Top^{o}(Ner(C.(A(1)^X), C.(e_{S_1})))$

la projection canonique. Avec la notation (8.4.1), on a

(11.5.3.7) $p^*ner^{o}(C.(M(1))) = ner^{o}(p^*C.(M(1)))$.

Tenant compte de la deuxième assertion de (11.1.2.6), on a, d'après (8.4.2.2) (et (11.5.3.7)), un isomorphisme fonctoriel canonique

(11.5.3.8) $R\Gamma\,(Top^{o}(Ner(C.(A(1)^X), C.(G(1)^X))), p^*ner^{o}(C.(M(1))))$

$\xrightarrow{\sim} R\Gamma\,(BA_{/C.(G(1))}, p^*C.(M(1)))$.

Combinant (11.5.3.5), et (11.5.3.8), on obtient finalement un isomorphisme fonctoriel canonique

(11.5.3.9) $R\Gamma\,(Top^{o}(Ner(C.(A(1)^X), C.(G(1)^X))), p^*ner^{o}(C.(M(1)))) \xrightarrow{\sim} RHom_A(G,M)$.

Soit $u : G \longrightarrow H$ un morphisme de A-Modules, d'où un morphisme de topos $Top^{o}(Ner(C.(A(1)^X), C.(u(1)^X))) : Top^{o}(Ner(C.(A(1)^X), C.(G(1)^X))) \longrightarrow Top^{o}(Ner(C.(A(1)^X), C.(H(1)^X)))$, que nous noterons simplement $X \longrightarrow Y$. Soit d'autre part $C(u) = (0 \longrightarrow G \xrightarrow{u} H \longrightarrow 0)$ le cône de u . Enfin, notons q la projection analogue à (11.5.3.6) avec H au lieu de G . Il découle de (11.5.3.9) un isomorphisme fonctoriel canonique

(11.5.3.10) $R\Gamma(Y/X, q^*ner^{o}(C.(M(1)))) \xrightarrow{\sim} RHom_A(C(u),M)$,

où $R\Gamma\,(Y/X,-)$ désigne la cohomologie relative définie en (III 4.10).

Scholie 11.5.3.11. L'isomorphisme (11.5.3.9) fournit une expression des $Ext^i_A(G,M)$ comme groupes de cohomologie globaux d'un diagramme, dont les sommets sont de la forme $A^p \times G^q$, à valeur dans le complexe induit par un diagramme de même type, avec M au lieu de G . La question de la possibilité d'un tel calcul avait été soulevée par Grothendieck.

11.5.3.12. Erratum à [11]. L'isomorphisme (11.5.3.9) jouera plus loin le rôle de substitut technique à l'énoncé ([11] 5.8.6), dont notre démonstration initiale s'est révélée incorrecte. De toute façon, cet énoncé aurait été insuffisant pour les applications aux déformations de schémas en modules, car, comme on verra dans (VII § 4), on a besoin de pouvoir prendre M dans $D(A \overset{L}{\otimes}_{\mathbb{Z}} \mathcal{G})$, au lieu de $D(A \otimes_{\mathbb{Z}} \mathcal{G})$ comme dans (loc. cit.).

CHAPITRE VII

DEFORMATIONS EQUIVARIANTES DE G-SCHEMAS ET DEFORMATIONS DE SCHEMAS EN GROUPES

1. Le sorite des déformations de diagrammes.

1.1. Descente fpqc.

1.1.1. Soit S un schéma. Notons S_{zar} le petit site zariskien de S, et S_{fpqc} le grand site fpqc de S, i.e. la catégorie (Sch/S) des schémas sur S munie de la topologie fidèlement plate quasi-compacte. L'inclusion naturelle

$$i : S_{zar} \hookrightarrow S_{fpqc} \quad ,$$

qui est un morphisme de sites, définit un morphisme de topos

(1.1.1.1) $$\varepsilon : S^{\sim}_{fpqc} \longrightarrow S^{\sim}_{zar}$$

tel que

(1.1.1.2) $$\varepsilon_* F = Fi \quad ,$$

pour tout $F \in \mathrm{ob}\, S^{\sim}_{fpqc}$. En particulier, $\mathcal{O}_S$ est l'image directe par ε du faisceau $X \longmapsto \Gamma(X,\mathcal{O}_X)$ sur S_{fpqc}, ce qui permet de faire de (1.1.1.1) un morphisme de topos annelés. Le foncteur image inverse pour les Modules est donné par

(1.1.1.3) $$\varepsilon^* M = aW(M) \quad ,$$

où $W(M)$ (SGA 3 I 4.6.1) désigne le préfaisceau $(f : X \longrightarrow S) \longmapsto \Gamma(X,f^*M)$, et a le foncteur faisceau associé.

1.1.2. Si M est un faisceau quasi-cohérent sur S_{zar}, $W(M)$ est un faisceau sur S_{fpqc}, donc $W(M) = \varepsilon^*M$, et la flèche d'adjonction $M \longrightarrow \varepsilon_*\varepsilon^*M$ est un isomorphisme d'après (1.1.1.2). D'autre part, si F est un faisceau quasi-cohérent sur S_{fpqc}, la flèche d'adjonction $\varepsilon^*\varepsilon_*F \longrightarrow$ est un isomorphisme : cela signifie en effet que, pour tout $f : X \longrightarrow S$, la flèche canonique $f^*F_S \longrightarrow F_X$ ([1]) est un isomorphisme, or, quitte à faire une extension fpqc de S, on peut supposer que F est conoyau d'un morphisme $\mathcal{O}^{(I)} \longrightarrow \mathcal{O}^{(J)}$, et l'on gagne. En résumé, <u>le foncteur</u> ε^* <u>induit une équivalence de la catégorie des faisceaux quasi-cohérents sur</u> S_{zar} <u>sur celle des faisceaux quasi-cohérents sur</u> S_{fpqc}. De plus, si M est un faisceau quasi-cohérent sur S_{zar}, on a, par descente (cf. (SGA 4 VII 4.5)), $R^q\varepsilon_*\varepsilon^*M = 0$ pour $q > 0$, en d'autres termes la flèche canonique

(1.1.2.1) $$M \longrightarrow R\,\varepsilon_*\varepsilon^*M$$

est un isomorphisme. Plus généralement :

<u>Proposition</u> 1.1.2.2. <u>Soit</u> $M \in \mathrm{ob}\, D^b(S_{zar})_{qcoh}$ ([2]), <u>et soit</u> a <u>un entier tel que</u> $H^iM = 0$ <u>pour</u> $i < a$. <u>Alors, pour tout</u> $n \leq a$, <u>la flèche canonique</u>

$$M \longrightarrow R\,\varepsilon_* t_{[n} L\, \varepsilon^*M \quad , \qquad (^3)$$

<u>définie par adjonction</u> (III 4.6) <u>par la flèche canonique</u> $L\,\varepsilon^*M \longrightarrow t_{[n}L\,\varepsilon^*M$, <u>est un isomorphisme</u>.

([1]) F_X désigne le faisceau sur X_{zar} induit par F.

([2]) $D(S_{zar})_{qcoh}$ désigne la sous-catégorie pleine de $D(S_{zar})$ formée des complexes à cohomologie quasi-cohérente.

([3]) $t_{[n}$ est le foncteur qui tue la cohomologie en degré $< n$ (I 1.4.7).

Preuve. La question étant locale sur S , on peut supposer S affine. D'après (SGA 6 II 3.5), on peut alors supposer M à composantes quasi-cohérentes, plates, et borné supérieurement. On a ainsi $L\,\varepsilon^*M = \varepsilon^*M$, et comme $t_{[n}$ et ε^* commutent, il découle de (1.1.2.1) que $t_{[n}M \longrightarrow R\,\varepsilon_*\,t_{[n}\,\varepsilon^*M$ est un isomorphisme, d'où la proposition.

Combinant (1.1.2.2) avec la formule de dualité triviale (III 4.6), on obtient un isomorphisme canonique fonctoriel

$$\text{(1.1.2.3)} \qquad RHom(E,F) \xrightarrow{\sim} RHom(L\,\varepsilon^*E,\ t_{[n}L\,\varepsilon^*F) ,$$

pour $E \in ob\,D^-(S_{zar})$, $F \in ob\,D^b(S_{zar})_{qcoh}$, n désignant un entier tel que $H^iF = 0$ pour $i < n$.

Si A est une catégorie abélienne, et $L \in ob\,D(A)$, posons

$$\text{(1.1.2.4)} \qquad t_{[}L = \text{"}\varprojlim\text{"}\ t_{[n}L \qquad (\text{resp. } t_{]}L = \text{"}\varinjlim\text{"}\ t_{n]}L) \quad ;$$

$t_{[}L$ (resp. $t_{]}L$) est un pro-objet (resp. ind-objet de $D^+(A)$ (resp. $D^-(A)$) (et de $D^b(A)$ quand $L \in ob\,D^-(A)$ (resp. $D^+(A)$)) .

Avec cette notation, on déduit de (1.1.2.3) un isomorphisme canonique fonctoriel

$$\text{(1.1.2.5)} \qquad Hom(E,t_{[}F) \xrightarrow{\sim} Hom(L\,\varepsilon^*E,\ t_{[}L\,\varepsilon^*F)$$

pour $E \in ob\,D^-(S_{zar})$, $F \in ob\,D^-(S_{zar})_{qcoh}$ (remarquer que $t_{[n}L\,\varepsilon^*F = t_{[n}L\,\varepsilon^*t_{[n}F$).

Signalons encore la conséquence suivante de (1.1.2.3) :

Corollaire 1.1.2.6. *Soit* $[a,b]$ *un intervalle de* $\mathbb{Z}$. *Notons* $\mathrm{Parf}^{[a,b]}(S_{zar})$ (resp. $\mathrm{Parf}^{[a,b]}(S_{fpqc})$) *la sous-catégorie pleine de* $D(S_{zar})$ (resp. $D(S_{fpqc})$) *formée des complexes d'amplitude parfaite contenue dans* $[a,b]$ (SGA 6 I 4.8). *Le foncteur* $L\,\varepsilon^* : D^-(S_{zar}) \longrightarrow D^-(S_{fpqc})$ *définit une équivalence de* $\mathrm{Parf}^{[a,b]}(S_{zar})$ *sur* $\mathrm{Parf}^{[a,b]}(S_{fpqc})$.

Preuve. D'après (SGA 6 I 4.19.2) et (1.1.2.3), le foncteur $L\varepsilon^*$ induit un foncteur pleinement fidèle de $\mathrm{Parf}^{[a,b]}(S_{zar})$ dans $\mathrm{Parf}^{[a,b]}(S_{fpcq})$. Il reste donc à montrer que, pour $F \in \mathrm{ob}\,\mathrm{Parf}^{[a,b]}(S_{fpqc})$, on a $R\varepsilon_*F \in \mathrm{ob}\,\mathrm{Parf}^{[a,b]}(S_{zar})$ et que la flèche d'adjonction $L\varepsilon^*R\varepsilon_*F \longrightarrow F$ est un isomorphisme. Or cela est évident si F est strictement parfait (SGA 6 I 2.1) et le cas général s'en déduit trivialement grâce au lemme

Lemme 1.1.2.7. *Soit* $g : S' \longrightarrow S$ *un morphisme* plat, *d'où un carré commutatif de topos*

$$\begin{array}{ccc} \widetilde{S'_{fpqc}} & \xrightarrow{\ h\ } & \widetilde{S_{fpqc}} \\ \Big\downarrow{\scriptstyle\varepsilon} & & \Big\downarrow{\scriptstyle\varepsilon} \\ \widetilde{S'_{zar}} & \xrightarrow{\ g\ } & \widetilde{S_{zar}} \end{array} .$$

Alors, pour tout $F \in \mathrm{ob}\,D^+(S_{fpqc})$ *à cohomologie quasi-cohérente*, *la flèche de changement de base*

$$g^*R\varepsilon_*F \longrightarrow R\varepsilon_*h^*F$$

est un isomorphisme.

Preuve. Par dévissage on se ramène au cas où F est un faisceau quasi-cohérent sur S_{fpqc}, donc de la forme ε^*E pour un faisceau quasi-cohérent E sur S_{zar}, auquel cas l'assertion résulte trivialement de l'isomorphisme (1.1.2.1).

Remarque 1.1.2.8. Si g n'est pas supposé plat, on a (moyennant des hypothèses de degré convenables) une flèche canonique

$$Lg^*R\epsilon_*F \longrightarrow R\epsilon_*h^*F \quad .$$

Celle-ci n'est pas un isomorphisme en général. Elle l'est cependant si F est d'amplitude parfaite finie, comme il résulte aussitôt de (1.1.2.6).

1.1.3. Soit X un n-diagramme de (Sch/S). Considérant (Sch/S) comme plongé dans $S^{\sim}_{fpqc}$ de la façon naturelle, on peut associer à X des topos du type (5.6.3) :

(1.1.3.1) $$\mathrm{Top}(X_{fpqc}) \quad , \quad \mathrm{Top}^{o}(X_{fpqc}) \quad ,$$

appelés topos fpqc de X. D'autre part, on associe à X un topos

(1.1.3.2) $$\mathrm{Top}(X_{zar}) \quad ,$$

appelé petit topos zariskien de X, qui dépend (pseudo-)fonctoriellement de X, et est défini, par récurrence sur n, de la manière suivante : pour $n = 0$, $\mathrm{Top}(X_{zar}) = X_{zar}$; pour $n \geq 1$ et $X : I \longrightarrow \mathrm{Diagr}_{n-1}(\mathrm{Sch}/s)$, $\mathrm{Top}(X_{zar}) = \mathrm{Top}(i \longmapsto \mathrm{Top}((X_i)_{zar}))$. Les topos (1.1.3.1), (1.1.3.2) sont annelés par les faisceaux structuraux des schémas sur S, et (1.1.1.1) se prolonge, de façon naturelle, en un morphisme de topos annelés

(1.1.3.3) $$\epsilon : \mathrm{Top}(X_{fpqc}) \longrightarrow \mathrm{Top}(X_{zar}) \quad .$$

Nous dirons qu'un Module M sur $\mathrm{Top}(X_{zar})$ est quasi-cohérent terme à terme si la restriction de M à chaque sommet (cf. (VI 7.2)) de X est un faisceau quasi-cohérent. Nous noterons

(1.1.3.4) $$D(X_{zar}) \qquad (\text{resp. } D(X_{fpqc}))$$

la catégorie dérivée des Modules sur $Top(X_{zar})$ (resp. $Top(X_{fpqc})$) et noterons par l'indice qcoh la sous-catégorie pleine formée des complexes à cohomologie quasi-cohérente terme à terme). Cela étant, utilisant (VI 6.3.1), on voit que l'énoncé (1.1.2.2) où S est remplacé par X est encore valide, et l'on a par suite des isomorphismes analogues à (1.1.2.3), (1.1.2.5).

1.1.3.5. Appelons flèche de X tout sous-1-diagramme de X de type $[1] = (. \longrightarrow .)$. Nous dirons qu'un Module M de $Top(X_{zar})$ (resp. $Top(X_{fpqc})$) est cartésien (cf. (VI 5.2.4)) si, pour toute flèche $u : X_i \longrightarrow X_j$ de X , la flèche $u^*M_j \longrightarrow M_i$ est un isomorphisme. Nous dirons qu'un objet E de $D^-(X_{zar})$ (resp. $D^-(X_{fpqc})$) est quasi-cartésien si, pour toute flèche $u : X_i \longrightarrow X_j$ de X , la flèche $Lu^*E_j \longrightarrow E_i$ est un isomorphisme. Le foncteur $L\varepsilon^*$ transforme objets quasi-cartésiens de $D^-(X_{zar})$ en objets quasi-cartésiens de $D^-(X_{fpqc})$; un objet E de $D^-(X_{fpqc})$ est quasi-cartésien si et seulement si $H^n(E)$ est cartésien pour tout $n \in \mathbb{Z}$.

1.2. Déformations de diagrammes.

1.2.1. Soit $f : X \longrightarrow Y$ un morphisme de n-diagrammes de (Sch). On appelle complexe cotangent de f (ou X/Y), et l'on note $L_{X/Y}$, le complexe cotangent, au sens de (II 1.2.7.1), du morphisme de petits topos annelés zariskiens défini par f (1.1.3.2) :

$$(1.2.1.1) \qquad L_{X/Y} \overset{\text{dfn}}{=} L_{Top(X_{zar})/Top(Y_{zar})} .$$

Le complexe cotangent de l'inclusion d'un sommet d'un diagramme étant nul dans la catégorie dérivée d'après un cas particulier trivial de (II 1.2.4.4), il découle du triangle de transitivité (II 2.1.5.6) que la formation de $L_{X/Y}$ commute à la restriction aux sommets : si X_i est un sommet de X (1), et $j = f(i)$, le

(1) cf (VI 7.2).

morphisme canonique

(1.2.1.2) $$L_{X/Y}|X_i \longrightarrow L_{X_i/Y_j} ,$$

défini (II 1.2.7.2) par le carré commutatif

$$\begin{array}{ccc} X_i & \longrightarrow & X \\ \downarrow & & \downarrow \\ Y_j & \longrightarrow & Y \end{array} ,$$

est un isomorphisme dans $D(X_i)$. D'après (II 2.3.7), les faisceaux d'homologie de $L_{X/Y}$ sont donc quasi-cohérents terme à terme (1.1.3). Les isomorphismes (1.2.1.2) impliquent d'autre part que $L_{X/Y}$ est quasi-cartésien (1.1.3.5) si et seulement si, pour toute flèche $m : X_\alpha \longrightarrow X_{\alpha'}$ de X , la flèche canonique $Lm^*L_{X_{\alpha'}/Y_{\beta'}} \longrightarrow L_{X_\alpha/Y_\beta}$ définie par le carré commutatif

$$\begin{array}{ccc} X_\alpha & \xrightarrow{m} & X_{\alpha'} \\ {\scriptstyle f_\alpha}\downarrow & & \downarrow{\scriptstyle f_{\alpha'}} \\ Y_\beta & \longrightarrow & Y_{\beta'} \end{array}$$

est un isomorphisme (de $D(X_{\alpha\, zar})$) .

1.2.2. Notons $u : A \longrightarrow B$ le type de f (VI 5.6.4). Par une <u>Y-extension de</u> X on entend un diagramme commutatif de morphismes de n-diagrammes de (Sch)

(*) $$\begin{array}{ccc} X & \overset{i}{\hookrightarrow} & X' \\ {\scriptstyle f}\downarrow & \swarrow{\scriptstyle f'} & \\ Y & & \end{array} ,$$

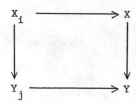

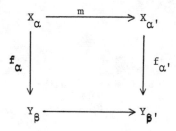

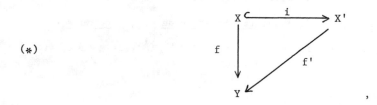

où i est un A-morphisme et f' un morphisme de type u , tel que , pour tout sommet X_α, le triangle induit

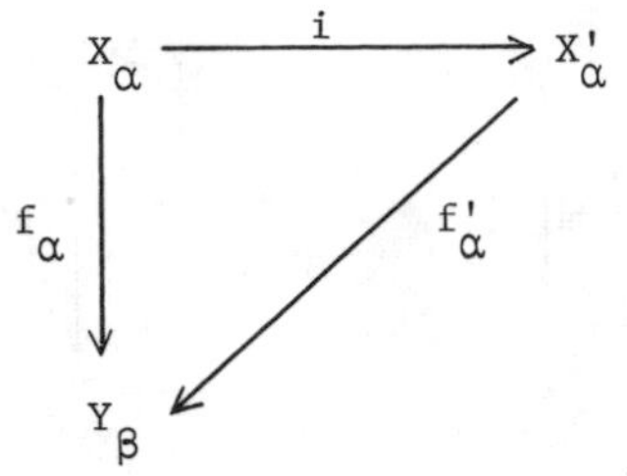

,

où $\beta = u(\alpha)$, soit une Y-extension de X au sens habituel (III 1.1.10). Les Idéaux I_α des i_α forment alors, de façon naturelle, un Module I sur $\mathrm{Top}(X_{zar})$, quasi-cohérent terme à terme, et l'on dit que (*) (ou par abus, X') est une Y-<u>extension de</u> X <u>par</u> I . On peut encore interpréter une Y-extension de X par I comme une $\mathrm{Top}(Y_{zar})$-extension de $\mathrm{Top}(X_{zar})$ par I (III 1.1.10) ([1]), de sorte que les Y-extensions de X par I sont classifiées, à isomorphisme près, par le groupe $\mathrm{Ext}^1(L_{X/Y},I)$ (tandis que le groupe des automorphismes d'une extension donnée s'identifie à $\mathrm{Ext}^0(L_{X/Y},I)$). Comme I est quasi-cohérent terme à terme, on peut d'ailleurs, d'après (1.1.2.3), (1.1.3), récrire ces groupes commes des hyperext calculés sur $\mathrm{Top}(X_{fpqc})$: on a

$$\text{(1.2.2.1)} \qquad \mathrm{Ext}^i(L_{X/Y},I) = \mathrm{Ext}^i(L\varepsilon^*L_{X/Y}, \varepsilon^*I)$$

pour tout i , où ε est le morphisme (1.1.3.3).

1.2.3. Quand Y est le diagramme final de (Sch) (i.e. le 0-diagramme de valeur $\mathrm{Spec}(\mathbb{Z})$), nous dirons <u>extension</u> au lieu de Y-extension. Nous dirons qu'une extension X' de X par I est une <u>déformation</u> de X (de noyau I)

([1]) cf. (III 2.1.9 b)).

si I est *cartésien*, i.e. (1.1.3.5), si, pour toute flèche $m : X_\alpha \to X_\beta$ de X, la flèche $m^*I_\beta \to I_\alpha$ est un isomorphisme, ce qui signifie encore que le carré

$$\begin{array}{ccc} X_\alpha & \hookrightarrow & X'_\alpha \\ {\scriptstyle m}\downarrow & & \downarrow{\scriptstyle m'} \\ X_\beta & \hookrightarrow & X'_\beta \end{array}$$

est cartésien (i.e. $m^*I_\beta \to I_\alpha$ surjectif) et que l'on a

$$\mathrm{Tor}_1^{X'_\beta}(\mathcal{O}_{X_\beta}, \mathcal{O}_{X'_\alpha}) = 0 \quad .$$

La vérification des lemmes ci-après est immédiate.

Lemme 1.2.3.1. *Toute déformation d'un isomorphisme de schémas est un isomorphisme.*

Lemme 1.2.3.2. *Soit* $(f', g', h' = g'f')$ *une extension d'un triangle commutatif* $(f, g, h = gf)$:

$$\begin{array}{ccc} X & \overset{i}{\hookrightarrow} & X' \\ {\scriptstyle f}\downarrow & & \downarrow{\scriptstyle f'} \\ Y & \overset{j}{\hookrightarrow} & Y' \\ {\scriptstyle g}\downarrow & & \downarrow{\scriptstyle g'} \\ Z & \overset{k}{\hookrightarrow} & Z' \end{array} \qquad (h = gf,\ h' = g'f') \quad .$$

a) *Si* f', g' *sont des déformations de* f, g, *alors* h' *est une déformation de* h. *Inversement, si* g', h' *sont des déformations de* g, h, *alors* f' *est une déformation de* f.

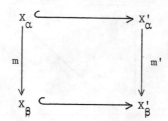

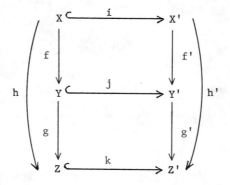

b) *On suppose que le carré* YY'ZZ' *est cartésien et que le foncteur* f^* *est fidèle. Alors, si* h' *est une déformation de* h, g' *est une déformation de* g (*donc* f' *est une déformation de* f *d'après* a)).

Corollaire 1.2.3.3. *Soit* X'Y'ZT *une* ZT-*extension d'un carré commutatif* XYZT :

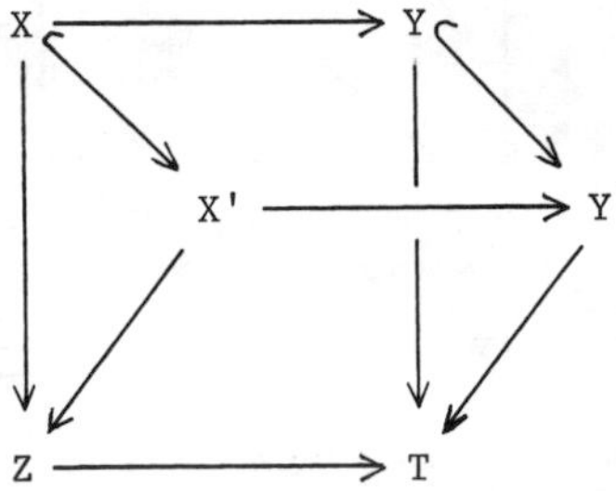

Si XYZT *est cartésien, et si* X'Y' *est une déformation de* XY (1.2.3), *alors* X'Y'ZT *est cartésien*.

Preuve. La flèche canonique $X' \longrightarrow X'_1 = Y \times_T Z$ s'insère dans un diagramme commutatif

(*)

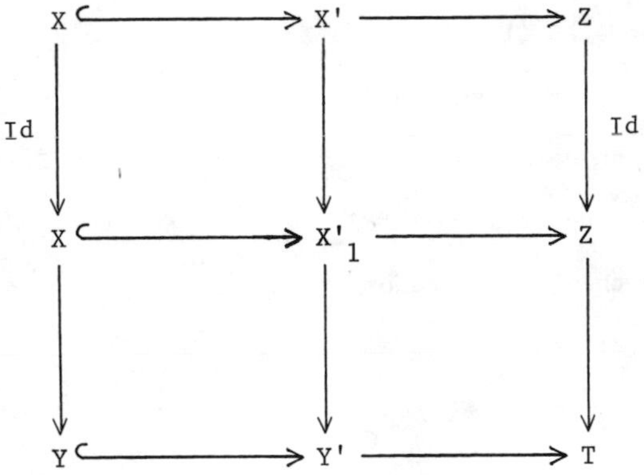

où les deux carrés inférieurs sont cartésiens. Appliquant (1.2.3.2 b)) à la moitié gauche de (*), on trouve que $X' \longrightarrow X'_1$ est une déformation de Id_X, donc, d'après (1.2.3.1), un isomorphisme, cqfd.

Corollaire 1.2.3.4. *Soit* X'Y'Z'T' *une extension d'un carré commutatif* XYZT :

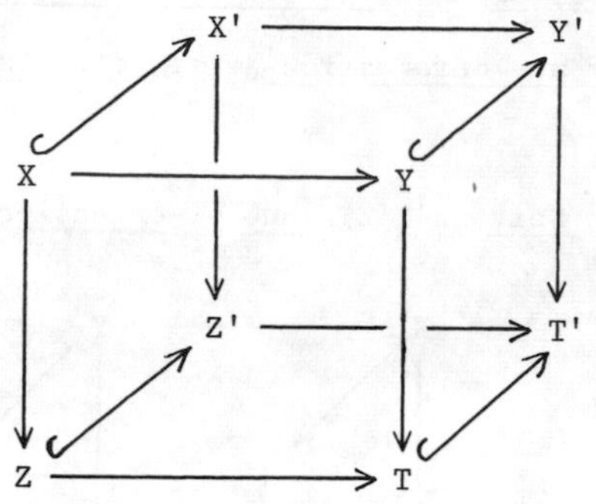

a) *Si* X'Z', Y'T', Z'T' *sont des déformations de* XZ, YT, ZT, *le carré* X'Y'Z'T' *est une déformation de* XYZT.

b) *Si* X'Y'Z'T' *est une déformation de* XYZT, *et si* XYZT *est cartésien*, *alors* X'Y'Z'T' *est cartésien*.

Preuve. L'assertion a) (resp. b)) découle trivialement de (1.2.3.2 a)) (resp. (1.2.3.3)) appliqué à $XYT \hookrightarrow X'Y'T'$ (resp. $XY \hookrightarrow X'Y' \longrightarrow Z'T'$).

1.2.4. Soit, comme en (1.2.1), $f : X \longrightarrow Y$ un morphisme de n-diagrammes de (Sch), et soit Y' une extension de Y par J . Par une *déformation de* f *au-dessus de* Y' on entend une Y'-extension X' de X par f^*J telle que le morphisme canonique $f^*J \longrightarrow f^*J$ soit un isomorphisme. D'après le théorème fondamental de la théorie des déformations (III 2.1.7), il existe donc une obstruction

$$\omega(f,X') \in \mathrm{Ext}^2(L_{X/Y},f^*J)$$

dont l'annulation est nécessaire et suffisante pour l'existence d'une déformation de f au-dessus de Y', et, quand $\omega(f,Y') = 0$, l'ensemble des classes à isomorphisme près de déformations (resp. le groupe des automorphismes d'une déformation) de f est un torseur sous (resp. s'identifie à) $\mathrm{Ext}^1(L_{X/Y},f^*J)$

(resp. $\mathrm{Ext}^{o}(L_{X/Y},f^{*}J)$) ; de plus, si Y est au-dessus d'un diagramme Z et Y' est une Z-extension, $\omega(f,Y')$ s'écrit comme produit de la classe de Kodaira-Spencer de $X \longrightarrow Y \longrightarrow Z$ par la classe de Y' .

Remarque 1.2.4.1. Supposons que Y' soit une déformation de Y (1.2.3). Alors, si $f' : X' \longrightarrow Y'$ est une déformation de f au-dessus de Y', le diagramme défini par f' est une déformation (au sens de (1.2.3)) de celui défini par f, comme il résulte trivialement de (1.2.3.3 a)). En outre, d'après (1.2.3.3 b)), si un sous-carré commutatif du diagramme défini par f est cartésien, il en est de même du carré correspondant dans le diagramme défini par f' . Cette remarque jouera un rôle essentiel dans toute la suite.

2. Déformations équivariantes.

2.1. Notations et terminologie.

On fixe un schéma de base S et un objet en catégories (VI 2.7) G de (Sch/S). A la catégorie G on associe son nerf (2.7.1) :

(2.1.1) $$\mathrm{Ner}(G) \in \mathrm{ob}\,\mathrm{Simpl}(\mathrm{Sch}/S) \quad .$$

Par un G-faisceau fpqc on entend un faisceau sur $\mathrm{Ner}_o(G)_{fpqc}$ (1.1.1) muni d'une structure relativement au topos fibré simplicial $[n] \longmapsto \mathrm{Ner}_n(G)^{\sim}_{fpqc}$ (VI 8.1.1) ; un G-schéma est un G-faisceau fpqc qui est représentable en tant que faisceau sur $\mathrm{Ner}_o(G)_{fpqc}$. Comme le topos fibré $[n] \longmapsto \mathrm{Ner}_n(G)^{\sim}_{fpqc}$ est une pseudo-catégorie (VI 8.2.2), la catégorie des G-faisceaux fpqc est un topos (VI 8.2.7), qu'on note

(2.1.2) $$BG \quad ,$$

et qu'on appelle topos classifiant de G . Rappelons (VI 8.1.6) que le foncteur

$$\mathrm{ner}^{o} \ : \ BG \longrightarrow \mathrm{Top}^{o}(\mathrm{Ner}(G)_{fpqc}) \qquad (1.1.3.1)$$

définit une équivalence de BG (resp. de la catégorie des G-schémas) sur la sous-catégorie pleine de $\mathrm{Simpl}(S^{\sim}_{fpqc})/\mathrm{Ner}(G)$ (resp. $\mathrm{Simpl}(\mathrm{Sch}/S)/\mathrm{Ner}(G)$) formée des objets simpliciaux Y tels que $\mathrm{Dec}_1(Y)$ soit cartésien au-dessus de $\mathrm{Dec}_1(\mathrm{Ner}(G))$. Si X est un G-schéma, on voit comme en (VI 2.7.3.1) que $\mathrm{ner}^o(X)$ est isomorphe au nerf d'un objet en catégories de (Sch/S) au-dessus de G , défini à isomorphisme unique près, que nous noterons [G,X] :

(2.1.3) $$\mathrm{ner}^o(X) = \mathrm{Ner}([G,X]) \quad . \qquad (^1)$$

Le topos classifiant de [G,X] n'est autre que le topos localisé $BG_{/X}$:

(2.1.4) $$B[G,X] = BG_{/X} \quad .$$

Quand G est un schéma en monoïdes au-dessus de S (i.e. $\mathrm{Ner}_o(G) \xrightarrow{\sim} S$), les notions de G-faisceau fpqc, G-schéma coïncident avec les notions habituelles ; si X est un G-schéma, la notation [G,X] est en accord avec celle de (VI 2.5.3).

Rappelons d'autre part que, d'après (VI 2.3.1), on a

(2.1.5) $$\mathrm{ner}^o(X)^{op} = \mathrm{Ner}([G,X]^o) \quad .$$

Si G est un groupoïde (VI 2.6), il en est de même de [G,X] , et $\mathrm{ner}^o(X)$ est cartésien au-dessus de Ner(G) ; l'inversion des flèches $[G,X] \xrightarrow{\sim} [G,X]^o$ définit, d'après (2.1.5), un isomorphisme $\mathrm{ner}^o(X) \xrightarrow{\sim} \mathrm{ner}^o(X)^{op}$, d'où une équivalence

(2.1.6) $$BG_{/X} \xrightarrow{\approx} B([G,X]^o) \quad .$$

2.2. <u>Complexe cotangent équivariant</u>.

<u>Définition</u> 2.2.1. <u>Soit</u> $f : X \longrightarrow Y$ <u>un morphisme de</u> G-<u>schémas</u> (2).

---

(1) Nous écrirons parfois Ner(G,X) au lieu de Ner([G,X]).

(2) Quand on parle de morphisme de G-schémas sans préciser, il est sous-entendu qu'il s'agit d'un G-morphisme.

Nous dirons que f et G sont tor-indépendants si, pour tout $n \in \mathbb{N}$, le carré (cartésien)

$$\begin{array}{ccc} Ner_n(G,X) & \xrightarrow{d_1 \dots d_n} & X \\ \downarrow & & \downarrow \\ Ner_n(G,Y) & \xrightarrow{d_1 \dots d_n} & Y \end{array}$$

est tor-indépendant (SGA 6 III 1.5, i.e. $Tor_i^Y(\mathcal{O}_X, \mathcal{O}_{Ner_n(G,Y)}) = 0$ pour tout $i > 0$.

2.2.2. Soit $f : X \longrightarrow Y$ un morphisme de G-schémas tel que f et G soient tor-indépendants. Le théorème de changement de base (II 2.3.12) implique que, pour tout $n \in \mathbb{N}$, la flèche canonique

$$L(d_1 \dots d_n)^* L_{X/Y} \longrightarrow L_{Ner_n(G,X)/Ner_n(G,Y)}$$

est un isomorphisme. En d'autres termes (1.2.1), $Dec_1(L_{Ner(G,X)/Ner(G,Y)})$ $\in$ ob $D^-(Dec_1 Ner(G,X)_{zar})$ est quasi-cartésien, donc (1.1.3.5) l'objet

$$L\, \varepsilon^* \, Dec_1(L_{Ner(G,X)/Ner(G,Y)}) = Dec_1(L\, \varepsilon^* \, L_{Ner(G,X)/Ner(G,Y)})$$

de $D^-(Dec_1 Ner(G,X)_{fpqc})$ est quasi-cartésien, ce qui signifie que, pour tout $i \in \mathbb{Z}$, $Dec_1 H^i(L\, \varepsilon^* \, L_{Ner(G,X)/Ner(G,Y)})$ est cartésien, i.e. dans l'image essentielle du foncteur $ner : Mod(B([G,X]^o)) \longrightarrow Mod(Top(Ner([G,X]^o)))$ [1]

---

(1) Si T est un topos fibré au-dessus de Δ^o, et si T^{op} est le topos fibré qui s'en déduit par le renversement de l'ordre sur Δ , nous identifierons fréquemment $Top(T)$ (resp. $Top^o(T)$) à $Top(T^{op})$ (resp. $Top^o(T^{op})$) par l'équivalence évidente définie par le renversement de l'ordre.

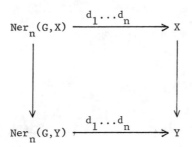

((VI 8.1.6), (2.1.5)). D'après (VI 8.4.2.1), cela implique que le système projectif $t_{[} L\,\varepsilon^* L_{Ner(G,X)/Ner(G,Y)}$ (1.1.2.4) est isomorphe à l'image par le foncteur ner d'un système projectif de $D^b(B[G,X]^o)$ [1] , unique à isomorphisme unique près, que nous noterons $t_{[}L^G_{X/Y}$:

$$(2.2.2.1) \qquad t_{[}\, L\,\varepsilon^* L_{Ner(G,X)/Ner(G,Y)} = ner(t_{[}L^G_{X/Y}) \quad .$$

On dit que $t_{[}L^G_{X/Y}$ est le <u>complexe cotangent équivariant</u> de f .

<u>Remarques</u> 2.2.3 a) Le pro-objet de $D^b(X_{fpqc})$ déduit de $t_{[}L^G_{X/Y}$ par oubli n'est autre que $t_{[}L\,\varepsilon^* L_{X/Y}$, lequel, d'après (1.1.3), (1.2.1), fournit $L_{X/Y} \in \mathrm{ob}\, D(X_{zar})$ par application de $R\,\varepsilon_*$.

b) Si $L_{X/Y}$ est d'amplitude plate finie (SGA 6 I 5), ce qui est le cas par exemple (III 3.2.6) si f , en tant que morphisme de schémas, est d'intersection complète, alors, d'après (SGA 6 I 5.6.1), $L_{Ner(G,X)/Ner(G,Y)}$ est d'amplitude plate finie, donc aussi $L\,\varepsilon^* L_{Ner(G,X)/Ner(G,Y)}$, et par suite $t_{[}L^G_{X/Y}$ est un objet de $D^b(B[G,X]^o)$, que nous noterons simplement $L^G_{X/Y}$.

c) Si G est un groupoïde, on peut considérer $t_{[}L^G_{X/Y}$ comme pro-objet de $D^b(BG_{/X})$ grâce à l'équivalence (2.1.6).

d) Supposons que G soit un S-monoïde agissant trivialement sur X, Y . Alors [G,X] (resp. [G,Y]) n'est autre que le monoïde G_X (resp. G_Y) induit sur X (resp. Y), et si $p : BG^o_X \longrightarrow X^{\sim}_{fpqc}$ désigne la projection canonique, on a un isomorphisme canonique fonctoriel

$$t_{[}L^G_{X/Y} = t_{[}Lp^* L\,\varepsilon^* L_{X/Y} \quad .$$

---

[1] Nous abrégerons $B([G,X]^o)$ en $B[G,X]^o$.

2.2.4. Soient

(2.2.4.1) $$X \xrightarrow{f} Y \xrightarrow{g} Z$$

des morphismes de G-schémas tels que f et G , ainsi que g et G , soient tor-indépendants (2.2.1). A cette situation est associé, d'après (II 2.1.5.2), un vrai triangle de transitivité

$$L = L_{Ner(G,X)/Ner(G,Y)/Ner(G,Z)} \quad ,$$

que nous regarderons de la façon naturelle comme objet de $D^-F^{[o,1]}(Ner(G,X)_{zar})$ (V 1.2.7) (le sous-objet étant de filtration 1). Par application du foncteur $L\,\varepsilon^*$ filtré (V 2.3.5.3), on en déduit

$$L\,\varepsilon^* L \in \text{ob } D^-F^{[o,1]}(Ner(G,X)_{fpqc}) \quad .$$

Les hypothèses sur (2.2.4.1) impliquent, d'après (2.2.2), que, pour tout $n \in \mathbb{Z}$, $gr t_{[n} L\,\varepsilon^* L$ (V 1.1, 1.2) est dans l'image essentielle de $D^-G^{[o,1]}(B[G,X]^o)$ par le foncteur ner . D'après (VI 8.4.2) et (V 1.4.6, 1.4.9), le foncteur

$$ner : D^-F^{[a,b]}(B[G,X]^o) \longrightarrow D^-F^{[a,b]}(Ner(G,X)^{op}_{fpqc})$$

est pleinement fidèle et son image essentielle se compose des objets dont le gradué associé est dans l'image essentielle de ner . Il en résulte en particulier que le système projectif $t_{[} L\,\varepsilon^* L$ est isomorphe à l'image par le foncteur ner d'un système projectif de $D^bF^{[o,1]}(B[G,X]^o)$, unique à isomorphisme unique près, que nous noterons $t_{[} L^G_{X/Y/Z}$:

(2.2.4.2) $$t_{[} L\,\varepsilon^* L_{Ner(G,X)/Ner(G,Y)/Ner(G,Z)} = ner(t_{[} L^G_{X/Y/Z}) \quad .$$

Compte tenu de (II 2.1.5.6) et (V 1.1.3), le triangle de pro-$D^b(B[G,X]^o)$ défini par $t_{[} L^G_{X/Y/Z}$ s'écrit, à isomorphisme canonique près

(2.2.4.3)
$$\begin{array}{ccc} & t_{[}L^G_{X/Y} & \\ \swarrow & & \nwarrow \\ Lf^*t_{[}L^G_{Y/Z} & \longrightarrow & t_{[}L^G_{X/Z} \end{array} .$$

La flèche de degré 1 de (2.2.4.2), notée

(2.2.4.4)
$$K_G(X/Y/Z) \in Ext^1(t_{[}L^G_{X/Y}, Lf^*t_{[}L^G_{Y/Z}) \quad ,$$

s'appelle <u>classe de Kodaira-Spencer équivariante</u> de (2.2.4.1).

2.2.5. Supposons que, dans (2.2.4.1), g soit lisse et f soit une immersion fermée définie par un Idéal I. Le complexe canonique (III 3.1.3)

$$D_{X/Y/Z} = (0 \longrightarrow I/I^2 \xrightarrow{d} f^*\Omega^1_{Y/Z} \longrightarrow 0)$$

est la restriction à X_{zar} d'un complexe de Modules sur $B[G,X]^o$, que nous noterons $D^G_{X/Y/Z}$, et qui est défini, comme on pense, par

(2.2.5.1)
$$\varepsilon^*D_{Ner(G,X)/Ner(G,Y)/Ner(G,Z)} = ner(D^G_{X/Y/Z}) \quad .$$

On déduit facilement de (III 3.1.3) qu'on a un isomorphisme canonique de $D(B[G,X]^o)$:

(2.2.5.2)
$$t_{[-1}L^G_{X/Z} = D^G_{X/Y/Z} \quad .$$

Si gf est d'intersection complète (SGA 6 VIII 1) (ce qui revient à dire que f est régulière (loc. cit.)), l'immersion $Ner(G,f)$ est régulière terme à terme d'après (III 3.2.5) (compte tenu de l'hypothèse de tor-indépendance de G et f), et il découle de (III 3.2.7) qu'on a un isomorphisme canonique de $D(B[G,X]^o)$:

(2.2.5.3)
$$L^G_{X/Z} = D^G_{X/Y/Z} \quad .$$

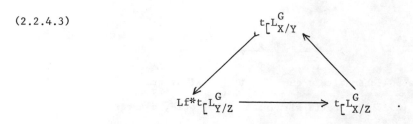

2.2.6. Soit

$$u : G' \longrightarrow G$$

un morphisme d'objets en catégories de (Sch/S). Soit $f : X \longrightarrow Y$ un morphisme de G-schémas, notons $f' : X' \longrightarrow Y'$ le morphisme de G'-schémas qui s'en déduit par restriction via u (i.e. défini par $\mathrm{Ner}(G',f') = \mathrm{Ner}(G') \times_{\mathrm{Ner}(G)} \mathrm{Ner}(G,f)$). Alors, si G et f , ainsi que G' et f' sont tor-indépendants, on a une flèche canonique

(2.2.6.1) $$Lu^*L^{G}_{X/Y} \longrightarrow L^{G'}_{X'/Y'} \quad ,$$

(où u désigne encore par abus la flèche $B[G',X']^{o} \longrightarrow B[G,X]^{o}$ induite par u), provenant de la flèche de changement de base définie par le carré

(*) $$\begin{array}{ccc} \mathrm{Ner}(G',X') & \longrightarrow & \mathrm{Ner}(G,X) \\ \downarrow & & \downarrow \\ \mathrm{Ner}(G',Y') & \longrightarrow & \mathrm{Ner}(G,Y) \end{array} \quad .$$

Si le carré

(**) $$\begin{array}{ccc} X' & \longrightarrow & X \\ \downarrow & & \downarrow \\ Y' & \longrightarrow & Y \end{array}$$

est tor-independant (ce qui implique la même propriété pour (*)), alors (2.2.6.1) est un isomorphisme (II 2.3.10).

On a une fonctorialité analogue pour le triangle de transitivité équivariant. Les détails sont laissés au lecteur.

2.3. <u>Déformations de G-schémas</u>.

2.3.1. Soit

(2.3.1.1)

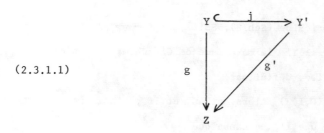

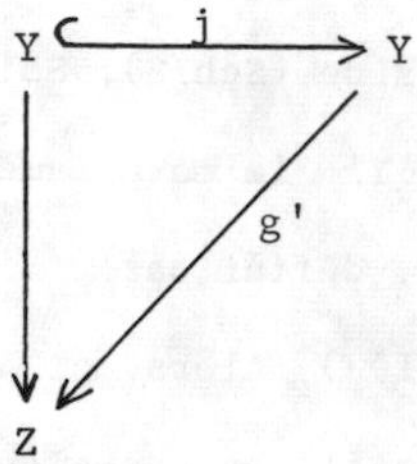

un diagramme commutatif de G-schémas. Nous dirons que j est une Z-*extension équivariante* de Y si les conditions suivantes sont réalisées :

(i) le morphisme de schémas sous-jacent à j est une Z-extension de Y au sens habituel ;

(ii) $\mathrm{Dec}_1\mathrm{Ner}(G,j) : \mathrm{Dec}_1\mathrm{Ner}(G,Y) \hookrightarrow \mathrm{Dec}_1\mathrm{Ner}(G,Y')$ est une déformation de $\mathrm{Dec}_1\mathrm{Ner}(G,Y)$ au sens (1.2.3).

Remarques 2.3.1.2. a) Si, dans (2.3.1.1), g et g' sont tor-indépendants de G (par exemple si $\mathrm{Dec}_1\mathrm{Ner}(G)$ est plat sur $\mathrm{Ner}_o(G)$), alors (i) implique (ii).

b) Si j est une Z-extension équivariante de Y, $\mathrm{Ner}(G,Y')$ est une $\mathrm{Ner}(G,Z)$-extension de $\mathrm{Ner}(G,Y)$ par un Idéal $\underline{J}$ tel que $\mathrm{Dec}_1(\underline{J})$ soit cartésien ((1.1.3.5), (1.2.2)). Inversement, si N est une $\mathrm{Ner}(G,Z)$-extension de $\mathrm{Ner}(G,Y)$ par un Module $\underline{J}$ tel que $\mathrm{Dec}_1(J)$ soit cartésien, alors $\mathrm{Ner}(G,Y) \hookrightarrow N$ s'écrit $\mathrm{Ner}(G,j)$ pour une Z-extension équivariante $j : Y \longrightarrow Y'$ déterminée à isomorphisme unique près : en effet, d'après (1.2.3.3), $\mathrm{Dec}_1(N)$ est alors cartésien au-dessus de $\mathrm{Dec}_1\mathrm{Ner}(G,Z)$. Les Z-extensions équivariantes de Y correspondant à un $\underline{J}$ donné (tel que $\mathrm{Dec}_1(\underline{J})$ soit cartésien) sont donc (1.2.2) classifiées, à isomorphisme près, par le groupe $\mathrm{Ext}^1(L_{\mathrm{Ner}(G,Y)/\mathrm{Ner}(G,Z)},\underline{J})$, tandis que le groupe des automorphismes d'une extension donnée s'identifie à $\mathrm{Ext}^o(L_{\mathrm{Ner}}(G,Y)/\mathrm{Ner}(G,Z)\,,\underline{J})$. Comme on a $\varepsilon^*\underline{J} = \mathrm{ner}(J)$ pour un Module J de $B[G,Y]^o$, unique à isomorphisme unique près, quasi-cohérent en tant que faisceau sur Y_{fpqc}, on peut, grâce à

(1.2.2.1), (2.2.2.1), (VI 8.4.2.1), reformuler l'assertion précédente comme suit :

Proposition 2.3.1.3. *Soit* $g : Y \longrightarrow Z$ *un morphisme de* G-*schémas tel que* g *et* G *soient tor-indépendants* (2.2.1). *Soit* J *un Module de* $B[G,Y]^o$ *dont la restriction à* Y_{fpqc} *est un faisceau quasi-cohérent*. *Alors*, *l'ensemble des classes à isomorphisme près de* Z-*extensions équivariantes de* Y *par* J (resp. *le groupe des automorphismes d'une extension donnée*) *s'identifie* (*canoniquement et fonctoriellement*) *à* $\mathrm{Ext}^1(L^G_{Y/Z},J)$ (resp. $\mathrm{Ext}^o(L^G_{Y/Z},J)$).

2.3.2. Soit un diagramme (2.3.1.1) où j est une Z-extension équivariante de Y par $J \in \mathrm{ob}\,\mathrm{Mod}(B[G,Y]^o)$, et soit $f : X \longrightarrow Y$ un morphisme de G-schémas. Par une *déformation équivariante* de f au-dessus de Y' on entend un carré commutatif de G-schémas

$$\begin{array}{ccc} X & \overset{i}{\hookrightarrow} & X' \\ {\scriptstyle f}\downarrow & & \downarrow{\scriptstyle f'} \\ Y & \overset{j}{\hookrightarrow} & Y' \end{array}$$

tel que i soit une Y'-extension équivariante de X par f^*J et que le morphisme de schémas sous-jacent à f' soit une déformation de f (2.2.3). Si f' est une déformation équivariante de f au-dessus de Y', Ner(G,f') est une déformation, au sens (1.2.4), de Ner(G,f) au-dessus de Ner(G,Y'), comme il résulte aussitôt de (1.2.3.4 a)). Appliquant (1.2.4.1), on voit qu'inversement, si

$$\begin{array}{ccc} \mathrm{Ner}(G,X) & \hookrightarrow & N' \\ {\scriptstyle \mathrm{Ner}(G,f)}\downarrow & & \downarrow{\scriptstyle n'} \\ \mathrm{Ner}(G,Y) & \hookrightarrow & \mathrm{Ner}(G,Y') \end{array}$$

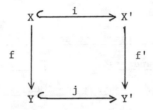

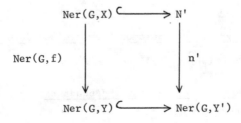

est une déformation de Ner(G,f) au-dessus de Ner(G,Y'), alors n' s'identifie à Ner(G,f') pour une déformation équivariante $f' : X' \longrightarrow Y'$ de f déterminée à isomorphisme unique près. La question de l'existence d'une déformation équivariante de f est donc (1.2.4) justiciable du théorème fondamental (III 1.2.7). Tenant compte de (VI 8.4.2.1), (1.1.2), (1.1.3), (2.2.2.1), (2.2.4.2), on obtient :

Théorème 2.3.3. *Soit un diagramme commutatif de G-schémas*

$$\begin{array}{ccc} X & & \\ {\scriptstyle f}\downarrow & & \\ Y & \xrightarrow{\ j\ } & Y' \\ {\scriptstyle g}\downarrow & \swarrow{\scriptstyle g'} & \\ Z & & \end{array} ,$$

où j *est une* Z-*extension équivariante de* Y *par* $J \in \mathrm{ob}\,\mathrm{Mod}(B[G,Y]^{o})$ (2.3.1), *et* G *et* f *sont tor-indépendants* (2.2.1). *Notons encore* $f : B[G,X]^{o} \longrightarrow B[G,Y]^{o}$ *le morphisme* (*de localisation*) *induit par* $f : X \longrightarrow Y$.

(i) *Il existe une obstruction*

$$\omega(f,j) \in \mathrm{Ext}^{2}(t_{[}L^{G}_{X/Y}, f^{*}J)$$

dont l'annulation est nécessaire et suffisante pour l'existence d'une déformation équivariante (2.3.2) f' *de* f *au-dessus de* Y' .

(ii) *Quand* $\omega(f,j) = 0$, *l'ensemble des classes d'isomorphie de déformations équivariantes* f' *de* f *au-dessus de* Y' *forme un torseur sous* $\mathrm{Ext}^{1}(t_{[}L^{G}_{X/Y}, f^{*}J)$, *et le groupe des automorphismes d'une déformation équivariante donnée s'identifie à* $\mathrm{Ext}^{o}(t_{[}L^{G}_{X/Y}, f^{*}J)$.

(iii) *Supposons* G *et* g *tor-indépendants. On a alors*

(2.3.3.1) $$\omega(f,j) = (f^{*}e(j))K_{G}(X/Y/Z) \quad ,$$

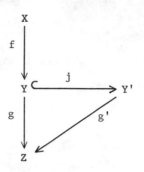

où $e(j)$ est la classe dans $\mathrm{Ext}^1(L^G_{Y/Z},J)$ de la Z-extension équivariante j (2.3.1.3) et $K_G(X/Y/Z) \in \mathrm{Ext}^1(L^G_{X/Y}, f^*L^G_{Y/Z})$ est la classe de Kodaira-Spencer équivariante (2.2.4.4).

2.3.4. Décomposition spectrale de l'obstruction. Il est intéressant de dévisser l'obstruction $\omega(f,j)$ (2.3.3 (i)) à l'aide de la suite spectrale (VI 8.4.8.1).

2.3.4.1. Celle-ci peut en effet s'interpréter géométriquement de la manière suivante. Dans la situation de (VI 8.4.8.2), notons K le complexe simple associé à $[n] \longmapsto \mathrm{Hom}^{\cdot}(\mathrm{ner}^o_n(E), \mathrm{ner}_n(F))$, et, pour $i \in \mathbb{Z}$, F^iK le sous-complexe de K correspondant à $n \geq i$; pour $j \in \mathbb{N}$, notons d'autre part $\tau_j X$ la restriction de X à $\Delta'^o_{j]}$ (VI 4.1). Cela étant, on peut montrer ([1]) que les projections canoniques

$$K \longrightarrow \dots \longrightarrow K/F^{i+1}K \longrightarrow K/F^iK \longrightarrow \dots \longrightarrow K/F^1K \longrightarrow 0$$

s'identifient dans la catégorie dérivée aux flèches de restriction

$$\mathrm{RHom}(BX;E,F) = \mathrm{RHom}(\mathrm{ner}(E), \mathrm{ner}(F)) \longrightarrow \dots \longrightarrow \mathrm{RHom}(\tau_i X;\mathrm{ner}(E), \mathrm{ner}(F))$$

$$\longrightarrow \mathrm{RHom}(\tau_{i-1}X;\mathrm{ner}(E),\mathrm{ner}(F)) \longrightarrow \dots \longrightarrow \mathrm{RHom}(X;E,F) \longrightarrow 0 \quad .$$

2.3.4.2. Revenant à la situation de (2.3.3), où l'on supposera pour simplifier que G est un monoïde au-dessus de S, et utilisant la fonctorialité des obstructions, on obtient les résultats suivants.

([1]) La vérification, assez pénible, consiste à reprendre les calculs de (VI 8.3, 8.4) pour les $\tau_i X$ en tenant compte de (VI 4.2.1). Elle se simplifie quand X est le nerf d'un groupoïde, car alors tout se passe comme si l'on avait $E = \emptyset$.

a) La suite spectrale (VI 8.4.8.1), appliquée à $B[G,X]^{o}$ (= $BNer(G,X)^{op}$), s'écrit (les produits étant calculés sur S) :

$$E_1^{pq} = Ext^q(G^p \times X;(d_o\ldots d_o)^* L_{X/Y},(d_1\ldots d_n)^* f^*J) \Longrightarrow Ext^*(L^G_{X/Y},f^*J) \quad .$$

Le terme $Ext^2(L^G_{X/Y},f^*J)$ a une filtration de longueur 2 ,

$$Ext^2(L^G_{X/Y},f^*J) \;=\; F^o \supset F^1 \supset F^2 \supset 0 \quad ,$$

dont le gradué associé est :

$$F^o/F^1 = E_\infty^{o2} = E_4^{o2} \subset E_1^{o2} = Ext^2(X;L_{X/Y},f^*J) \quad ;$$

$$F^1/F^2 = E_\infty^{11} = E_3^{11} \subset E_2^{11} \subset E_1^{11}/\mathrm{Im}\, E_1^{o1} = Ext^1(d_o^*L_{X/Y},d_o^*f^*J)/\mathrm{Im}\, Ext^1(L_{X/Y},f^*J) \quad ;$$

$$F^2 = E_\infty^{2o} = E_3^{2o} = E_2^{2o}/\mathrm{Im}\, E_2^{o1} \subset (E_1^{2o}/\mathrm{Im}\, E_1^{1o})/\mathrm{Im}\ (Ker(E_1^{o1} \longrightarrow E_1^{11})$$

$$= (Ext^o((d_od_o)^*L_{X/Y},(d_od_o)^*f^*J)/\mathrm{Im}\, Ext^o(d_o^*L_{X/Y},f^*J))/$$

$$\mathrm{Im}\ (Ker(Ext^1(L_{X/Y},f^*J) \longrightarrow Ext^1(d_o^*L_{X/Y},d_o^*f^*J)) \quad .$$

b) L'image de $\omega(f,j)$ dans E_1^{o2} est l'obstruction à déformer f au-dessus de Y' comme morphisme de schémas (sans action de G) (III 2.1.7).

c) Supposons que cette image soit nulle, et choisissons une déformation $f' : X' \longrightarrow Y'$ de f . On a $\omega(f,j) \in F^1$, et l'image de $\omega(f,j)$ dans $E_1^{11}/\mathrm{Im}\, E_1^{o1}$ est l'obstruction à prolonger l'action de G à X' (i.e. trouver un Y'-morphisme $d_o : G \times X' \longrightarrow X'$ prolongeant $d_o : G \times X \longrightarrow X$) modulo l'indétermination dans le choix de f' ((III 2.2.4), (III 2.1.7)).

d) Supposons que l'image de $\omega(f,j)$ dans $E_1^{11}/\mathrm{Im}\, E_1^{o1}$ soit nulle, de sorte qu'on a $\omega(f,j) \in F^2$. Choisissons un prolongement $d_o : G \times X' \longrightarrow X'$. L'image de $\omega(f,j)$ dans $(E_1^{2o}/\mathrm{Im}\, E_1^{1o})/\mathrm{Im}\ (Ker(E_1^{o1} \longrightarrow E_1^{11}))$ est le défaut d'associativité de l'action de G sur X' (i.e. au signe près $(d_od_o : G \times G \times X' \longrightarrow X') - (d_od_1 : G \times G \times X' \longrightarrow X')$ (III 2.1.7)) modulo l'indétermination dans le choix de $d_o : G \times X' \longrightarrow X'$ et celle dans le choix d'un X' auquel l'action de G veut bien se prolonger.

2.3.5. Variantes. On laisse au lecteur le soin de traiter les analogues équivariants des problèmes de déformations envisagés en (III 2.2.3) et (III 2.3.1). Nous nous bornerons à énoncer les résultats.

a) Etant donné un diagramme de G-schémas

(2.3.5.1)

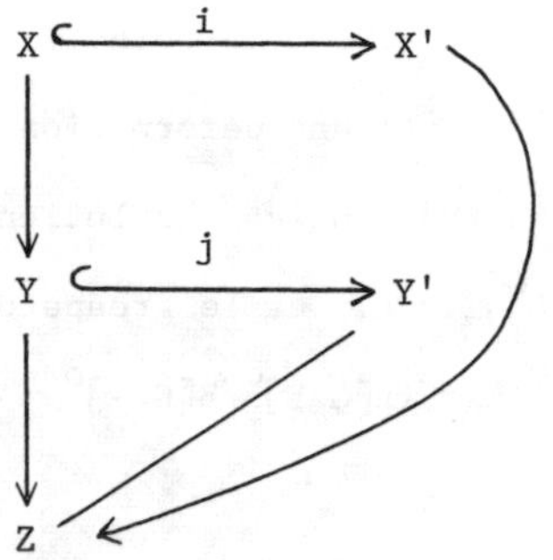

où j (resp. i) est une Z-extension équivariante de Y (resp. X) par J (resp. f^*J), et G et g sont tor-indépendants. Il existe une obstruction

$$\omega \in \mathrm{Ext}^1(f^*L^G_{Y/Z}, f^*J) ,$$

fonctorielle en (2.3.5.1), dont l'annulation est nécessaire et suffisante pour l'existence d'une déformation équivariante de f en $f' : X' \longrightarrow Y'$. Quand $\omega = 0$, l'ensemble de ces déformations est un torseur sous $\mathrm{Ext}^0(f^*L^G_{Y/Z}, f^*J)$.

b) Etant donné un diagramme commutatif, en traits pleins, de G-schémas

(2.3.5.2)

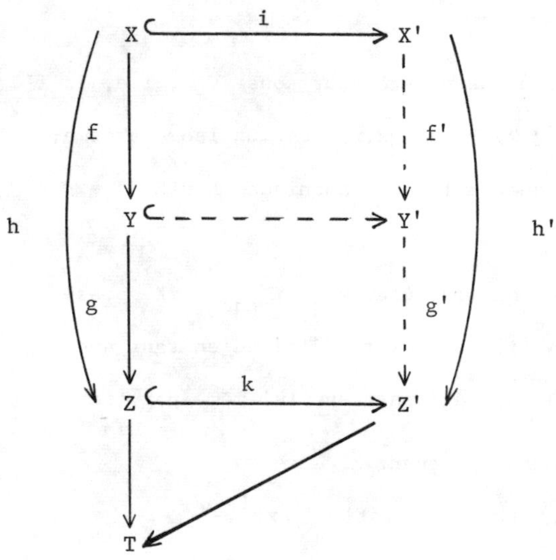

où k est une T-extension de Z par K , h' une déformation équivariante de h , et h' et g sont plats, il existe une obstruction

$$\omega \in \mathrm{Ext}^2(B[G,Y]^o/B[G,X]^o \; ; \; L^G_{Y/Z}, g^*K) \quad , \quad (^1)$$

fonctorielle en (2.3.5.2), dont l'annulation est nécessaire et suffisante pour qu'on puisse compléter (2.3.5.2) suivant le pointillé en un diagramme commutatif de G-schémas où f' (resp. g') est une déformation de f (resp. g). Quand $\omega = 0$, l'ensemble des classes d'isomorphie de solutions du problème est un torseur sous $\mathrm{Ext}^1(B[G,Y]^o/B[G,X]^o \; ; \; L^G_{Y/Z}, g^*K)$ et le groupe des automorphismes d'une solution donnée s'identifie à $\mathrm{Ext}^o(B[G,Y]^o/B[G,X]^o \; ; \; L^G_{Y/Z}, g^*K)$.

2.4. <u>Déformations de torseurs</u>. <u>L'extension d'Atiyah</u>.

2.4.1. On suppose maintenant que G est un schéma en groupes plat, localement de présentation finie sur S . Le théorème de structure locale des groupes algébriques ([22] III §3 6.1) implique que $G \longrightarrow S$ <u>est d'intersection complète</u> au sens de (EGA IV 19.3.6), ou, ce qui revient au même d'après (SGA 6 VIII 1.4), au sens de (SGA 6 VIII 1.1).

Soit Y un schéma au-dessus de S , et soit $f : X \longrightarrow Y$ un <u>torseur</u> sous $G_Y = G \times_S Y$. Cela signifie, rappelons-le, que f est un morphisme de G-schémas (Y étant muni de l'action triviale de G) qui possède les propriétés suivantes :

(i) X est un pseudo-torseur sous G_Y , i.e. la flèche canonique $G_Y \times_Y X \longrightarrow X \times_Y X$, $(g,x) \longmapsto (gx,x)$ est un isomorphisme, ce qui signifie encore (VI 2.6.3 b)) que la flèche canonique $\mathrm{Ner}(G,X) = \mathrm{Ner}(G_Y,X) \longrightarrow \mathrm{Sc}(X_{/Y})$ est un isomorphisme ;

(ii) en tant que faisceau sur Y_{fpqc} , X possède localement une section, ce qui, compte tenu de (i), équivaut à dire qu'en tant que G_Y-faisceau X est localement isomorphe à G_Y agissant sur lui-même par translations à gauche.

Ces conditions impliquent :

(1) Voir (III 4.10.1) pour la notation $\mathrm{Ext}^i(-/-;-,-)$.

a) f est fidèlement plat, et d'intersection complète (puisque $G \longrightarrow S$ est d'intersection complète et que la propriété pour un morphisme d'être d'intersection complète est locale pour la topologie fpqc sur la base (SGA 6 VIII 1.6)). En particulier, f acquiert une section après un changement de base fidèlement plat et localement de présentation finie $Y' \longrightarrow Y$ (par exemple f) : autrement dit, X est déjà un torseur sur Y pour la topologie fppf (SGA 3 IV 6.3.1).

b) Le morphisme canonique

(2.4.1.1) $$f^G : BG_{/X} \longrightarrow Y_{fpqc} \quad ,$$

composé du morphisme de localisation $BG_{/X} \longrightarrow BG_{/Y}$ défini par f et de la projection $BG_{/Y} \longrightarrow Y_{fpqc}$ définie par la projection de G sur S , est une équivalence de topos (SGA 4 IV 5.8) (i.e. f^G_* et f^{G*} sont quasi-inverses l'un de l'autre ; rappelons que, par définition, f^G_* associe à un G-faisceau L sur X le sous-faisceau de f_*L invariant par G , tandis que f^{G*} associe à un faisceau M sur Y le faisceau f*M muni de l'action naturelle de G). Il s'ensuit (VI 8.4.2.1) que, si

(2.4.1.2) $$\underline{f} : \mathrm{Ner}(G,X)^{\sim}_{fpqc} \longrightarrow Y^{\sim}_{fpqc}$$

désigne le morphisme de topos fibrés défini par f , le foncteur

$$\underline{f}^* = \mathrm{ner}\, f^{G*} : D^b(Y_{fpqc}) \longrightarrow D^b(\mathrm{Ner}(G,X)_{fpqc})$$

est pleinement fidèle, d'image essentielle la sous-catégorie pleine de $D^b(\mathrm{Ner}(G,X)_{fpqc})$ formée des objets quasi-cartésiens (1.1.3.5). On le vérifie d'ailleurs directement, sans faire appel à (loc. cit.), en utilisant simplement que Ner(G,X) s'identifie à $Sc(X_{/Y})$ et que f possède localement une section. De la même manière, on vérifie sans peine que, si

(2.4.1.2)' $$\underline{f} : \mathrm{Ner}(G,X)^{\sim}_{zar} \longrightarrow Y^{\sim}_{zar}$$

désigne le morphisme de topos fibrés zariskiens défini par f , le foncteur

$$\underline{f}^* \; : \; D^b(Y_{zar})_{qcoh} \longrightarrow D^b(\mathrm{Ner}(G,X)_{zar})$$

est pleinement fidèle, d'image essentielle formée des objets quasi-cartésiens à cohomologie quasi-cohérente terme à terme (1.1.3). On a des énoncés analogues avec D^b remplacé par pro-D^b (resp. pro-$D^bF^{[a,b]}$, cf. (2.2.4)). Retenons que, si

(2.4.1.3) $$L = \underline{f}^* \ell \quad ,$$

avec $\ell \in$ pro-$D^b(Y_{zar})_{qcoh}$ (resp. pro-$D^bF^{[a,b]}(Y_{zar})_{qcoh}$), on a des isomorphismes canoniques

(2.4.1.4) $$\ell = R\underline{f}_* L \quad ,$$

((2.4.1.5) $$\ell = Ls^*(L|X) \quad \text{si} \quad s : Y \longrightarrow X \quad \text{est une section de} \quad f),$$

(2.4.1.6) $$L\,\varepsilon^*L = \mathrm{ner}(f^{G*}L\varepsilon^*\ell) \quad ,$$

(2.4.1.7) $$R\,\varepsilon_* f^G_* L^G = \ell \;,\; \text{où} \;\; L^G = f^{G*}L\,\varepsilon^*\ell \;,$$

la dernière relation découlant de (1.1.2.2).

2.4.2. D'après le théorème de changement de base (II 2.1.5.2), les sommets du triangle de transitivité relatif à $\mathrm{Ner}(G,X) \longrightarrow \mathrm{Ner}(G,Y) \longrightarrow \mathrm{Ner}(G)$ sont quasi-cartésiens. Comme de plus ils sont quasi-cohérents terme à terme (1.2.2), on a, en vertu de ce qui précède, un isomorphisme canonique (cf. (2.2.4)) :

(2.4.2.1) $$t_{[}L_{\mathrm{Ner}(G,X)/\mathrm{Ner}(G,Y)/\mathrm{Ner}(G)} = \underline{f}^* \ell_{X/Y/Z} \quad ,$$

où $\ell_{X/Y/Z}$ est un objet de pro-$D^bF^{[0,1]}(Y_{zar})$ (cf. V 1.2.7) déterminé à isomorphisme unique près, qu'on appelle <u>vrai triangle d'Atiyah</u> de X/Y/S . D'après (2.4.1.4), (2.4.1.5), on a donc

(2.4.2.2) $$\ell_{X/Y/Z} = R\underline{f}_* (t_{[}L_{\mathrm{Ner}(G,X)/\mathrm{Ner}(G,Y)/\mathrm{Ner}(G)}) \quad ,$$

et

(2.4.2.3) $$\ell_{X/Y/Z} = Ls^{*}t_{[}L_{X/Y/S}$$

si $s : Y \longrightarrow X$ est une section de f . D'après (2.4.1.6), (2.4.1.7), le vrai triangle d'Atiyah est relié au triangle de transitivité équivariant $L^{G}_{X/Y/S}$ (2.2.4.2) par les formules

(2.4.2.4) $$\ell_{X/Y/S} = R\,\varepsilon_{*}f^{G}_{*}L^{G}_{X/Y/S} \quad ,$$

(2.4.2.5) $$L^{G}_{X/Y/S} = f^{G*}L\varepsilon^{*}\ell_{X/Y/S} \quad .$$

Le triangle associé à $\ell_{X/Y/S}$ s'écrit, à isomorphisme canonique près,

(2.4.2.6) $$\begin{array}{ccc} & \ell_{X/Y} & \\ \swarrow & & \nwarrow \\ t_{[}L_{Y/S} & \longrightarrow & \ell_{X/S} \end{array} \quad .$$

On a donc, par définition,

(2.4.2.7) $$t_{[}L_{Ner(G,X)/Ner(G)} = \underline{f}^{*}\ell_{X/S} \quad ,$$

(2.4.2.7)' $$\ell_{X/S} = R\underline{f}_{*}\, t_{[}L_{Ner(G,X)/Ner(G)} = R\varepsilon_{*}f^{G}_{*}L^{G}_{X/S} \quad ,$$

(2.4.2.8) $$L_{Ner(G,X)/Ner(G,Y)} = \underline{f}^{*}\ell_{X/Y} \quad ,$$

(2.4.2.8)' $$\ell_{X/Y} = R\underline{f}_{*}\, L_{Ner(G,X)/Ner(G,Y)} = R\varepsilon_{*}f^{G}_{*}L^{G}_{X/Y} \quad ,$$

et

(2.4.2.7)" $$\ell_{X/S} = Ls^{*}t_{[}L_{X/S} \quad ,$$

(2.4.2.8)" $$\ell_{X/Y} = Ls^{*}L_{X/Y} \quad ,$$

quand f possède une section s . Les faisceaux d'homologie de $\ell_{X/S}$ sont essentiellement constants et quasi-cohérents. D'autre part, comme f est d'intersection complète (2.4.1 a)), on a, d'après (III 3.2.6), parf.amp($L_{X/Y}$) $\subset [-1,0]$ (notation de (SGA 6 I 4.7, 4.8)). Comme $L_{X/Y} = f^*\ell_{X/Y}$ (2.4.2.8) et que f est couvrant pour fpqc (2.4.1 a)), il découle de (1.1.2.6) qu'on a aussi

(2.4.2.9) $$\mathrm{parf.amp}(\ell_{X/Y}) \subset [-1,0] \quad .$$

Le complexe $\ell_{X/Y}$ s'appelle <u>complexe de co-Lie</u> de X sur Y. Sa formation est compatible à tout changement de base, i.e. si $f' : X' \longrightarrow Y'$ est le torseur déduit de f par un changement de base $g : Y' \longrightarrow Y$, on a, par Künneth et (II 2.1.5.2), un isomorphisme canonique

(2.4.2.10) $$Lg^*\ell_{X/Y} \xrightarrow{\sim} \ell_{X'/Y'} \quad .$$

Le morphisme de degré 1 de (2.3.2.6) s'appelle <u>classe d'Atiyah</u> du G_Y-torseur X et se note

(2.4.2.11) $$\mathrm{at}(X/Y/S) \in \mathrm{Ext}^1(\ell_{X/Y}, {}^t[L_{Y/S}) \quad .$$

D'après (2.4.2.5), la classe de Kodaira-Spencer équivariante (2.2.4.4) se déduit de la classe d'Atiyah par la formule

(2.4.2.12) $$K_G(X/Y/S) = f^{G*}L\,\varepsilon^*\ \mathrm{at}(X/Y/S) \quad .$$

Quand G est <u>lisse</u>, il en est de même de $f : X \longrightarrow Y$, et, utilisant (III 3.1.2), on est déduit facilement que $\ell_{X/Y}$ s'identifie au faisceau $\omega^1_{G_Y}$ des 1-formes différentielles invariantes de G_Y tordu par X via l'action adjointe :

(2.4.2.13) $$\ell_{X/Y} = X \overset{G_Y}{\wedge} \omega^1_{G_Y} \quad ,$$

avec la notation habituelle des produits contractés ([6] III 1.6). De plus, le triangle (2.3.2.6) fournit dans ce cas une suite exacte

(2.4.2.14) $$0 \longrightarrow \Omega^1_{Y/S} \longrightarrow \omega^1_{X/S} \longrightarrow \omega^1_{X/Y} \longrightarrow 0 \quad ,$$

qui n'est autre que la suite obtenue par descente à Y à partir de la suite exacte équivariante

$$0 \longrightarrow f^*\Omega^1_{Y/S} \longrightarrow \Omega^1_{X/S} \longrightarrow \Omega^1_{X/Y} \longrightarrow 0 \qquad .$$

En d'autres termes, (2.4.2.14) est l'analogue de la suite exacte introduite par Atiyah dans [1] . Quand non seulement G , mais aussi Y est lisse sur S , le vrai triangle d'Atiyah de X/Y/S se réduit à la suite exacte (2.4.2.14).

Question 2.4.2.15. Existe-t-il une généralisation commune des invariants $at(X/Y/S)$ et $at_{B/A}(M)$ (IV 2.3.6.2) ?

2.4.3. Soit $j : Y \hookrightarrow Y'$ une S-extension de Y par un Module (quasi-cohérent) J.

Lemme 2.4.3.1. *Soit* $f' : X' \longrightarrow Y'$ *une déformation équivariante* (2.3.2) *du* G_Y*-torseur* $f : X \longrightarrow Y$ *au-dessus de* Y' . *Alors* f' *est un* $G_{Y'}$*-torseur*.

Preuve. La condition (2.4.1 (i)) est vérifiée d'après (1.2.4.1). D'autre part, f' est fidèlement plat et localement de présentation finie, donc couvrant pour (fpqc) et l'on gagne.

Combinant (2.3.3) avec les sorites de (2.4.1 b)) et les définitions de (2.4.2), on obtient donc le

Théorème 2.4.4. (i) *Il existe une obstruction*

$$\omega(f,j) \in \mathrm{Ext}^2(\ell_{X/Y}, J)$$

dont l'annulation est nécessaire et suffisante pour l'existence d'une déformation de X *en un* $G_{Y'}$*-torseur* X' .

(ii) *Quand* $\omega(f,j) = 0$, *l'ensemble des classes d'isomorphisme de telles déformations est un torseur sous* $\mathrm{Ext}^1(\ell_{X/Y}, J)$, *tandis que le groupe des automorphismes d'une déformation donnée s'identifie à* $\mathrm{Ext}^0(\ell_{X/Y}, J)$.

(iii) *Si* $e(j) \in \mathrm{Ext}^1(L_{Y/S}, J)$ *désigne la classe de l'extension* j (III 1.2.3), *on a*

$$\omega(f,j) = e(j)at(X/Y/S) \quad .$$

Remarques 2.4.4.1. a) Comme $\ell_{X/Y}$ est d'amplitude parfaite finie (2.4.2.9), on a, d'après (SGA 6 I 7.7),

$$\mathrm{Ext}^i(\ell_{X/Y},J) = H^i(Y,\ell^{\vee}_{X/Y} \overset{L}{\otimes} J) \quad ,$$

avec la notation habituelle $L^{\vee} = \underline{RHom}(L,\mathcal{O}_Y)$ pour $L \in \mathrm{ob}\, D(Y)$.

b) Quand G est lisse, (2.4.4 (i) et (ii)) redonnent, compte tenu de (2.4.2.13), un résultat connu, obtenu classiquement par un calcul élémentaire de cocycles (voir Giraud ([6] VII 1.3) pour une traduction élégante de ce calcul en langage de "gerbes").

2.4.5. Cas d'une famille de torseurs.

a) Soit S un n-diagramme de schémas, et soit G un objet en groupes de $\mathrm{Top}^{\circ}(S_{fpqc})$ dont chaque sommet G_{α} (VI 7.2) est représentable par un schéma plat et localement de présentation finie sur S_{α}. Si Y est un n-diagramme de schémas au-dessus de S, on a un groupe induit $G_{Y_{\alpha}}$, et l'on définit un G_Y-torseur comme un G_Y-faisceau de $\mathrm{Top}^{\circ}(Y_{fpqc})$ dont la restriction à chaque sommet de Y est un torseur au sens ordinaire. Les résultats des n°s (2.4.1) à (2.4.4) se transposent trivialement, mutatis mutandis, dans ce cadre plus général. Nous laissons au lecteur le soin de les formuler.

b) Nous lui laissons également le soin de traiter la variante "schémas relatifs" des constructions et résultats précédents, avec $Y \longrightarrow S$ un morphisme de topos annelés, G un schéma relatif en groupes sur S, plat et localement de présentation finie (au sens de Mme Hakim [23]), X un torseur sur Y sous le groupe induit G_Y (i.e. un G_Y-schéma relatif sur Y tel que la condition (2.4.1 (i)) soit vérifiée et qu'il existe une famille couvrante Y_{α} de l'objet final de Y telle que, pour chaque α, $X|\mathrm{Spec}\,\Gamma(Y_{\alpha},\mathcal{O})$ soit un torseur sous $G_Y|\mathrm{Spec}\,\Gamma(Y_{\alpha},\mathcal{O})$ au sens ordinaire).

3. Déformations de schémas en groupes plats non commutatifs.

3.1. Complexe de co-Lie d'un schéma en groupes plat localement de présentation finie.

Dans ce numéro, S désigne un schéma et G un schéma en groupes plat et localement de présentation finie sur S .

3.1.1. Définition de ℓ_G .

Notons $f : G \longrightarrow S$ la projection, $e : S \longrightarrow G$ la section unité. On pose

(3.1.1.1) $$\ell_G = Le^*L_{G/S} \quad ,$$

(3.1.1.1)' $$\ell_G^{\vee} = \underline{RHom}(\ell_G, \mathcal{O}_S) \quad .$$

Le complexe ℓ_G (resp. $\ell_G^{\vee}$) s'appelle complexe de co-Lie (resp. Lie) de G . D'après (2.4.2.8)", ℓ_G n'est autre que le complexe de co-Lie de G considéré, de la façon naturelle, comme torseur sous G (ou, au choix, sous le groupe opposé G^o) :

(3.1.1.2) $$\ell_G = R\epsilon_* f_*^G L_{G/S}^G = R\epsilon_* f_*^{G^o} L_{G/S}^{G^o} \quad .$$

D'après (2.4.2.9), on a

(3.1.1.3) $$\mathrm{parf.amp}(\ell_G) \subset [-1,0] \quad ,$$

d'où, compte tenu de (SGA 6 I 7.1),

(3.1.1.3)' $$\mathrm{parf.amp}(\ell_G^{\vee}) \subset [0,1] \quad .$$

Le complexe de co-Lie (resp. Lie) dépend de façon contravariante (resp. covariante) de G . Sa formation commute à tout changement de base, i.e. si $g : S' \longrightarrow S$ est un changement de base, et G' le groupe induit sur S', on a un isomorphisme canonique

(3.1.1.4) $$Lg^*\ell_G \xrightarrow{\sim} \ell_{G'} \qquad (\text{resp. } \ell_{G'} \xrightarrow{\sim} Lg^*\ell_G) \quad .$$

(appliquer (2.4.2.10), où, directement, (II 2.1.5.2)). Le complexe de co-Lie a été introduit pour la première fois, dans le cas S affine et G fini, par Mazur-Roberts [13] . On leur doit notamment l'énoncé ci-après, qui permet le calcul de ℓ_G dans un grand nombre de cas :

Proposition 3.1.1.5. *Soit*

$$1 \longrightarrow G \longrightarrow H \longrightarrow K \longrightarrow 1$$

une suite exacte (pour fpqc) *de schémas en groupes plats localement de présentation finie sur* S . *Il existe un triangle distingué canonique*

$$\begin{array}{ccc} & \ell_G & \\ \swarrow & & \nwarrow \\ \ell_K & \longrightarrow & \ell_H \end{array} ,$$

où les flèches de degré 0 *sont les flèches de fonctorialité du complexe de co-Lie*.

Preuve. Appliquer Le^* au triangle de transitivité $L_{H/K/S}$ et utiliser le théorème de changement de base relatif au carré cartésien

$$\begin{array}{ccc} G & \hookrightarrow & H \\ \downarrow & & \downarrow \\ S & \xhookrightarrow{e} & K \end{array} .$$

Pour des exemples d'application de (3.1.1.5), nous renvoyons le lecteur à [11], et surtout [9], [14], où il trouvera une étude détaillée des complexes de co-Lie des groupes de Barsotti-Tate tronqués.

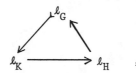

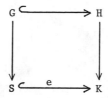

3.1.2. Définition de $\underline{\underline{\ell}}_G$.

Notant G^o le groupe opposé à G, faisons agir $G \times G^o$ ([1]) sur G par $(g,h)x = gxh$, d'où un complexe cotangent équivariant (2.2.2.1)

$$L_{G/S}^{G\times G^o} \in \text{ob } D(B(G\times G^o)_{/G}) \quad ,$$

qui, par oubli de l'action de $G \times G^o$ s'identifie à $Le^*L_{G/S}$ (2.2.3 a)). Désignons par

$$(3.1.2.0) \qquad f^{G^o} : B(G \times G^o)_{/G} \longrightarrow BG$$

la projection canonique (qui est une équivalence de topos (SGA 4 IV 5.8)), et posons

$$(3.1.2.1) \qquad \underline{\underline{\ell}}_G = f_*^{G^o} L_{G/S}^{G\times G^o} \in \text{ob } D(BG) \quad .$$

Il découle de la fonctorialité du complexe cotangent équivariant par rapport à la catégorie d'opérateurs (2.2.6) que, par oubli de l'action de G , $\underline{\underline{\ell}}_G$ induit $f_*^{G^o} L_{G/S}^{G^o}$, i.e. $Le^*\ell_G$ (3.1.1.2). En particulier, on a, d'après (3.1.1.3),

$$(3.1.2.2) \qquad \text{parf.amp}(\underline{\underline{\ell}}_G) \subset [-1,0] \quad .$$

Le faisceau $\underline{\underline{\omega}}_G^1 = H_o(\underline{\underline{\ell}}_G)$ n'est autre que le faisceau des 1-formes différentielles invariantes de G , muni de l'opération adjointe de G ; quand G est lisse, l'augmentation $\underline{\underline{\ell}}_G \longrightarrow \underline{\underline{\omega}}_G^1$ est un quasi-isomorphisme. Tout comme ℓ_G, $\underline{\underline{\ell}}_G$ dépend de façon contravariante de G, et la formation de $\underline{\underline{\ell}}_G$ commute à tout changement de base $S' \longrightarrow S$.

([1]) sauf mention du contraire, les produits sont pris sur S .

Voici maintenant deux interprétations de $\underline{\underline{\ell}}_G$ dans le style des constructions de (2.4.5).

a) Faisant agir G sur lui-même par translations à gauche, on a une projection canonique

(3.1.2.3) $$\mathrm{Ner}(G,f) : \mathrm{Ner}(G,G) \longrightarrow \mathrm{Ner}(G) \quad .$$

Faisant agir G par multiplication à droite sur Ner(G,G) et trivialement sur Ner(G), on peut considérer Ner(G,f) (qui est équivariant pour cette action) comme définissant un torseur sous $G^{o}_{\mathrm{Ner}(G)}$ au sens de (2.4.5 a)). D'où un complexe de co-Lie $\ell_{\mathrm{Ner}(G,G)/\mathrm{Ner}(G)} \in \mathrm{ob}\ D(\mathrm{Ner}(G)_{\mathrm{zar}})$. Je dis qu'on a un isomorphisme canonique

(3.1.2.4) $$L\varepsilon^{*}\ell_{\mathrm{Ner}(G,G)/\mathrm{Ner}(G)} = \mathrm{ner}(\underline{\underline{\ell}}_G) \quad .$$

Il suffit en effet d'observer qu'on a un isomorphisme canonique

$$L\varepsilon^{*}L_{\mathrm{Ner}(G^{o},\mathrm{Ner}(G,G))/\mathrm{Ner}(G^{o},\mathrm{Ner}(G))} = \mathrm{ner}(L^{G\times G^{o}}_{G/S}) \quad ,$$

et de revenir aux définitions ; les détails sont laissés au lecteur.

b) Un schéma relatif sur BG n'étant pas autre chose qu'un G-schéma, G, considéré comme G-schéma par les translations à gauche, définit un schéma relatif PG sur BG . Muni de l'action de G^{o} définie par les translations à droite, PG est un G^{o}_{BG}-torseur au sens de (2.4.5 b)), et l'on dispose donc d'un complexe de co-Lie $\ell_{PG/BG} \in \mathrm{ob}\ D(BG)$. On vérifie facilement qu'on a un isomorphisme canonique

(3.1.2.5) $$\ell_{PG/BG} = \underline{\underline{\ell}}_G \quad .$$

Si Y est un schéma sur S et X un torseur sous G^{o}_{Y} , X correspond, par la propriété universelle du classifiant (SGA 4 IV 5.9), à un morphisme de topos $x : Y^{\sim}_{\mathrm{fpqc}} \longrightarrow BG$ (tel que le torseur induit par PG via x s'identifie à X). De la compatibilité du complexe de co-Lie au changement de base et de (3.1.2.5) découle qu'on a un isomorphisme canonique

(3.1.2.6) $$L\epsilon^{*}\ell_{X/Y} = x^{*}\underline{\underline{\ell}}_{G} \quad .$$

Si l'on se rappelle qu'appliquer x^{*} à un objet de BG consiste à l'induire sur Y et le tordre par X , on voit que (3.1.2.6) est une généralisation naturelle de (2.4.2.13).

3.1.3. Calcul de $L_{Ner(G)/S}$.

Notons $e : S \longrightarrow Ner(G)$ le morphisme canonique (inclusion du sommet $Ner_{o}(G) = S$). On a donc un morphisme de topos annelés noté encore $e : S_{fpqc} \longrightarrow Top(Ner(G)_{fpqc})$. Rappelons (VI 5.3) que le foncteur e^{*} , image inverse pour les Modules , admet un adjoint à gauche exact $e_{!}$.

Proposition 3.1.3.1. Il existe un triangle distingué canonique de $D(Ner(G)_{fpqc})$:

$$\begin{array}{ccc} & ner(\underline{\underline{\ell}}_{G}) & \\ \swarrow & & \nwarrow \\ L\epsilon^{*}L_{Ner(G)/S} & \longrightarrow & e_{!}e^{*}ner(\underline{\underline{\ell}}_{G}) \end{array} \quad ,$$

où la flèche oblique de droite est la flèche d'adjonction.

Preuve. Le triangle d'Atiyah (2.4.2.6) relatif à (3.1.2.3) s'écrit :

$$\begin{array}{ccc} & \ell_{Ner(G,G)/Ner(G)} & \\ \swarrow & & \nwarrow^{m} \\ L_{Ner(G)/S} & \longrightarrow & \ell_{Ner(G,G)/S} \end{array} \qquad (^{1}) \quad ,$$

d'où, par application de $L\epsilon^{*}$, un triangle distingué

$$\begin{array}{ccc} & L\epsilon^{*}\ell_{Ner(G,G)/Ner(G)} & \\ \swarrow & & \nwarrow^{L\epsilon^{*}m} \\ L\epsilon^{*}L_{Ner(G)/S} & \longrightarrow & L\epsilon^{*}\ell_{Ner(G,G)/S} \end{array} \quad .$$

(1) On a $L_{Ner(G)/S} \in ob\, D^{[-1,0]}(Ner(G))$.

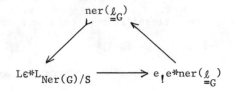

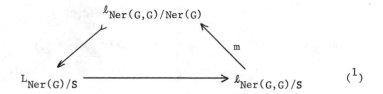

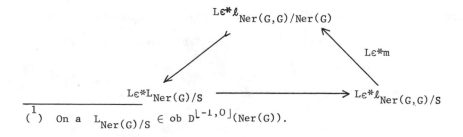

Il suffit de montrer que $L\varepsilon^*m$ s'identifie à la flèche d'adjonction $e_!e^*ner(\ell_{\underline{\underline{G}}}) \longrightarrow ner(\ell_{\underline{\underline{G}}})$. Or on a un carré commutatif

$$\begin{array}{ccc} e_!e^*(L\varepsilon^*\ell_{Ner(G,G)/S}) & \longrightarrow & L\varepsilon^*\ell_{Ner(G,G)/S} \\ {\scriptstyle e_!e^*(L\varepsilon^*m)}\downarrow & & \downarrow{\scriptstyle L\varepsilon^*m} \\ e_!e^*(L\varepsilon^*\ell_{Ner(G,G)/Ner(G)} & \longrightarrow & L\varepsilon^*\ell_{Ner(G,G)/Ner(G)} \end{array} ,$$

où les flèches horizontales sont les flèches d'adjonction. La flèche verticale de gauche est un isomorphisme d'après la compatibilité du complexe de co-Lie au changement de base et le fait que $Ner_o(G) = S$. D'autre part, d'après (3.1.2.4), la flèche horizontale inférieure s'identifie à la flèche d'adjonction $e_!e^*ner(\ell_{\underline{\underline{G}}}) \longrightarrow ner(\ell_{\underline{\underline{G}}})$. Donc il suffit de prouver que la flèche horizontale supérieure est un isomorphisme. Il suffit pour cela de prouver qu'elle devient un isomorphisme après application de $Ner(G,f)^*$ (3.1.2.3) (puisque la vérification se fait étage par étage et que $Ner(G,f)$ est couvrant étage à étage). Or, si $e' : G \longrightarrow Ner(G,G)$ désigne l'inclusion de l'étage d'indice 0 , on a $Ner(G,f)^*e_! = e'_!Ner(G,f)^*$, et comme $Ner(G,f)^*L\varepsilon^*\ell_{Ner(G,G)/S} = L\varepsilon^*L_{Ner(G,G)/S}$ d'après (2.4.2.5), on est ramené à montrer que la flèche d'adjonction

$$e'_!e'^*L\varepsilon^*L_{Ner(G,G)/S} \longrightarrow L\varepsilon^*L_{Ner(G,G)/S}$$

est un isomorphisme. Or $Ner(G,G)$ s'identifie à $Sc(G_{/S})$ (2.4.1 (i)), de sorte que, revenant à la définition de $e'_!$, on voit qu'on est réduit à prouver que, pour tout $n \in \mathbb{N}$, la flèche canonique

$$\bigoplus_{1}^{n} pr_i^*L_{G/S} \longrightarrow L_{G^n/S}$$

est un isomorphisme, $pr_i : G^n \longrightarrow G$ désignant la i-ième projection. Mais cela découle de (II 2.3.10). La démonstration de (3.1.3.1) est donc achevée.

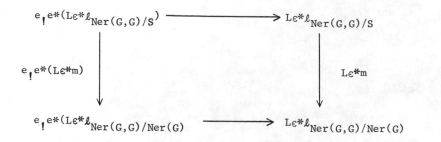

Corollaire 3.1.3.2. *Pour* $M \in \mathrm{ob}\, D^{+}(BG)$, *il existe un isomorphisme canonique fonctoriel*

$$\mathrm{RHom}(L\varepsilon^{*}L_{\mathrm{Ner}(G)/S}, \mathrm{ner}(M)) = R\Gamma(BG/S, \underline{\underline{\ell}}_G^{\vee} \overset{L}{\otimes} M)\,[1] \quad ,$$

où $\underline{\underline{\ell}}_G^{\vee} = \underline{\mathrm{RHom}}(\underline{\underline{\ell}}_G, \mathcal{O})$, *et* $R\Gamma(BG/S,-)$ *désigne la cohomologie relative* (III 4.10.5) *du morphisme* $S^{\sim}_{\mathrm{fpqc}} \longrightarrow BG$ *défini par la section unité de* G .

Preuve. Le triangle déduit de celui de (3.1.3.1) par application du foncteur $\mathrm{RHom}(-,\mathrm{ner}(M))$ s'écrit

(*)

$$\begin{array}{ccc} & \mathrm{RHom}(L\varepsilon^{*}L_{\mathrm{Ner}(G)/S}, \mathrm{ner}(M)) & \\ \swarrow & & \nwarrow \\ \mathrm{RHom}(\mathrm{ner}(\underline{\underline{\ell}}_G), \mathrm{ner}(M)) & \longrightarrow & \mathrm{RHom}(e^{*}\mathrm{ner}(\underline{\underline{\ell}}_G), e^{*}\mathrm{ner}(M)) \end{array} \quad ,$$

où la flèche horizontale est la restriction. D'après (VI 8.4.2), celle-ci s'identifie à la restriction

(**) $$\mathrm{RHom}(\underline{\underline{\ell}}_G, M) \longrightarrow \mathrm{RHom}(e^{*}\underline{\underline{\ell}}_G, e^{*}M)$$

où e désigne cette fois le morphisme $S^{\sim}_{\mathrm{fpqc}} \longrightarrow BG$ defini par la section unité de G (e^{*} = oubli de l'action de G). Comme $\underline{\underline{\ell}}_G$ est d'amplitude parfaite finie (3.1.2.2), (**) se récrit, d'après (SGA 6 I 7.7),

$$R\Gamma(BG, \underline{\underline{\ell}}_G^{\vee} \overset{L}{\otimes} M) \longrightarrow R\Gamma(S, e^{*}(\underline{\underline{\ell}}_G^{\vee} \overset{L}{\otimes} M)) \quad .$$

Le triangle (*) fournit donc, d'après (III 4.10.3), un isomorphisme

$$\mathrm{RHom}(L\varepsilon^{*}L_{\mathrm{Ner}(G)/S}, \mathrm{ner}(M)) = R\Gamma(BG/S, \underline{\underline{\ell}}_G^{\vee} \overset{L}{\otimes} M)\,[1] \quad ,$$

dont nous laissons au lecteur le soin de préciser la fonctorialité en G et M .

Remarque 3.1.3.3. On prouve de la même manière que, plus généralement, si $u : F \longrightarrow G$ est un morphisme de schémas en groupes plats localement de présentation finie sur S , on a, pour $M \in \mathrm{ob}\, D^+(BF)$, un isomorphisme

$$\text{(i)} \qquad \mathrm{RHom}(L\varepsilon^* L u^* L_{\mathrm{Ner}(G)/S}, \mathrm{ner}(M)) = R\Gamma(BF/S, (u^* \underline{\underline{\ell}}_G^{\vee}) \overset{L}{\otimes} M)\ [1]$$

(où u désigne encore par abus le morphisme $BF \longrightarrow BG$ induit par u). Utilisant le triangle de transitivité de $\mathrm{Ner}(F) \longrightarrow \mathrm{Ner}(G) \longrightarrow S$, on déduit de (3.1.3.2) et (i) un isomorphisme

$$\text{(ii)} \qquad \mathrm{RHom}(L\varepsilon^* L_{\mathrm{Ner}(F)/\mathrm{Ner}(G)}, \mathrm{ner}(M)) = R\Gamma(BF/S, K \overset{L}{\otimes} M)\ [1] \quad ,$$

où K est défini par le triangle distingué

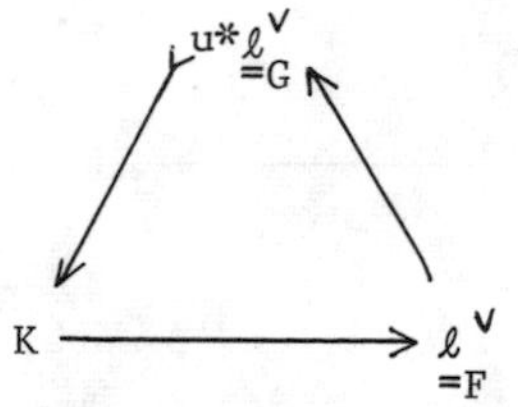

,

où la flèche oblique de droite est la flèche de fonctorialité du complexe de Lie.

3.2. Déformations de schémas en groupes plats, localement de présentation finie.

Théorème 3.2.1. Soient $S \longrightarrow T$ un morphisme de schémas, $i : S \hookrightarrow S'$ une T-extension de S par un Module quasi-cohérent I , G un schéma en groupes plat et localement de présentation finie sur S .

(i) Il existe une obstruction

$$\omega(G,i) \in H^3(BG/S, \underline{\underline{\ell}}_G^{\vee} \overset{L}{\otimes} \varepsilon^* I) \qquad (^1)$$

(1) Si L est un Module sur S_{fpqc} (plus généralement un objet de $\text{pro-}D^b(S_{\mathrm{fpqc}})$) on note encore L l'objet induit sur BG par la projection canonique $BG \longrightarrow S^{\sim}_{\mathrm{fpqc}}$.

dont l'annulation est nécessaire et suffisante pour l'existence d'une déformation de G en un schéma en groupes plat G' au-dessus de S'.

(ii) Quand $\omega(G,i) = 0$, l'ensemble des classes d'isomorphisme de déformations G' est un torseur sous $H^2(BG/S, \underline{\underline{\ell}}^\vee_G \overset{L}{\otimes} \varepsilon^*I)$ et le groupe des automorphismes d'une déformation donnée s'identifie à $H^1(BG/S, \underline{\underline{\ell}}^\vee_G \overset{L}{\otimes} \varepsilon^*I)$.

(iii) Il existe une classe canonique, dépendant fonctoriellement de $G \longrightarrow S \longrightarrow T$,

$$c(G/S/T) \in H^2(BG/S, \underline{\underline{\ell}}^\vee_G \overset{L}{\otimes} t_{[}L\varepsilon^*L_{S/T}) \qquad (^1)$$

telle que l'on ait

$$\omega(G,i) = (p^*\varepsilon^*e(i))c(G/S/T) \quad ,$$

où $e(i) \in \mathrm{Ext}^1(L_{S/T}, I)$ est la classe de l'extension i et $p : BG \longrightarrow S^{\sim}_{fpqc}$ la projection canonique.

Preuve. D'après (VI 9.3.1) et (1.2.4.1), il revient au même de se donner une déformation de G en un schéma en groupes plat G' au-dessus de S' ou une déformation de $\mathrm{Ner}(G) \longrightarrow S$ au-dessus de S' (au sens de (1.2.4)). Le théorème résulte donc de (III 2.1.7) appliqué au problème de déformer $\mathrm{Ner}(G) \longrightarrow S$ au-dessus de S', compte tenu de (1.1.2.3), (1.1.2.5) et (3.1.3.2).

3.2.2. Décomposition spectrale de l'obstruction.

3.2.2.1. Dans la situation de (VI 8.4.2), soit $M \in \mathrm{ob}\, D^+(BX)$, et soit $M \longrightarrow F$ un quasi-isomorphisme où F est borné inférieurement et à composantes injectives sur X_o. Si, comme en (2.3.4.1), on note K le complexe simple associé à $[n] \longmapsto \Gamma^\cdot(X_n, \mathrm{ner}_n(F))$, on a, d'après (VI 8.4.2), un isomorphisme canonique

$$R\Gamma(BX/X_o, M) = F^1K \quad ,$$

où F^iK désigne le sous-complexe de K correspondant à $n \geq i$ et $X_o \longrightarrow BX$ est le morphisme canonique (pour lequel le foncteur image inverse est l'oubli de la X-structure). Il en résulte une suite spectrale

$$(*) \qquad E_1^{pq} = \begin{cases} H^q(X_p, \mathrm{ner}_p(M)) & \text{si } p \geq 1 \\ 0 & \text{si } p \leq 0 \end{cases} \Longrightarrow H^*(BX/X_o, M) .$$

On vérifie facilement que les projections canoniques

$$F^1K \longrightarrow \ldots \longrightarrow F^1K/F^{i+1}K \longrightarrow F^1K/F^iK \longrightarrow \ldots \longrightarrow F^1K/F^2K \longrightarrow 0$$

s'identifient dans la catégorie dérivée aux restrictions

$$R\Gamma(BX/X_o, M) \longrightarrow \ldots \longrightarrow R\Gamma(\tau_{[1,i]}X, \mathrm{ner}(M)) \longrightarrow R\Gamma(\tau_{[1,i-1]}X, \mathrm{ner}(M))$$
$$\longrightarrow \ldots \longrightarrow R\Gamma(X_1, \mathrm{ner}_1(M)) \longrightarrow 0 \qquad ,$$

où $\tau_{[1,i]}X$ désigne la restriction de X à $\Delta'^{o}_{[1,i]}$ (VI 4.1). D'où une interprétation géométrique de la filtration de l'aboutissement de (*).

3.2.2.2. Appliquant ce qui précède à $X = \mathrm{Ner}(G)$ et $M = \underline{\underline{\ell}}^{\vee}_{G} \overset{L}{\otimes} \varepsilon^* I$, on obtient une suite spectrale

$$E_1^{pq} = \begin{cases} H^q(G^p, \ell^{\vee}_G \overset{L}{\otimes} I) & \text{si } p \geq 1 \\ 0 \ \text{si } p \leq 0 \end{cases} \Longrightarrow H^*(BG/S, \underline{\underline{\ell}}^{\vee}_{G} \overset{L}{\otimes} \varepsilon^* I) \ (^1) .$$

Le terme $H^3(BG/S, \underline{\underline{\ell}}^{\vee}_{G} \overset{L}{\otimes} I)$ a une filtration de longueur 2 ,

$$H^3(BG/S, \underline{\underline{\ell}}^{\vee}_{G} \overset{L}{\otimes} I) = F^1 \supset F^2 \supset F^3 \supset 0 \quad ,$$

---

(1) $H^q(G^p, \ell^{\vee}_G \overset{L}{\otimes} I) \overset{\mathrm{dfn}}{=} H^q(G^p, (\ell^{\vee}_G \overset{L}{\otimes} I)_{G^p})$, où $-_{G^p}$ = image inverse sur G^p .

dont le gradué associé est :

$$F^1/F^2 = E_\infty^{12} = E_4^{12} \subset E_1^{12} = H^2(G,\ell_G^\vee \otimes I) = \mathrm{Ext}^2(L_{G/S},I_G) \quad ;$$

$$F^2/F^3 = E_\infty^{21} = E_3^{21} \subset E_2^{21} = E_1^{21}/\mathrm{Im}\, E_1^{11}$$

$$= H^1(G^2,\ell_G^\vee \overset{L}{\otimes} I)/\mathrm{Im}\, H^1(G,\ell_G^\vee \overset{L}{\otimes} I)$$

$$= \mathrm{Ext}^1(G^2;d_1^*L_{G/S},I_{G^2}) \,/\mathrm{Im}\, \mathrm{Ext}^1(L_{G/S},I_G) \quad ;$$

$$F^3 = E_\infty^{3o} = E_3^{3o} = E_2^{3o}/\mathrm{Im}\, E_2^{11} \subset (E_1^{3o}/\mathrm{Im}\, E_1^{2o})/\mathrm{Im}\,(\mathrm{Ker}(E_1^{11} \longrightarrow E_1^{21})) =$$

$$(H^o(G^3,\ell_G^\vee \overset{L}{\otimes} I)/\mathrm{Im}\, H^o(G^2,\ell_G^\vee \overset{L}{\otimes} I))/\mathrm{Im}\,(\mathrm{Ker}\, H^1(G,\ell_G^\vee \overset{L}{\otimes} I) \longrightarrow H^1(G^2,\ell_G^\vee \overset{L}{\otimes} I)) \quad .$$

$$= (H^o(G^3,(t_G \otimes I)_{G^3}) \,/\mathrm{Im}\, H^o(G^2,(t_G \otimes I)_{G^2}))/\mathrm{Ker}^1(\mathrm{Ext}^1(L_{G/S},I_G))\rightarrow \mathrm{Ext}^1(G^2;d_1^*L_{G/S},I_{G^2}))$$ [1].

Utilisant (3.2.2.1) et la fonctorialité des obstructions, on peut interpréter les images de $\omega(G,i)$ (3.2.1 (i)) dans les F^i/F^{i+1} de la manière suivante :

a) L'image de $\omega(G,i)$ dans E_1^{12} est l'obstruction à déformer G comme schéma au-dessus de S' (III 2.1.7).

b) Supposons que cette image soit nulle et choisissons une déformation G' de G au-dessus de S' . Alors l'image de $\omega(G,i) \in F^2$ dans $E_1^{21}/\mathrm{Im}\, E_1^{11}$ est l'obstruction à déformer la loi de composition de G en un S'-morphisme $d_i : G'^2 \longrightarrow G'$ modulo l'indétermination dans le choix de G' ((III 2.1.7), (III 2.2.4)).

c) Supposons que cette dernière image soit nulle, de sorte qu'on a $\omega(G,i) \in F^3$, et choisissons un prolongement $d_1 : G'^2 \longrightarrow G'$ de la loi de composition de G . Alors l'image de $\omega(G,i)$ dans

---

(1) $t_G = H^o(\ell_G^\vee)$ est l'Algèbre de Lie de G .

$(E_2^{3o}/\mathrm{Im}\ E_1^{2o})/\mathrm{Im}\ (\mathrm{Ker}(E_1^{11} \longrightarrow E_1^{21})$ est (au signe près) le cocycle de Hochschild d'associativité de d_1 modulo l'arbitraire dans le choix de d_1 et dans le choix d'un G' auquel la loi de composition se prolonge.

Les détails de la vérification précédente sont laissés au lecteur. Quand G est lisse, on retrouve la discussion de (SGA 3 III 3).

3.3. Déformations de morphismes de schémas en groupes.

Dans ce numéro, on fixe un morphisme de schémas $S \longrightarrow T$ et une T-extension $i : S \longrightarrow S'$ de S par un Module quasi-cohérent I .

Théorème 3.3.1. Soient F' (resp. G') un schéma en groupes plat, localement de présentation finie sur S', F (resp. G) le schéma en groupes induit sur S , $u : F \longrightarrow G$ un morphisme de schémas en groupes.

(i) Il existe une obstruction, fonctorielle en (u,F',G'),

$$\omega(u,F',G') \in H^2(BF/S,\ u^*\underline{\underline{\ell}}_G^{\vee} \overset{L}{\otimes} \varepsilon^*I) \quad , \qquad (^1)$$

dont l'annulation est nécessaire et suffisante pour l'existence d'un prolongement de u en un morphisme de schémas en groupes $u' : F' \longrightarrow G'$.

(ii) Quand $\omega(u,F',G') = 0$, l'ensemble des prolongements u' est un torseur sous $H^1(BF/S,\ u^*\underline{\underline{\ell}}_G^{\vee} \overset{L}{\otimes} \varepsilon^*I)$.

Preuve. Il revient au même de prolonger u en un morphisme de schémas en groupes $u' : F' \longrightarrow G'$ ou de prolonger $\mathrm{Ner}(u) : \mathrm{Ner}(F) \longrightarrow \mathrm{Ner}(G)$ en un morphisme de schémas simpliciaux $\mathrm{Ner}(F') \longrightarrow \mathrm{Ner}(G')$. Compte tenu de (1.2.2), ce dernier problème est justiciable de (III 2.2.4). On obtient donc une obstruction $\omega \in \mathrm{Ext}^1(\mathrm{Ner}(u)^*L_{\mathrm{Ner}(G)/S}, I)$, et, quand $\omega = 0$, l'ensemble des solutions est un torseur sous $\mathrm{Ext}^o(\mathrm{Ner}(u)\ ^*L_{\mathrm{Ner}(G)/S}, I)$. Compte tenu de (1.1.2.3) le théorème résulte alors de (3.1.3.3 (i)).

(1) u désigne encore par abus le morphisme $BF \longrightarrow BG$ induit par u , et, pour $L \in \mathrm{ob}\ D(S_{fpqc})$, on note encore L l'objet induit sur BF par la projection canonique.

<u>Remarques</u> 3.3.1.1. a) Si $F = G$ et $u = Id_F$, l'obstruction (3.3.1 (i)) n'est autre que la différence (au signe près) des classes des déformations F' et G' au sens de (3.2.1 (ii)).

b) Comme en (3.2.2.2), on a une suite spectrale

$$E_1^{pq} = \begin{cases} H^q(F^p, (Lu^*\ell_G^\vee \overset{L}{\otimes} I)_{F^p}) & \text{si } p \geq 1 \\ 0 \quad \text{si } p \leq 0 \end{cases} \Longrightarrow H^*(BF/S, u^*\underline{\underline{\ell}}_G^\vee \otimes \epsilon^* I) \quad .$$

Le terme $H^2(BF/S, u^*\underline{\underline{\ell}}_G^\vee \overset{L}{\otimes} \epsilon^* I)$ possède une filtration de longueur 1 , $H^2 = F^1 \supset F^2 \supset 0$, avec

$$F^1/F^2 = E_\infty^{11} = E_2^{11} \subset E_1^{11} = \mathrm{Ext}^1(F, Lu^*L_{G/S} \overset{L}{\otimes} I) \quad ,$$

$$F^2 = E_\infty^{2o} = E_2^{2o} \subset E_1^{2o}/\mathrm{Im}\, E_1^{1o} = \mathrm{Ext}^o(F^2, (\ell_G^\vee \overset{L}{\otimes} I)_{F^2})/\mathrm{Im}\, \mathrm{Ext}^o(F, Lu^*L_{G/S} \overset{L}{\otimes} I).$$

On laisse au lecteur le soin de vérifier les points suivants : l'image de $\omega(u,F',G')$ dans E_1^{11} est l'obstruction à prolonger u en un morphisme de schémas $u' : F' \longrightarrow G'$ (III 2.2.4) ; quand cette image est nulle, on a $\omega(u,F',G') \in F^2$, et l'image de $\omega(u,F',G')$ dans $E_1^{2o}/\mathrm{Im}\, E_1^{1o}$ est le défaut de multiplicativité d'un morphisme de schémas u' prolongeant u modulo l'arbitraire dans le choix de u' . Quand G est lisse, on retrouve la discussion de (SGA 3 III 2), où figurent d'ailleurs divers compléments intéressants, notamment le fait que le groupe de cohomologie de Hochschild $H^1(F, \underline{\underline{t}}_G \otimes I)$ [1] (qui est de façon naturelle un quotient de $H^1(BF/S, u^*\underline{\underline{\ell}}_G^\vee \overset{L}{\otimes} I)$) classifie les prolongements u' de u (en un morphisme de schémas en groupes) modulo conjugaison par un automorphisme intérieur de G' induisant l'identité sur S .

---

[1] $\overset{\mathrm{dfn}}{=} H^1([n] \longmapsto \Gamma(F^n, (t_G \otimes I)_{F^n}))$, où t_G est l'Algèbre de Lie de G sur laquelle F agit via u et l'opération adjointe de G .

Théorème 3.3.2. *Soient* F (resp. G') *un schéma en groupes plat localement de présentation finie sur* S (resp. S'), G *le groupe induit par* G' *sur* S , u : F $\longrightarrow$ G *un morphisme de schémas en groupes*, K *l'objet de* D(BF) *défini par le triangle distingué*

$$(*) \qquad \begin{array}{ccc} & u^*\underline{\underline{\ell}}^{\vee}_{G} & \\ \swarrow & & \nwarrow \\ K & \longrightarrow & \underline{\underline{\ell}}^{\vee}_{F} \end{array}$$

où la flèche oblique de droite est celle de fonctorialité.

(i) *Il existe une obstruction*

$$\omega(u,G') \in H^3(BF/S,\ K \overset{L}{\otimes} \varepsilon^*I)$$

dont l'annulation est nécessaire et suffisante pour l'existence d'un couple (F',u') *où* F' *est une déformation de* F *en un schéma en groupes plat sur* S' *et* u' : F' $\longrightarrow$ G' *un morphisme de schémas en groupes prolongeant* u .

(ii) *Quand* $\omega(u,G') = 0$, *l'ensemble des classes d'isomorphisme de solutions* (F',u') *est un torseur sous* $H^2(BF/S,\ K \overset{L}{\otimes} \varepsilon^*I)$, *et le groupe des automorphismes d'une solution donnée s'identifie à* $H^1(BF/S,\ K \overset{L}{\otimes} \varepsilon^*I)$.

Preuve. Il revient au même de se donner un couple (F',u') comme en (i) ou de déformer Ner(F) $\longrightarrow$ Ner(G) au-dessus de Ner(G') au sens de (1.2.4). On peut donc appliquer (III 2.1.7), et, combinant avec (1.1.2.3), (3.1.3.3 (ii)), on obtient le théorème.

Remarques 3.3.2.1. a) Prenant pour G' le groupe unité sur S', on retrouve (3.2.1 (i) et (ii)). On peut d'autre part, grâce à (III 2.1.7 (iii)), exprimer $\omega(u,G')$ comme cup-produit de e(i) avec une classe fondamentale ne dépendant que de (u,G',S $\longrightarrow$ T) (mais la formule n'a pas l'air simple).

b) Soient G', G'' des déformations de G en un schéma en groupes plat sur S', d'où, d'après (3.2.1 (ii)), un élément

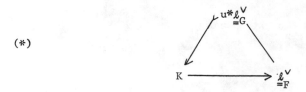

$cl(G') - cl(G'') \in H^2(BG/S, \underset{=G}{\ell}^{\vee} \overset{L}{\otimes} \varepsilon^*I)$. On peut montrer que $\omega(u,G') - \omega(u,G'')$ se déduit de $u^*(cl(G') - cl(G'')) \in H^2(BF/S, u^*\underset{=G}{\ell}^{\vee} \overset{L}{\otimes} \varepsilon^*I)$ par la flèche $H^2(BF/S, u^*\underset{=G}{\ell}^{\vee} \overset{L}{\otimes} \varepsilon^*I) \longrightarrow H^3(BF/S, K \overset{L}{\otimes} \varepsilon^*I)$ définie par la flèche de degré 1 du triangle (*).

c) Si u est une immersion fermée, il en est de même de u' pour toute solution (F',u') comme en (i). L'énoncé (3.3.2) s'applique donc aux problèmes de déformations de sous-groupes fermés.

d) On laisse au lecteur le soin d'étudier, comme en (3.2.2), la décomposition spectrale de $\omega(u,G')$, et de comparer avec la discussion de (SGA 3 III 4).

Théorème 3.3.3. Soient F' (resp. G) un schéma en groupes plat localement de présentation finie sur S' (resp. S), F le groupe induit par F' sur S , $u : F \longrightarrow G$ un morphisme de schémas en groupes.

(i) Il existe une obstruction

$$\omega(u,F') \in H^3(BG/BF, \underset{=G}{\ell}^{\vee} \overset{L}{\otimes} \varepsilon^*I)$$

dont l'annulation est nécessaire et suffisante pour l'existence d'un couple (G',u') où G' est une déformation de G en un schéma en groupes plat sur S' et $u' : F' \longrightarrow G'$ un morphisme de schémas en groupes prolongeant u .

(ii) Quand $\omega(u,F') = 0$, l'ensemble des solutions (G',u') est un torseur sous $H^2(BG/BF, \underset{=G}{\ell}^{\vee} \overset{L}{\otimes} \varepsilon^*I)$ et le groupe des automorphismes d'une solution donnée s'identifie à $H^1(BG/BF, \underset{=G}{\ell}^{\vee} \overset{L}{\otimes} \varepsilon^*I)$.

Preuve. La donnée d'un couple (G',u') comme en (i) équivaut à celle d'une déformation de Ner(G) en un schéma simplicial plat Y' sur S' et d'un prolongement de Ner(u) en un morphisme de schémas simpliciaux $Ner(F') \longrightarrow Y'$. On peut donc appliquer (III 2.3.2), d'où le théorème découle grâce à (1.1.2.3) et (3.1.3.2) (ou plus exactement de la variante suivante de (3.1.3.2) :

$$\mathrm{RHom}(\mathrm{Ner}(G)/\mathrm{Ner}(F)\ ;\ L_{\mathrm{Ner}(G)/S}, \mathrm{ner}(M)) = R\Gamma(BG/BF, \underline{\underline{\ell}}_G^{\vee} \overset{L}{\otimes} M)\quad [1]\ )\quad .$$

Les détails sont laissés au lecteur .

Remarques 3.3.3.1. a) Si u est un épimorphisme (pour fpqc), il en est de même de u' pour toute solution (G',u'). L'énoncé (3.3.3) s'applique donc aux problèmes de déformations de groupes quotients. Il s'applique aussi, d'après (3.3.2.1 a)) aux problèmes de prolongements de plongements (à ce titre, la variante commutative de (3.3.3) que nous verrons plus bas est plus intéressante).

b) D'après (III 2.3.4) , $\omega(u,F')$ peut s'écrire comme cup-produit de e(i) par une classe fondamentale dépendant fonctoriellement de (u,F', $S \longrightarrow T$). D'où la fonctorialité de $\omega(u,F')$ par rapport aux données.

4. Déformations de schémas en modules.

4.1. Complexes de Lie et de co-Lie d'un schéma en modules.

Proposition 4.1.1. *Soient S un schéma, G un schéma en groupes* commutatifs, *plat et localement de présentation finie sur S . Notons* $p : BG \longrightarrow S_{fpqc}$ *la projection canonique. Il existe un isomorphisme canonique, fonctoriel de* D(BG) :

$$\underline{\underline{\ell}}_G = p^*L\,\varepsilon^*\ell_G$$

(les notations étant celles de (3.1.1.1) *et* (3.1.2.1)).

La preuve s'appuiera sur les deux lemmes ci-après :

Lemme 4.1.1.1. *Soient T un topos,* $\mathcal{O}$ *un Anneau de T , $F \longrightarrow G$ un morphisme d'objets en monoïdes de T , Y un G-objet de T , X le F-objet déduit par restriction, d'où un carré commutatif*

$$\begin{array}{ccc} BF_{/X} & \xrightarrow{\ v\ } & BG_{/Y} \\ {\scriptstyle f}\big\downarrow & & \big\downarrow{\scriptstyle g} \\ BF & \xrightarrow{\ u\ } & BG \end{array} ,$$

où les flèches verticales sont les morphismes de localisation. Alors, pour $M \in \mathrm{ob}\, D^+(BG_{/Y})$, *la flèche de changement de base*

$$u^*Rg_*M \longrightarrow Rf_*v^*M$$

est un isomorphisme.

Preuve. Il suffit de montrer que la flèche qui s'en déduit après oubli de l'action de F est un isomorphisme, autrement dit on peut supposer que F est le monoïde unité. L'assertion résulte alors du fait que les Modules injectifs de $BG_{/Y}$ sont injectifs en tant que Modules sur Y (VI 8.2.7).

Lemme 4.1.1.2. *Soient* T *un topos,* $\mathcal{O}$ *un Anneau de* T, G *un Groupe commutatif de* T, *d'où un carré commutatif*

$$(*) \qquad \begin{array}{ccc} B(G \times G) & \xrightarrow{\ q\ } & BG \\ {\scriptstyle p}\big\downarrow & & \big\downarrow{\scriptstyle f} \\ BG & \xrightarrow{\ f\ } & T \end{array} ,$$

où p (resp. q) *est induit par* $pr_1 : G \times G \longrightarrow G$ (resp. *l'addition* $G \times G \longrightarrow G$) *et* f *est la projection canonique. Alors, pour* $M \in \mathrm{ob}\, D^+(BG)$, *la flèche de changement de base*

$$f^*Rf_*M \longrightarrow Rp_*q^*M$$

est un isomorphisme.

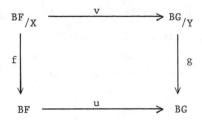

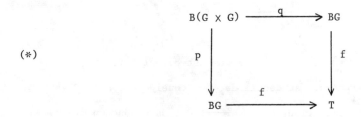

Preuve. Il suffit de montrer que la flèche qui s'en déduit par oubli de l'action de G est un isomorphisme. Or le carré commutatif

$$(**) \qquad \begin{array}{ccc} BG & \xrightarrow{g} & B(G \times G) \\ {\scriptstyle f}\downarrow & & \downarrow{\scriptstyle p} \\ T & \xrightarrow{e} & BG \end{array} \quad ,$$

où e (resp. g) est donné par la section nulle de G (resp. $G \longrightarrow G \times G$, $x \longmapsto (x,0)$), s'identifie au carré 2-cartésien défini par p et le morphisme de localisation $T \xleftarrow{\approx} BG_{/G} \longrightarrow BG$ (SGA 4 IV 5.8), et par suite, pour tout $L \in \mathrm{ob}\, D^+(B(G \times G))$, la flèche de changement de base

$$e^*Rp_*L \longrightarrow Rf_*g^*L$$

est un isomorphisme. Le lemme en découle, vu que le composé de (*) et (**) est le carré

$$\begin{array}{ccc} BG & \xrightarrow{Id} & BG \\ {\scriptstyle f}\downarrow & & \downarrow{\scriptstyle f} \\ T & \xrightarrow{Id} & T \end{array} \quad .$$

Preuve de 4.1.1. (d'après P. Deligne). Comme G est commutatif, G, considéré comme $(G \times G^o)$-schéma, se déduit de G, considéré comme G^o-schéma, par restriction via la multiplication $G \times G^o \longrightarrow G$. On a donc un diagramme commutatif

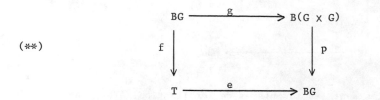

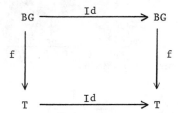

$$\begin{array}{ccc}
B(G \times G^{o})_{/G} & \xrightarrow{\quad v \quad} & BG^{o}{}_{/G} \\
{\scriptstyle h}\downarrow & & \downarrow{\scriptstyle g} \\
B(G \times G^{o}) & \xrightarrow{\quad u \quad} & BG^{o} \\
{\scriptstyle p_1}\downarrow & & \downarrow{\scriptstyle p} \\
BG & \xrightarrow{\quad p \quad} & S_{fpqc}
\end{array} \quad ,$$

où le carré supérieur est du type (4.1.1.1) (avec u donné par la multiplication $G \times G \longrightarrow G$, et le carré inférieur du type (4.1.1.2). Le composé pg (resp. p_1h) est le morphisme noté f^{G^o} dans (3.1.1.2) (resp. (3.1.2.1)). On a par suite des isomorphismes canoniques fonctoriels

$$\begin{array}{lll}
\underline{\underline{\ell}}_G & = Rp_{1*}Rh_*L^{G \times G^o}_{G/S_o} & (3.1.2.1) \\
 & = Rp_{1*}Rh_*v^*L^{G^o}_{G/S} & (2.2.6.1) \\
 & = p^*Rp_*Rg_*L^{G^o}_{G/S} & ((4.1.1.1) \text{ et } (4.1.1.2)) \\
 & = p^*f^{G^o}_*L^{G^o}_{G/S} & \\
 & = p^*L\varepsilon^*\ell_G & ((3.1.1.2) \text{ et } (2.4.2.5)),
\end{array}$$

ce qui démontre la proposition.

<u>Scholie</u> 4.1.1.3. L'énoncé (4.1.1) généralise le fait que l'opération adjointe de G sur $\omega^1_{G/S}$ est triviale quand G est commutatif. Tenant compte de (3.1.2.6), on en déduit que, sous les hypothèses de (4.1.1), si Y est un schéma sur S et X un G_Y-torseur, on a un isomorphisme canonique

$$\ell_{X/Y} = Lg^*\ell_G \quad ,$$

où $g : Y \longrightarrow S$ est la projection.

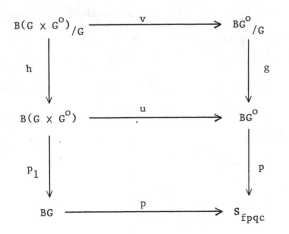

4.1.2. Soient, comme en (2.4.5 a)), S un n-diagramme de schémas et G un objet en groupes de $\mathrm{Top}^{o}(S_{fpqc})$ dont chaque sommet est représentable par un schéma plat et localement de présentation finie (nous dirons en abrégé que G est un schéma en groupes plat localement de présentation finie sur S) . On dispose du complexe de co-Lie, $\ell_G \in \mathrm{ob}\ D^{[-1,0]}(S_{zar})$, dont la connaissance permet de récupérer le complexe cotangent $L_{G/S}$ grâce à l'isomorphisme canonique (2.4.2.8)

(4.1.2.1) $$L_{G/S} = f^{*}\ell_G \quad ,$$

où $f : G \longrightarrow S$ est la projection. Nous poserons

(4.1.2.2) $$\underline{\ell}_G = L\,\varepsilon^{*}\ell_G \quad ,$$

de sorte que (4.1.2.1) fournit un isomorphisme canonique

(4.1.2.1)' $$L\,\varepsilon^{*}L_{G/S} = f^{*}\underline{\ell}_G \quad .$$

Nous poserons d'autre part (cf. (VI 7.3))

(4.1.2.3) $$\underline{\ell}_G^{!} = \underline{\mathrm{RHom}}^{!}(\underline{\ell}_G,\mathcal{O}) \in \mathrm{ob}\ D^{[0,1]}(\mathrm{Top}^{o}(S_{fpqc})) \quad .$$

Sur chaque sommet G_α de G, $\underline{\ell}_G^{!}$ induit le complexe de Lie de G_α . Comme $\underline{\ell}_G$ est d'amplitude parfaite finie sur chaque sommet, il découle de (SGA 6 I 7.7) qu'on a, pour $M \in \mathrm{ob}\ D^{+}(\mathrm{Top}^{o}(S_{fpqc}))$, un isomorphisme canonique fonctoriel

(4.1.2.4) $$\underline{\mathrm{RHom}}^{!}(\underline{\ell}_G,M) = \underline{\ell}_G^{!} \overset{L}{\otimes} M$$ ([1]).

([1]) Pour $L \in \mathrm{ob}\ D^{-}(\mathrm{Top}(S_{fpqc}))$, on définit une flèche fonctorielle

(*) $$\underline{\mathrm{RHom}}^{!}(L,M) \longleftarrow \underline{\mathrm{RHom}}^{!}(L,\mathcal{O}) \overset{L}{\otimes} M$$

par dérivation de la flèche canonique évidente

$$\underline{\mathrm{Hom}}^{!}(L,M) \longleftarrow \underline{\mathrm{Hom}}^{!}(L,\mathcal{O}) \otimes M$$

(résoudre L par un complexe le Modules plats et M par un complexe de Modules injectifs sur chaque sommet). La flèche (*) est un isomorphisme dès que L est d'amplitude parfaite finie sur chaque sommet : cela résulte de (SGA 6 I 7.7) et de la compatibilité de $\underline{\mathrm{RHom}}^{!}$ à la restriction aux sommets.

Proposition 4.1.3. *Soient* S *un n-diagramme de schémas,* G *un schéma en groupes commutatifs plat localement de présentation finie sur* S *(au sens de* (4.1.2)). *Notons* $S\langle 1\rangle$ *le* (n+1)-*diagramme défini par l'objet simplicial trivial de valeur* S , *et* $X \longmapsto X\langle 1\rangle$ *le foncteur* Ner (9.3.2.1) *de la catégorie des groupes abéliens* (resp. *Modules*) *de* $\mathrm{Top}^{\circ}(S_{fpqc})$ *dans celle des groupes abéliens* (resp. *Modules*) *de* $\mathrm{Top}^{\circ}(S\langle 1\rangle_{fpqc})$. *On a un isomorphisme de* $D(\mathrm{Top}^{\circ}(S\langle 1\rangle_{fpqc}))$:

$$\ell^{!}_{G\langle 1\rangle} \simeq (\ell^{!}_{G})\langle 1\rangle \quad .$$

Preuve. Induisant le triangle (3.1.3.1) sur $S\langle 1\rangle$ par la section nulle $S\langle 1\rangle \longrightarrow G\langle 1\rangle = \mathrm{Ner}(G)$, et tenant compte de (4.1.1) ([1]), on obtient un triangle distingué

(*)

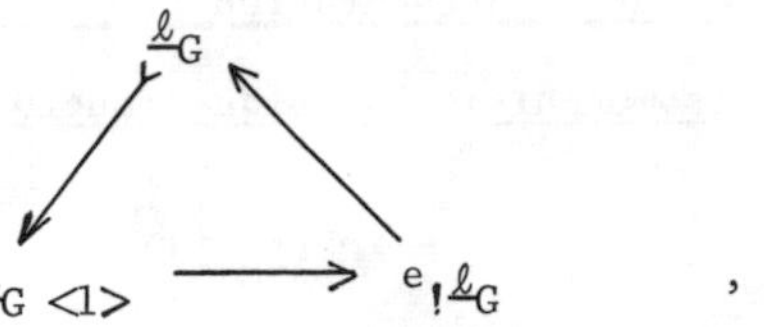

où la flèche oblique de droite est la flèche d'adjonction relative à $e : S \hookrightarrow S\langle 1\rangle$, le sommet supérieur du triangle désignant l'objet constant de $D(\mathrm{Top}(S\langle 1\rangle_{fpqc}))$ défini par $\ell_G \in \mathrm{ob}\, D(\mathrm{Top}(S_{fpqc}))$. Par application du foncteur $\underline{\mathrm{RHom}}^{!}(-,\mathcal{O})$, (*) fournit, grâce à (VI 7.5), un triangle distingué

(**)

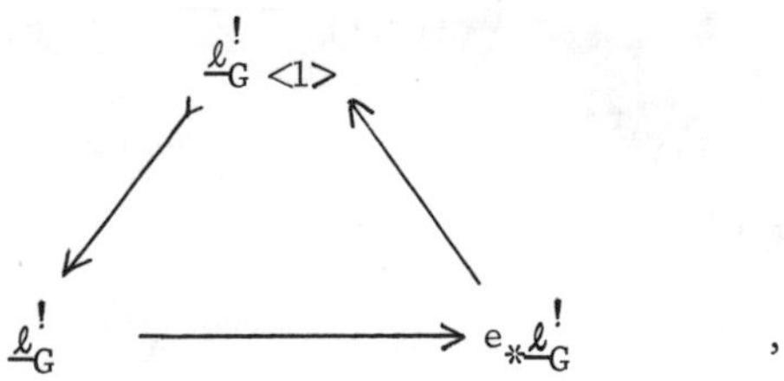

où la flèche horizontale est la flèche d'adjonction. Or, pour tout Module M de $\mathrm{Top}^{\circ}(S_{fpqc})$, $e_{*}M$ s'identifie au cône de M (noté γM dans (I 3.2.1.4)),

---

([1]) (3.1.3.1) et (4.1.1) s'étendent trivialement, mutatis mutandis, au cas où la base S est un n-diagramme.

et la flèche d'adjonction $M \longrightarrow e_* M$ s'insère dans la suite exacte canonique (I 3.2.1.5)

$$0 \longrightarrow M \longrightarrow e_* M \longrightarrow M \langle 1 \rangle \longrightarrow 0 \quad .$$

La proposition en découle aussitôt, compte tenu de l'unicité à isomorphisme près du troisième sommet d'un triangle distingué construit sur une base donnée.

Corollaire 4.1.3.1. Soient S un schéma, G un schéma en groupes commutatifs, plat et localement de présentation finie sur S. Notons $C.(S(1))$ le diagramme constant de type $C.(S_1)$ de valeur S (VI 11.2.2, 11.2.3), et $C.(-1))$ le foncteur (VI 11.3.3.17) de la catégorie des faisceaux abéliens (resp. $\mathcal{O}$-Modules) sur S_{fpqc} dans celle des faisceaux abéliens (resp. $\mathcal{O}$-Modules) de $Top^{o}(C.(S(1))_{fpqc})$ (en particulier, $C.(G(1))$ est un schéma en groupes commutatifs, plat et localement de présentation finie sur $C.(S(1))$ au sens de (4.1.2)). On a alors un isomorphisme canonique fonctoriel de $D(Top^{o}(C.(S(1))_{fpqc}))$:

$$\ell^{!}_{C.(G(1))} = C.(\ell^{\vee}_{G}(1)) \quad .$$

Preuve. Tout revient à prouver que $\ell^{!}_{C.(G(1))}$ est dans l'image essentielle de $D^{-}(S_{fpqc})$ par le foncteur $C.(-(1))$ (VI 11.3.3.17). En effet, s'il en est ainsi, on a un isomorphisme canonique fonctoriel donné par la flèche d'adjonction (VI 11.2.3, 11.3.3.13)

$$\ell^{!}_{C.(G(1))} \xrightarrow{\sim} C.(L(1)),$$

où $L = \int \Delta^{2}(\ell^{!}_{C.(G(1))})^{red}(-1)$, et il en résulte que L s'identifie (canoniquement et fonctoriellement) à $\ell^{\vee}_{G}$ (la formation de $\ell^{!}$ commutant à la restriction aux sommets). Pour prouver que $\ell^{!}_{C.(G(1))}$ appartient à l'image essentielle de $C.(-1))$, on doit vérifier, d'après (VI 11.3.3.15), que les $H^{i}((\ell^{!}_{C.(G(1))})^{red}(-1))$ sont essentiellement constants, ce qui signifie que :

(i) pour toute flèche $u : [m] \longmapsto [n]$ de Δ^{o}, la flèche correspondante $\underline{\ell}^{!}_{C_m}(G(1)) \longrightarrow u^{*}\underline{\ell}^{!}_{C_n}(G(1))$ est un isomorphisme ;

(ii) pour tout $n \in \mathbb{N}$ et tout $i \in \mathbb{Z}$, $H^{i}((\underline{\ell}^{!}_{G}\langle n\rangle)^{red}(\Sigma_1^n - 1_i))$ (VI 9.1.7) est essentiellement constant.

Or le point (i) découle du fait que le carré défini par u

$$\begin{array}{ccc} C_m(G(1)) & \longrightarrow & C_n(G(1)) \\ \downarrow & & \downarrow \\ C_m(S(1)) & \longrightarrow & C_n(S(1)) \end{array}$$

est cartésien (conséquence de (VI 9.3.3.3) et de la définition de C.(-) (VI 11.1.2.3)) et de la compatibilité du complexe de co-Lie au changement de base. On déduit d'autre part de (4.1.3), par récurrence sur n , un isomorphisme de $D(Top^{o}(S\langle n\rangle))$:

$$\underline{\ell}^{!}_{G}\langle n\rangle \xrightarrow{\sim} (\underline{\ell}^{\vee}_{G})\langle n\rangle ,$$

d'où (ii), ce qui achève la démonstration de (4.1.3.1).

4.1.4. Soient S un schéma, A un schéma en anneaux (associatifs et unitaires) au-dessus de S , G un schéma en A-modules plat et localement de présentation finie sur S (i.e. un A-Module de $S^{\sim}_{fpqc}$ représentable par un schéma plat et localement de présentation finie sur S) (1) . Rappelons (VI 11.5.2, 11.5.3) qu'est associé à G un faisceau abélien C.(G(1)) de BA, d'où un faisceau abélien $ner^{o}(C.(G(1))) = Ner(C.(A(1)^{\times}), C.(G(1)))$ de $Top^{o}(Ner(C.(A(1)^{\times}), C.(S(1))_{fpqc}$, i.e., dans la terminologie de (4.1.2), un schéma en groupes

(1) Pour les applications de notre théorie aux questions de classification de groupes de Barsotti-Tate [9], on a seulement besoin du cas où A est le schéma en Anneaux constant défini par $\mathbb{Z}$ ou $\mathbb{Z}/n\mathbb{Z}$. Mais d'autres cas pourraient être intéressants, par exemple $A = \mathbb{Z}[\Gamma]_S$, où Γ est un monoïde discret, $A = \underline{\underline{W}}_S$, le schéma de Witt universel sur S [16].

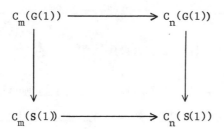

commutatifs, plat et localement de présentation finie sur $Ner(C.(A(1)^{\times}), C.(S(1)))$. On dispose par suite de

$$\underline{\ell}^{!}_{Ner(C.(A(1)^{\times}),C.(G(1)))} \in \text{ob } D^{[0,1]}(Top^{o}(Ner(C.(A(1)^{\times}), C.(1))_{fpqc})) \quad .$$

<u>Proposition</u> 4.1.4.1. <u>Il existe un isomorphisme canonique fonctoriel</u>

$$\underline{\ell}^{!}_{Ner(C.(A(1)^{\times}),C.(G(1))} = ner^{o}(C.({}_{A}\underline{\ell}^{\vee}_{G}(1))) \quad , \quad (^{1})$$

<u>où</u> ${}_{A}\underline{\ell}^{\vee}_{G}$ <u>est un objet de</u> $D^{[0,1]}(A \overset{L}{\otimes}_{\mathbb{Z}} \mathcal{G})$, <u>unique à isomorphisme unique près, dépendant fonctoriellement du couple</u> (A,G), <u>et dont l'objet de</u> $D^{[0,1]}(S_{fpqc})$ <u>déduit par restriction des scalaires s'identifie canoniquement à</u> $\underline{\ell}^{\vee}_{G}$.

<u>Preuve</u>. Comme par construction $Dec_1(Ner(C.(A(1)^{\times}), C.(G(1))))$ est cartésien au-dessus de $Dec_1(Ner(C.(A(1)^{\times}), C.(S(1)))$ (VI 8.1.6), la compatibilité de $\underline{\ell}^{!}$ an changement de base implique que $Dec_1(\underline{\ell}^{!}_{Ner(C.(A(1)^{\times}), C.(G(1)))})$ est quasi-cartésien (i.e. a ses faisceaux d'homologie cartésiens) au-dessus de $Dec_1 Ner(C.(A(1)^{\times}), C.(S(1)))$. D'après (VI 8.4.2.1), cela entraîne que $\underline{\ell}^{!}_{Ner(C.(A(1)^{\times}), C.(G(1)))}$ est dans l'image essentielle du foncteur $ner^{o} : D^{b}(BA) \longrightarrow D^{b}(Top^{o}(Ner(C(A(1)^{\times}),C.(S(1)))_{fpqc}))$, i.e. qu'il existe un objet L de $D^{b}(BA)$, unique à isomorphisme unique près, tel que

$$(*) \qquad \underline{\ell}^{!}_{Ner(C.(A(1)^{\times}),C.(G(1)))} = ner^{o}(L) \quad .$$

L'objet de $D^{b}(Top^{o}(C.(S(1))_{fpqc}))$ déduit de L par oubli de l'action de $C.(A(1)^{\times})$ s'identifie à $\underline{\ell}^{!}_{C.(G(1))}$, qui, d'après (4.1.3.1), est dans l'image essentielle de $D^{[0,1]}(S_{fpqc})$ par le foncteur $C.(-(1))$. Il en résulte, d'après (VI 11.5.2.4), qu'on a un isomorphisme canonique

$$(**) \qquad L = C.({}_{A}\underline{\ell}^{\vee}_{G}(1)) \quad ,$$

---

(1) Dans le membre de droite, $C.(-(1))$ désigne le foncteur (VI 11.5.2.1).

où ${}_A\ell_G^\vee$ est un objet de $D^{[0,1]}(A \overset{L}{\otimes}_{\mathbb{Z}} \mathbb{Q})$ déterminé à isomorphisme unique près, et dont l'objet de $D^{[0,1]}(S_{fpqc})$ déduit par restriction des scalaires s'identifie canoniquement à $L \varepsilon \, {}^*\ell_G^\vee = \ell_G^\vee$. La propositon découle donc de la conjonction de (*) et (**) (la dépendance fonctorielle de ${}_A\ell_G^\vee \in \text{ob } D^{[0,1]}(A \overset{L}{\otimes}_{\mathbb{Z}} \mathbb{Q})$ et de (*), (**) par rapport au couple (A,G) est immédiate).

<u>Remarques</u> 4.1.5 a) Si $A' \longrightarrow A$ est un morphisme de schémas en anneaux sur S , la flèche canonique de $D(A' \overset{L}{\otimes}_{\mathbb{Z}} \mathbb{Q})$

$$ {}_{A'}\ell_G^\vee \longrightarrow {}_A\ell_G^\vee $$

est un isomorphisme (en effet, la compatiblité de ℓ au changement de base implique que $\ell^!_{\mathrm{Ner}(C.(A'(1)^\times),\, C.(G(1))} \longrightarrow \ell^!_{\mathrm{Ner}(C.(A(1)^\times),\, C.(G(1))}$ est un isomorphisme). Aussi nous permettrons-nous parfois d'omettre A de la notation ${}_A\ell_G^\vee$.

b) Pour $M \in \text{ob } D^-(S_{fpqc})$, on a, d'après (VI 11.5.2.5), un isomorphisme canonique fonctoriel

$$ (4.1.5.1) \qquad \ell^!_{\mathrm{Ner}(C.(A(1)^\times),C.(G.(1)))} \overset{L}{\otimes} M = \mathrm{ner}^o(C.({}_A\ell_G^\vee \overset{L}{\otimes}_{\mathbb{Q}} M(1))) \ . $$

où, dans le membre de gauche, M désigne encore l'objet de $D(\mathrm{Top}^o(\mathrm{Ner}(C.(A(1)^\times), C.(S(1)))_{fpqc}))$ induit par la projection $\mathrm{Ner}(\ldots) \longrightarrow S$.

c) Soit

$$ (*) \qquad 0 \longrightarrow E \longrightarrow F \longrightarrow G \longrightarrow 0 $$

une suite exacte de schémas en A-Modules plats et localement de présentation finie sur S . On a alors un triangle distingué canonique de $D(N\mathbb{Z}^{st}(A) \otimes_{\mathbb{Z}} \mathbb{Q}$ ([1]) :

([1]) Les sommets et les flèches de degré 0 de (4.1.5.2) appartiennent à $D^{[0,1]}(A \overset{L}{\otimes}_{\mathbb{Z}} \mathbb{Q})$ ($\xleftarrow{\approx} D^{[0,1]}(N\mathbb{Z}^{st}(A) \otimes_{\mathbb{Z}} \mathbb{Q})$ (VI 11.4.1.8)). De plus, le triangle de $D(\mathbb{Q})$ déduit par restriction des scalaires s'identifie à (3.1.1.5).

(4.1.5.2)
$$\begin{array}{ccc} & {}_{A}\ell_G^{\vee} & \\ \swarrow & & \nwarrow \\ {}_{A}\ell_E^{\vee} & \longrightarrow & {}_{A}\ell_F^{\vee} \end{array} ,$$

où les flèches de degré 0 sont les flèches de fonctorialité. En effet, la suite (*) fournit, par application du foncteur $\mathrm{Ner}(C(A(1)^{\times}), C.(-(1)))$, une suite exacte de schémas en groupes commutatifs, plats et localement de présentation finie sur $\mathrm{Ner}(C.(A(1)^{\times}), C.(S(1)))$. Utilisant la variante (4.1.2) de (3.1.1.5), on obtient un triangle distingué de $D(BA)$, qui, par application du foncteur $N\int\Delta^2\,(-)^{red}(-1) : D(BA) \longrightarrow D(N\mathbb{Z}^{st}(A)\otimes_{\mathbb{Z}}\mathcal{O})$ (VI 11.3.5, 11.5.1.3') donne le triangle (5.1.5.2).

d) On définit

(4.1.5.3)
$$ {}_{A}\ell_G = \underline{\mathrm{RHom}}({}_{A}\ell_G^{\vee}, \mathcal{O}) \in \mathrm{ob}\ D^{[-1,0]}(A \overset{L}{\otimes}_{\mathbb{Z}} \mathcal{O}) ,$$

où $\underline{\mathrm{RHom}} : D^{-}(A \overset{L}{\otimes}_{\mathbb{Z}} \mathcal{O})^{o} \times D^{+}(\mathcal{O}) \longrightarrow D^{+}(A \overset{L}{\otimes}_{\mathbb{Z}} \mathcal{O})$ est le foncteur défini en (VI 10.3.22) relatif à la flèche canonique $\mathcal{O} \longrightarrow A \overset{L}{\otimes}_{\mathbb{Z}} \mathcal{O}$. Utilisant que l'objet de $D(S_{fpqc})$ déduit de ${}_{A}\ell_G^{\vee}$ par restriction des scalaires est d'amplitude parfaite $\subset [0,1]$, on prouve sans peine qu'on a un isomorphisme canonique fonctoriel

(4.1.5.4)
$$ {}_{A}\ell_G^{\vee} = \underline{\mathrm{RHom}}({}_{A}\ell_G , \mathcal{O}) ,$$

ce qui justifie la notation ${}_{A}\ell_G^{\vee}$. Bien entendu, l'objet de $D(S_{fpqc})$ déduit de ${}_{A}\ell_G$ par restriction des scalaires s'identifie au complexe de co-Lie ℓ_G.

e) (<u>Erratum à</u> ([11]). Dans ([11] § 5, passim), lire $A \overset{L}{\otimes}_{\mathbb{Z}} \mathcal{O}_S$ au lieu de $A \otimes_{\mathbb{Z}} \mathcal{O}_S$ (ou supposer $\mathrm{Tor}_1^{\mathbb{Z}}(A,\mathcal{O}) = 0$ ...).

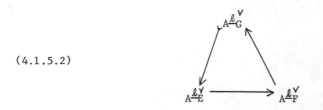

Proposition 4.1.6. *Soit* $u : F \longrightarrow G$ *un morphisme de schémas en A-Modules, plats et localement de présentation finie sur* S . *Soient* $C(u) = (0 \longrightarrow F \xrightarrow{u} G \longrightarrow 0)$ *le cône de* u, K *l'objet de* $D(A \overset{L}{\otimes}_{\mathbb{Z}} \mathcal{O})$ *défini par le triangle distingué*

$$\begin{array}{ccc} & \check{\ell}_G & \\ \swarrow & & \nwarrow \\ K & \longrightarrow & \check{\ell}_F \end{array}$$

où la flèche oblique de droite est celle de fonctorialité. Posons pour abréger $Ner(C.(A(1)^{\times}),C.(-1))) = N(A,-)$, *et notons* $p : N(A,F) \longrightarrow N(A,S)$, $q : N(A,G) \longrightarrow N(A,S)$ *les projections canoniques. Alors, pour* $M \in \text{ob}\, D^b(S_{fpqc})$, *il existe des isomorphismes canoniques fonctoriels* :

(i) $\mathrm{RHom}(u^*L\varepsilon^*L_{N(A,G)/N(A,S)}, p^*M) = \mathrm{RHom}_A(F, \check{\ell}_G \overset{L}{\otimes}_{\mathcal{O}} M)$ [1].

(ii) $\mathrm{RHom}(L\varepsilon^*L_{N(A,F)/N(A,G)}, p^*M) = \mathrm{RHom}_A(F, K \overset{L}{\otimes}_{\mathcal{O}} M)$ [2].

(iii) $\mathrm{RHom}(Top(N(A,G))/Top(N(A,F)); L\,\varepsilon^*L_{N(A,G)/N(A,S)}, q^*M)$
$= \mathrm{RHom}_A(C(u), \check{\ell}_G \overset{L}{\otimes}_{\mathcal{O}} M)$.

---

(1) Dans le membre de gauche, on a écrit u au lieu de $N(A,u)$ pour abréger, et M désigne l'objet de $D(Top(N(A,S)_{fpqc}))$ induit par M par la projection canonique. Pour la définition du $\overset{L}{\otimes}$ dans le membre de droite, voir (VI 10.3.21, 11.5.2.5).

(2) La définition de K n'étant pas fonctorielle, on a ici seulement une fonctorialité en M pour u (et K) fixés. Observer d'autre part que, si u est fidèlement plat, de noyau E , on peut prendre $K = \check{\ell}_E$ d'après (4.1.5 c)).

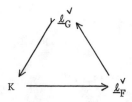

Preuve. Nous nous bornerons à établir (i), laissant (ii) et (iii), qui sont analogues, en exercice au lecteur [1]. L'isomorphisme (i) résulte des isomorphismes canoniques fonctoriels suivants :

$$\begin{aligned}
&\mathrm{RHom}(u^*L\varepsilon^*L_{N(A,G)/N(A,S)}, p^*M) \\
&= \mathrm{R}\Gamma(\mathrm{Top}^{\circ}(N(A,G)), \underline{\mathrm{RHom}}^{!}(u^*L\varepsilon^*L_{N(A,G)/N(A,S)}, p^*M)) && \text{(VI 7.4)} \\
&= \mathrm{R}\Gamma(\mathrm{Top}^{\circ}(N(A,G)), \underline{\mathrm{RHom}}^{!}(p^*\underline{\ell}_{N(A,G)}, p^*M)) && \text{(4.1.2.1)'} \\
&= \mathrm{R}\Gamma(\mathrm{Top}^{\circ}(N(A,G)), p^*\underline{\mathrm{RHom}}^{!}(\underline{\ell}_{N(A,G)}, M)) && \text{(VI 7.2)} \\
&= \mathrm{R}\Gamma(\mathrm{Top}^{\circ}(N(A,G)), p^*(\underline{\ell}^{!}_{N(A,G)} \overset{L}{\otimes} M)) && \text{(4.1.2.4)} \\
&= \mathrm{R}\Gamma(\mathrm{Top}^{\circ}(N(A,G)), p^*\mathrm{ner}^{\circ}(C.(\underline{\ell}^{\vee}_{G} \overset{L}{\underline{\otimes}}_{\mathcal{O}} M(1)))) && \text{(4.1.5.1)} \\
&= \mathrm{RHom}_{A}(G, \underline{\ell}^{\vee}_{G} \overset{L}{\otimes}_{\mathcal{O}} M) && \text{(VI 11.5.3.9)} .
\end{aligned}$$

4.2. Déformations de schémas en modules.

4.2.0. Les résultats de ce numéro paraphrasent, dans le cas des schémas en modules, ceux des n°s (3.2) et (3.3). On fixe un morphisme de schémas $f : S \longrightarrow T$ et une T-extension i de S par un Module quasi-cohérent I :

$$\begin{array}{ccc}
S & \overset{i}{\hookrightarrow} & S' \\
{\scriptstyle f}\downarrow & \swarrow {\scriptstyle f'} & \\
T & &
\end{array} .$$

On note $e(i) \in \mathrm{Ext}^1(L_{S/T}, I)$ la classe de i . On fixe d'autre part un schéma en anneaux A sur T , qu'on suppose, en tant que schéma sur T , tor-indépendant de S et S' (SGA 6 III 1.5). Si X est un schéma sur T , on notera A_X , parfois simplement A, le schéma en anneaux induit par A sur X . Enfin,

[1] Pour (iii), utiliser (VI 11.5.3.10).

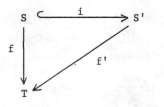

on utilisera la notation abrégée N(A,-) de (4.1.6).

Théorème 4.2.1. Soit G un schéma en A-Modules au-dessus de S , plat et localement de présentation finie.

(i) Il existe une obstruction

$$\omega(G,i) \in \mathrm{Ext}^2_A(G, \underline{\ell}^{\vee}_G \overset{L}{\otimes}_{\mathcal{O}} \varepsilon^* I)$$

dont l'annulation est nécessaire et suffisante pour l'existence d'une déformation de G en un schéma en A-modules G' plat au-dessus de S' .

(ii) Quand $\omega(G,i) = 0$, l'ensemble des classes d'isomorphie de telles déformations G' est un torseur sous $\mathrm{Ext}^1_A(G, \underline{\ell}^{\vee}_G \overset{L}{\otimes}_{\mathcal{O}} \varepsilon^* I)$, et le groupe des automorphismes d'une déformation donnée s'identifie à $\mathrm{Ext}^0_A(G, \underline{\ell}^{\vee}_G \overset{L}{\otimes}_{\mathcal{O}} \varepsilon^* I)$.

(iii) Il existe un classe canonique, dépendant fonctoriellement de (A,G ⟶ S ⟶ T),

$$c(A,G/S/T) \in \mathrm{Ext}^1_A(G, \underline{\ell}^{\vee}_G \overset{L}{\otimes}_{\mathcal{O}} t_{[}^{L} \varepsilon^* L_{S/T}) ,$$

telle qu'on ait

$$\omega(G,i) = e(i)c(A,G/S/T) .$$

Preuve. Compte tenu de (VI 11.2.5.2) et (1.2.4.1), il revient au même de déformer G en un schéma en A-modules G' plat au-dessus de S' ou de déformer N(A,G) ⟶ N(A,S) au-dessus de N(A,S') au sens de (1.2.4) (l'hypothèse de tor-indépendance de (4.2.0) implique que N(A,S') est une déformation de N(A,S)). On peut donc appliquer (III 2.1.7), et le théorème découle de (1.1.2.3), (4.1.6 (i)).

Remarques 4.2.2 a) La formule de (iii) montre en particulier que l'image de $\omega(G,i)$ dans $\mathrm{Ext}^1_{\mathbb{Z}}(G, \underline{\ell}^{\vee}_G \overset{L}{\otimes}_{\mathcal{O}} \varepsilon^* I)$ par la flèche de restriction est l'obstruction à déformer G comme schéma en groupes commutatifs plat au-dessus de S' .

b) Pour $M \in \text{ob } D^+(S_{fpqc}, \mathbb{Z})$, on a une flèche canonique fonctorielle

(4.2.2.1) $$\mathrm{RHom}_{\mathbb{Z}}(G,M) \longrightarrow R\Gamma(BG/S,M)[1] \quad ,$$

où, à droite, M désigne encore l'objet induit par M par la projection canonique $BG \longrightarrow S_{fpqc}$. Cette flèche s'obtient en appliquant $\mathrm{RHom}(-,M)$ à la flèche canonique $N\mathbb{Z}(G\langle 1\rangle)^{red}[-1] \longrightarrow G$ ([1]), et en identifiant $R\Gamma(BG/S,M)$ à $\mathrm{RHom}(\mathbb{Z}(\mathrm{Ner}(G))/\mathbb{Z}, M)$ (VI 8.4.2.2). Notant que $G\langle 1\rangle = \mathrm{Ner}(G)$ est un sous-diagramme de $N(A,G)$, et utilisant la fonctorialité des obstructions, on trouve que l'image de $\omega(G,i)$ dans $H^3(BG/S, \underline{\ell}_G^\vee \overset{L}{\otimes}_{\mathcal{O}} \varepsilon^* I)(= H^3(BG/S, \underline{\ell}_{\underline{\underline{G}}}^\vee \overset{L}{\otimes} \varepsilon^* I)$ d'après (4.1.1)) par la flèche composée de la restriction et de (4.2.2.1) est l'obstruction à déformer G comme schéma en groupes (non nécessairement commutatifs) plat au-dessus de S' (3.2.1). Il serait intéressant de faire intervenir la structure A-linéaire de G dans une discussion par morceaux analogue à (3.2.2).

<u>Théorème</u> 4.2.3. <u>Soient</u> F' (resp. G') <u>un schéma en</u> A-<u>modules au-dessus de</u> S', <u>plat et localement de présentation finie</u>, F (resp. G) <u>le schéma en</u> A-<u>modules induit sur</u> S , $u : F \longrightarrow G$ <u>un morphisme de schémas en</u> A-<u>modules</u>.

(i) <u>Il existe une obstruction</u>, <u>fonctorielle en</u> (u,F',G'),

$$\omega(u,F',G') \in \mathrm{Ext}^1_A(F, \underline{\ell}_G^\vee \overset{L}{\otimes}_{\mathcal{O}} \varepsilon^* I) \quad ,$$

<u>dont l'annulation est nécessaire et suffisante pour l'existence d'un morphisme de schémas en</u> A-<u>modules</u> $u' : F' \longrightarrow G'$ <u>prolongeant</u> u .

(ii) <u>Quand</u> $\omega(u,F',G') = 0$, <u>l'ensemble des prolongements</u> u' <u>est un torseur sous</u> $\mathrm{Ext}^0_A(F, \underline{\ell}_G^\vee \overset{L}{\otimes}_{\mathcal{O}} \varepsilon^* I)$.

<u>Preuve</u>. D'après (VI 11.2.5.2), il revient au même de prolonger u en un morphisme de schémas en A-modules $u' : F' \longrightarrow G'$ ou de prolonger $N(A,u) : N(A,F) \longrightarrow N(A,G)$ en un morphisme $N(A,F') \longrightarrow N(A,G')$. Compte tenu de (4.1.6 (i)) et (1.1.2.3), le théorème découle donc de (III 2.2.4).

([1]) définie par la flèche canonique $\mathbb{Z}(G) \longrightarrow G$ (cf. (VI 9.1.5, 9.5.12)).

Remarques 4.2.4 a) On voit comme en (4.2.2 b)) que l'image de $\omega(u,F',G')$ dans $H^2(BF/S, \underline{\ell}_G^{\vee} \overset{L}{\otimes}_{\mathcal{O}} \varepsilon^* I)$ par la flèche composée de la restriction des scalaires et de (4.2.2.1) est l'obstruction à prolonger u en un morphisme de schémas en groupes $u' : F' \longrightarrow G'$ (3.3.1).

b) Si $F = G$ et $u = \mathrm{Id}_G$, l'obstruction (4.2.3 (i)) n'est autre que la différence (au signe près) des classes des déformations F', G' au sens de (4.2.1 (ii)).

Théorème 4.2.5. Soient F (resp. G') un schéma en A-modules, plat et localement de présentation finie sur S (resp. S'), G le schéma en A-modules induit par G', sur S, $u : F \longrightarrow G$ un morphisme de schémas en A-modules, K l'objet de $D(A \overset{L}{\otimes}_{\mathbb{Z}} \mathcal{O})$ défini par le triangle distingué

$$\begin{array}{ccc} & \underline{\ell}_G^{\vee} & \\ \swarrow & & \nwarrow \\ K & \longrightarrow & \underline{\ell}_F^{\vee} \end{array} ,$$

où la flèche oblique de droite est celle de fonctorialité.

(i) Il existe une obstruction

$$\omega(u,G') \in \mathrm{Ext}_A^2(F, K \overset{L}{\otimes}_{\mathcal{O}} \varepsilon^* I)$$

dont l'annulation est nécessaire et suffisante pour l'existence d'un couple (F',u') où F' est une déformation de F en un schéma en A-modules plat sur S' et $u' : F' \longrightarrow G'$ un morphisme de schémas en A-modules prolongeant u.

(ii) Quand $\omega(u,G') = 0$, l'ensemble des classes d'isomorphisme de solutions (F',u') est un torseur sous $\mathrm{Ext}_A^1(F, K \overset{L}{\otimes}_{\mathcal{O}} \varepsilon^* I)$, et le groupe des automorphismes d'une solution donnée s'identifie à $\mathrm{Ext}_A^0(F, K \overset{L}{\otimes}_{\mathcal{O}} \varepsilon^* I)$.

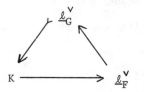

Preuve. Elle est analogue à celle de (4.2.1) : appliquer (III 2.1.7) au problème de déformer N(A,F) $\longrightarrow$ N(A,C) au-dessus de N(A,G'), et utiliser (4.1.6 (ii)).

Remarques 4.2.6. a) Pour $G' = S'$ on retrouve (4.2.1 (i), (ii)). On peut d'autre part tirer de (III 2.1.7 (iii)) une formule exprimant $\omega(u,G')$ comme cup-produit de $e(i)$ avec une certaine classe fondamentale ne dépendant que de $(u,G',S \longrightarrow T)$.

b) Comme en (4.2.2 b)) et (4.2.4 a)), l'image de (u,G') dans $H^3(BF/S, K \overset{L}{\otimes}_{\mathcal{O}} \epsilon^*I)$ par la flèche composée de la restriction des scalaires et de (4.2.2.1) est l'obstruction (3.3.2 (i)) à l'existence d'une déformation de F en un schéma en groupes F' plat sur S' et d'un morphisme de schémas en groupes $F' \longrightarrow G'$ prolongeant u .

c) On a une compatibilité analogue à (3.3.2.1 b)) : soient G', G'' des déformations de G en des schémas en A-modules plats sur S', d'où, par (4.2.1 (ii)), un élément $cl(G') - cl(G'') \in Ext^1_A(G,\underline{\ell}^\vee_G \overset{L}{\otimes}_{\mathcal{O}} \epsilon^*I)$; alors $\omega(u,G') - \omega(u,G'')$ se déduit de $cl(G') - cl(G'')$ par la flèche $Ext^1_A(G,\underline{\ell}^\vee_G \overset{L}{\otimes}_{\mathcal{O}} \epsilon^*I) \longrightarrow Ext^2_A(F,K \overset{L}{\otimes}_{\mathcal{O}} \epsilon^*I)$ définie par $u : F \longrightarrow G$ et la flèche de degré 1 du triangle de (4.2.5).

d) Si u est une immersion fermée (resp. un morphisme fidèlement plat) il en est de même de u' pour toute solution (F',u') comme en (i).

Théorème 4.2.7. Soient F' (resp. G) un schéma en A-modules plat et localement de présentation finie sur S' (resp. S), F le schéma en A-modules induit par F sur S , $u : F \longrightarrow G$ un morphisme de schémas en A-modules, $C(u) = (0 \longrightarrow F \overset{u}{\longrightarrow} G \longrightarrow 0)$ le cône de u .

(i) Il existe une obstruction

$$\omega(u,F') \in Ext^2_A(C(u), \underline{\ell}^\vee_G \overset{L}{\otimes}_{\mathcal{O}} \epsilon^*I)$$

dont l'annulation est nécessaire et suffisante pour l'existence d'un couple

(G',u') où G' est une déformation de G en un schéma en A-modules plat sur S' et $u' : F' \longrightarrow G'$ un morphisme de schémas en A-modules prolongeant u .

(ii) Quand $\omega(u,F') = 0$, l'ensemble des classes d'isomorphisme de solutions (G',u') est un torseur sous $\mathrm{Ext}^1_A(C(u), \underline{\ell}^{\vee}_G \overset{L}{\otimes}_{\mathcal{O}} \epsilon^*I)$, et le groupe des automorphismes d'une solution donnée s'identifie à $\mathrm{Ext}^0_A(C(u), \underline{\ell}^{\vee}_G \overset{L}{\otimes} \epsilon^*I)$.

Preuve. Elle est analogue à celle des trois théorèmes précédents : on applique (III 2.3.2) au problème de déformation de diagrammes indiqué par le pointillé :

$$\begin{array}{ccc}
N(A,F) & \hookrightarrow & N(A,F') \\
\downarrow & & \downarrow \\
N(A,G) & \hookrightarrow & N(A,G') \\
\downarrow & & \downarrow \\
N(A,S) & \hookrightarrow & N(A,S')
\end{array} \quad ,$$

et l'on utilise (4.1.6 (iii)).

Remarques 4.2.8 a) D'après (III 2.3.4), $\omega(u,F')$ s'écrit comme cup-produit de $e(i)$ avec une certaine classe fondamentale dépendant fonctoriellement de $(u,F', S \longrightarrow T)$. D'où la fonctorialité de $\omega(u,F')$ par rapport aux données.

b) Comme précédemment, l'image de $\omega(u,F')$ dans $H^3(BG/BF, \underline{\ell}^{\vee}_G \overset{L}{\otimes} \epsilon^*I)$ par la flèche composée de la restriction et de la flèche canonique $\mathrm{Ext}^2_{\mathbb{Z}}(C(u), \underline{\ell}^{\vee}_G \overset{L}{\otimes} \epsilon^*I) \longrightarrow H^3(BG/BF, \underline{\ell}^{\vee}_G \overset{L}{\otimes} \epsilon^*I)$ (dont la définition, analogue à (4.2.2.1), est laissée en exercice au lecteur) est l'obstruction (3.3.3 (i)).

c) Supposons qu'il existe une déformation de G en un schéma en A-modules G' plat au-dessus de S' . La discussion de (III 2.3.5) montre qu'alors l'obstruction $\omega(u,F')$ de (i) se trouve dans

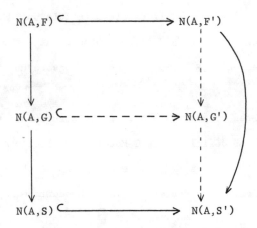

$$\mathrm{Coker}(\mathrm{Ext}^1_A(G,M) \xrightarrow{u^*} \mathrm{Ext}^1_A(F,M)) \hookrightarrow \mathrm{Ext}^2_A(C(u),M) \quad ,$$

où $M = \underline{\ell}^{\vee}_G \overset{L}{\otimes} \varepsilon^* I$: elle s'interprète comme l'obstruction à prolonger u en un morphisme de schémas en A-modules $u' : F' \longrightarrow G'$ (4.2.3 (i)) modulo l'arbitraire dans le choix de G' (4.2.1 (ii)).

d) Si l'on a $\mathrm{Ext}^2_{\mathbb{Z}}(X,M) = 0$ pour S affine, tout schéma abélien X sur S , et tout faisceau quasi-cohérent M sur S ([1]), (4.2.7) implique un résultat de Oort selon lequel, dans la situation de (4.2.7) avec S affine, $A = \mathbb{Z}$, F' fini sur S', G un schéma abélien sur S , u une immersion fermée, alors $\omega(u,F') = 0$, i.e. il existe à la fois une déformation de G en un schéma abélien G' sur S' et un prolongement de u en un morphisme de schéma en groupes $u' : F' \longrightarrow G'$ (qui est encore une immersion fermée).

<u>Remarque</u> 4.2.9. Prenons pour A le faisceau structural $\mathcal{O}$. Dans (4.2.1), supposons que G soit défini par un $\mathcal{O}$-Module M localement libre de rang fini sur S ($G = \varepsilon^* M$). Alors on a $\underline{\ell}^{\vee}_G = t_G = M$, et $\underline{\ell}^{\vee}_G \in \mathrm{ob}\ D(\mathcal{O} \overset{L}{\otimes}_{\mathbb{Z}} \mathcal{O})$ se déduit de $\varepsilon^* M$ par restriction des scalaires via le produit $\mathcal{O} \overset{L}{\otimes}_{\mathbb{Z}} \mathcal{O} \longrightarrow \mathcal{O}$. On a

$$\mathrm{Ext}^n(M, M \otimes I) = \mathrm{Ext}^n(\varepsilon^* M, \varepsilon^* M \overset{L}{\otimes} \varepsilon^* I) \quad ,$$

et par suite (4.2.1) redonne les résultats de (IV 3.1) dans un cas particulier élémentaire. Comparer de même (4.2.3) (resp. (4.2.7)) avec (III 3.2.3) (resp. (III 3.2.12)).

<u>Remarque sur une autre méthode</u>. La théorie des champs de Picard, de P. Deligne (SGA 4 XVIII), devrait en principe fournir une autre démonstration des résultats des n°s 2, 3 et 4, en même temps que certains raffinements intéressants (cf. par exemple ([11] 2.9, 4.5)).

([1]) Cela paraît plausible, du moins si 2 est inversible sur S .

CHAPITRE VIII

CATEGORIES FORMELLES, COMPLEXES DE DE RHAM ET COHOMOLOGIE CRISTALLINE

Introduction.

Ce chapitre est indépendant de la théorie des déformations. Au numéro 1, nous développons une théorie non publiée de Quillen (1) sur les catégories formelles. Le résultat principal (1.4.4), qui exprime la cohomologie de certaines catégories formelles comme cohomologie d'un complexe de De Rham associé, généralise le théorème qui sert de point de départ à la théorie de la cohomologie cristalline de Berthelot-Grothendieck [26], à savoir que la cohomologie cristalline d'un schéma lisse s'identifie à sa cohomologie de De Rham [25]. A l'aide des techniques du n°1, nous montrons, au n° 2, qu'une forme asymptotique de cette dernière propriété s'étend aux morphismes d'intersection complète, pourvu que l'on remplace le complexe de De Rham habituel par un certain complexe de De Rham dérivé, généralisation commune du complexe de De Rham habituel et du complexe cotangent.

1. Cohomologie des catégories formelles.

1.1. Complexes de De Rham et algèbres de Lie.

Définition 1.1.1. Soient T un topos, K un Anneau (2) de T, A une K-Algèbre. On appelle complexe de De Rham sur A/K la donnée d'un A-Module E et d'une K-anti-dérivation d de degré 1 de l'Algèbre extérieure $\wedge_A E$ telle que $d^2 = 0$. Un morphisme $(\wedge E,d) \longrightarrow (\wedge F,d)$ de complexes de De Rham sur A/K

(1) Je remercie Quillen des notes et explications qu'il m'a généreusement fournies.

(2) Sauf mention du contraire, les Anneaux considérés dans la suite sont supposés commutatifs et unitaires.

<u>est un morphisme</u> A-<u>linéaire</u> $u : E \longrightarrow F$ <u>tel que</u> $\wedge u$ <u>soit un morphisme de complexes</u>.

Quand $A = K$, on dit "complexe de De Rham sur A" au lieu de "complexe de De Rham sur A/K". Noter qu'on a alors $d|A = 0$.

1.1.2. Soit E un A-Module. Tout couple de morphismes K-linéaires $(d : A \longrightarrow E,\ d : A \longrightarrow \wedge^2 E)$ vérifiant les conditions

$$\begin{cases} d(ab) = adb + bda \\ d(ax) = adx + da.x \end{cases} ,$$

quels que soient $U \in \mathrm{ob}\, T$, $a, b \in A(U)$, $x \in E(U)$, se prolonge de manière unique en une K-anti-dérivation d de degré 1 de $\wedge_A E$. Pour qu'on ait $d^2 = 0$, i.e. que $(\wedge E, d)$ soit un complexe de De Rham, il faut et il suffit que d^2 s'annule sur A et E .

Notons d'autre part que, si $d : A \longrightarrow E$ est une K-dérivation telle que $A.dA = E$, d se prolonge de manière unique en un complexe de De Rham $(\wedge E, d)$.

<u>Exemples</u> 1.1.3. a) On appelle <u>complexe de De Rham de</u> A/K, et l'on note $\Omega^{\cdot}_{A/K}$, l'unique complexe de De Rham prolongeant la K-dérivation canonique $d_{A/K} : A \longrightarrow \Omega^1_{A/K}$ (II 1.1.2.5). D'après la propriété universelle de $d_{A/K}$ (II 1.1.2.6), pour tout complexe de De Rham $(\wedge E, d)$ sur A/K , il existe un unique morphisme de complexes de De Rham $\Omega^{\cdot}_{A/K} \longrightarrow (\wedge E, d)$.
Si $f : X \longrightarrow S$ est un morphisme de schémas, $\Omega^{\cdot}_{X/S} \underset{\mathrm{dfn}}{=} \Omega^{\cdot}_{\mathcal{O}_X/f^{-1}(\mathcal{O}_S)}$ est le complexe de De Rham habituel de X/S .

b) Soient S un schéma, G un schéma en groupes sur S . Le complexe $\omega^{\cdot}_{G/S}$ des formes différentielles invariantes à gauche ([1]) est un complexe de De Rham sur $\mathcal{O}_S$. Son dual, $\underline{\mathrm{Hom}}(\omega^{\cdot}_{G/S}, \mathcal{O}_S)$ est le complexe canonique (Koszul) de

---

([1]) Dans le langage de (VII 2.4.1), $\omega^{\cdot}_{G/S} = \underline{f}_* \Omega^{\cdot}_{\mathrm{Ner}(G,G)/\mathrm{Ner}(G)}$, où $\underline{f} : \mathrm{Ner}(G,G) \longrightarrow S$ est la projection. Plus bas, $\omega^{\cdot}_{X/S} = \underline{p}_* \Omega^{\cdot}_{\mathrm{Ner}(G,X)/\mathrm{Ner}(G)}$, où $\underline{p} : \mathrm{Ner}(G,X) \longrightarrow Y$ est la projection.

l'Algèbre de Lie de G .

c) Soient G/S comme en b), Y un schéma sur S, X un G_Y-torseur (VII 2.3.1). Le complexe $\omega^{\cdot}_{X/S}$ des formes différentielles invariantes à gauche de X par rapport à S est un complexe de De Rham sur Y/S (i.e. sur $\mathcal{O}_Y/q^{-1}(\mathcal{O}_S)$ où $q : Y \longrightarrow S$ est la projection). Pour $Y = S$, $X = G$ (agissant sur lui-même par translations à gauche), on retrouve le complexe de b). D'autre part, si G est le groupe unité, on a $X = Y$, et $\omega^{\cdot}_{X/S}$ n'est autre que le complexe de De Rham de X/S .

1.1.4. (1) Le crochet des dérivations, $[x,y] = xy - yx$, munit le <u>faisceau tangent</u>

$$T_{A/K} \overset{\text{dfn}}{=} \underline{\mathrm{Hom}}_A(\Omega^1_{A/K},A) = \underline{\mathrm{Der}}_K(A,A)$$

d'une structure de K-Algèbre de Lie. Le crochet n'est pas A-linéaire, mais vérifie la formule

$$[x,ay] = x(a)y + a[x,y]$$

quels que soient $U \in \mathrm{ob}\, T$, $a \in A(U)$, $x, y \in T_{A/K}(U)$. Cela conduit à poser la

<u>Définition</u> 1.1.5. <u>On appelle</u> Algèbre de Lie sur A/K <u>la donnée d'un</u> A-<u>Module</u> L, <u>d'une structure de</u> K-<u>Algèbre de Lie sur le</u> K-<u>Module sous-jacent et d'un homomorphisme de</u> K-<u>Algèbres de Lie</u> $\theta : L \longrightarrow T_{A/K}$, $x \longmapsto \theta_x$, <u>tels qu'on ait</u>

(i) $\theta_{ax} = a\theta_x$

(ii) $[x,ay] = \theta_x(a)y + a[x,y]$

<u>quels que soient</u> $U \in \mathrm{ob}\, T$, $x, y \in L(U)$, $a \in A(U)$. <u>Un morphisme</u> $(L,\theta) \longrightarrow (L',\theta')$ <u>d'Algèbres de Lie sur</u> A/K <u>est un morphisme</u> A-<u>linéaire</u> $u : L \longrightarrow L'$, <u>compatible aux crochets</u>, <u>et tel que</u> $\theta = \theta' u$.

---

(1) La lecture des n°s (1.1.4) à (1.1.9) est inutile pour la compréhension du reste du chapitre.

Si $A = K$, on a $T_{A/K} = 0$, et une Algèbre de Lie sur A/K est simplement une K-Algèbre de Lie.

1.1.6. Nous allons associer à chaque complexe de De Rham sur A/K une Algèbre de Lie sur A/K . Pour faire cette construction, nous avons besoin de quelques rappels sur les dérivations.

Soit $B = \bigoplus_{n \in \mathbb{Z}} B^n$ une K-Algèbre graduée, non nécessairement associative ni commutative. Etant donné un entier k, on appelle K-<u>anti-dérivation de degré</u> k <u>de</u> B tout endomorphisme K-linéaire d de degré k de B tel que

$$d(xy) = (dx)y + (-1)^{kn}x(dy)$$

quels que soient $n \in \mathbb{Z}$, $U \in \mathrm{ob}\, T$, $x \in B^n(U)$, $y \in B(U)$. Quand k est pair, on dit parfois "dérivation" au lieu de "anti-dérivation". Soient $p, q \in \mathbb{Z}$, f (resp. g) une K-anti-dérivation de B de degré p (resp. q) ; le crochet

(1.1.6.1) $$[f,g] = fg - (-1)^{pq}gf$$

est une K-anti-dérivation de degré $p+q$. Ce crochet vérifie l'identité de Jacobi : si h est une K-anti-dérivation de degré r , on a

(1.1.6.2) $$[f,[g,h]] = [[f,g],h] + (-1)^{pq}[g,[f,h]] \quad .$$

D'autre part, si p est impair, f^2 est une K-dérivation de degré $2p$, et l'on a l'identité

(1.1.6.3) $$[f,[f,g]] = [f^2,g] \quad .$$

1.1.7. Soit $(\wedge E,d)$ un complexe de De Rham sur A/K . Posons $\underline{\mathrm{Hom}}_A(E,A) = L$. Pour $U \in \mathrm{ob}\, T$, $x \in L(U)$, notons

(1.1.7.1) $$i_x : \wedge E|U \longrightarrow \wedge E|U$$

l'unique anti-dérivation de degré -1 de $\wedge E|U$ telle que $i_x(y) = x(y)$ pour tout

V au-dessus de U et $y \in E(V)$ (i_x est le produit intérieur droit par x). Elle est A-linéaire et de carré nul, et dépend A-linéairement de x . Posons, avec Cartan,

(1.1.7.2) $$\theta_x = [i_x, d] = i_x d + d i_x \quad .$$

C'est une K-dérivation de degré 0 de $\wedge E|U$. L'homomorphisme

(1.1.7.3) $$\theta : L \longrightarrow T_{A/K}$$

associant à $x \in L(U)$ l'élément de $T_{A/K}(U) = Der_K(A|U)$ restriction de (1.1.7.2) n'est autre que le transposé de l'homomorphisme $\Omega^1_{A/K} \longrightarrow E$ défini par $(\wedge E,d)$ (1.1.3 a)). Pour $x, y \in L(U)$, $[\theta_x, i_y]$ est une K-anti-dérivation de degré -1 de $\wedge E|U$, donc s'écrit

(1.1.7.4) $$[\theta_x, i_y] = i_{[x,y]} \quad ,$$

où $[x,y]$ est un élément bien déterminé de $L(U)$ ([1]). (De manière explicite, on a la "formule de Maurer-Cartan"

(1.1.7.5) $$[x,y] = xdy - ydx - (xy)d \quad) .$$

On définit ainsi un homomorphisme K-bilinéaire

(1.1.7.6) $$[\ ,\ ] : L \times L \longrightarrow L \quad .$$

<u>Proposition</u> 1.1.8. <u>Etant donné un complexe de De Rham</u> $(\wedge E,d)$ <u>sur</u> A/K, <u>et</u> $L = \underline{Hom}_A(E,A)$ <u>comme en</u> (1.1.7), <u>le crochet</u> (1.1.7.6) <u>et l'homomorphisme</u> θ (1.1.7.3) <u>munissent</u> L <u>d'une structure d'Algèbre de Lie sur</u> A/K .

([1]) Toute K-anti-dérivation de degré -1 de $\wedge E|U$ s'écrit de manière unique sous la forme i_f pour $f \in L(U)$.

Preuve. Soient $U \in \text{ob } T$, $a \in A(U)$, $x \in L(U)$. On a :

$$\begin{aligned}\theta_{ax} &= i_{ax}d + di_{ax} \\ &= ai_x d + d(ai_x) \\ &= ai_x d + (da)i_x + adi_x \\ &= a\,\theta_x + (da)i_x ,\end{aligned}$$

donc en particulier

$$\theta_{ax}(b) = a\,\theta_x(b)$$

pour $b \in A(U)$, ce qui prouve (1.1.5 (i)). D'autre part, si $y \in L(U)$, on a :

$$\begin{aligned}i_{[x,ay]} &= [\theta_x, i_{ay}] \qquad (1.1.7.4) \\ &= \theta_x(ai_y) - ai_y\,\theta_x \\ &= \theta_x(a)i_y + a\,\theta_x i_y - ai_y\,\theta_x \\ &= \theta_x(a)i_y + ai_{[x,y]} ,\end{aligned}$$

ce qui prouve (1.1.5 (ii)). Montrons maintenant que θ est compatible aux crochets. Le fait que $d^2 = 0$ implique, en vertu de (1.1.6.3),

(1.1.8.1) $$[\theta_x, d] = 0 .$$

On a :

$$\begin{aligned}\theta_{[x,y]} &= [d, i_{[x,y]}] \\ &= [d,[\theta_x, i_y]] \\ &= [[d,\theta_x], i_y] + [\theta_x,[d,i_y]] \qquad (1.1.6.2),\end{aligned}$$

d'où, compte tenu de (1.1.8.1),

(*) $$\theta_{[x,y]} = [\theta_x, \theta_y] \quad ,$$

ce qui prouve la compatibilité de θ aux crochets. Il reste à prouver que le crochet (1.1.7.6) définit sur L une structure de K-Algèbre de Lie. La formule (1.1.7.5) montre qu'il est alterné. D'autre part, si $x,y,z \in L(U)$, on a

$$\begin{aligned}
i_{[x,[y,z]]} &= [\theta_x, i_{[y,z]}] \\
&= [\theta_x, [\theta_y, i_z]] \\
&= [[\theta_x,\theta_y], i_z] + [\theta_y, [\theta_x, i_z]] && (1.1.6.2) \\
&= [\theta_{[x,y]}, i_z] + [\theta_y, i_{[x,z]}] && (\text{d'après } (*)) \\
&= i_{[[x,y],z]} + i_{[y,[x,z]]} \quad ,
\end{aligned}$$

c'est-à-dire l'identité de Jacobi

$$[x,[y,z]] = [[x,y],z] + [y,[x,z]] \quad ,$$

ce qui achève la démonstration.

<u>Remarques</u> 1.1.9. a) Dans la preuve de (1.1.8), la relation $d^2 = 0$ n'a servi qu'à établir la compatibilité de θ aux crochets et l'identité de Jacobi. Si E est un A-Module localement libre de type fini et d une anti-dérivation de degré 1 de $\wedge_A E$, on peut montrer que le crochet (1.1.7.6) sur $L = \underline{\mathrm{Hom}}_A(E,A)$ vérifie l'identité de Jacobi si et seulement si $d^2 = 0$.

b) Notons DR(A/K) (resp. AL(A/K)) la catégorie des complexes de De Rham (resp. Algèbres de Lie) sur A/K . Associer à chaque complexe de De Rham $(\wedge E, d)$ sur A/K l'Algèbre de Lie $(\underline{\mathrm{Hom}}_A(E,A), \theta)$ sur A/K définie en (1.1.8) fournit un foncteur

(*) $$\mathrm{DR}(A/K)^{\circ} \longrightarrow \mathrm{AL}(A/K) \quad .$$

Celui-ci induit un foncteur

(**) $$\mathrm{DRloclib}(A/K)^{\circ} \longrightarrow \mathrm{ALloclib}(A/K) \quad ,$$

où DRloclib(A/K) (resp. ALloclib(A/K)) désigne la sous-catégorie pleine de DR(A/K) (resp. AL(A/K)) formée des complexes de De Rham $(\wedge E, d)$ (resp. des Algèbres de Lie (L, θ)) tels (resp. telles) que E (resp. L) soit localement libre de type fini sur A . On peut montrer ([1]) que (**) est une équivalence de catégories.

<u>Exemple</u> 1.1.10. Dans la situation de (1.1.3 c)), on a une suite exacte ([2])

(1.1.10.1) $$\Omega^1_{Y/S} \longrightarrow \omega^1_{X/S} \longrightarrow \omega^1_{X/Y} \longrightarrow 0 \quad ,$$

déduite, par descente à Y , de la suite exacte équivariante canonique

$$p^*\Omega^1_{Y/S} \longrightarrow \Omega^1_{X/S} \longrightarrow \Omega^1_{X/Y} \longrightarrow 0 \quad .$$

La transposée de (1.1.10.1) s'écrit

(1.1.10.2) $$0 \longrightarrow t_{X/Y} \longrightarrow t_{X/S} \longrightarrow T_{Y/S} \quad ,$$

où $T_{Y/S}$ est le faisceau tangent, dual de $\omega^1_{Y/S}$, et $t_{X/Y}$ l'Algèbre de Lie de G_Y tordue par X via l'opération adjointe. L'homomorphisme θ est l'homomorphisme structural de l'Algèbre de Lie sur Y/S (i.e. $\mathcal{O}_Y/q^{-1}(\mathcal{O}_S)$) associée par (1.1.8) au complexe de De Rham $\omega^{\cdot}_{X/S}$ (1.1.3 c)). Quand G est lisse, la suite (1.1.10.1) (resp. (1.1.10.2)) prolongée par un zéro à gauche (resp. à droite) est exacte : c'est la <u>suite exacte d'Atiyah</u> [1]. On verra plus bas (1.3.6) que, si de plus S est de caractéristique nulle, la connaissance de $(t_{X/S}, \theta)$ en tant qu'Algèbre de Lie sur Y/S permet de reconstituer le <u>groupoïde formel</u> défini par X , i.e. l'image directe G-invariante sur Y du complexe de Cech-Alexander $C^{\wedge}_{X/S}$ (1.2.5) ; quand Y = S, X = G, on retrouve ainsi le nerf du groupe formel défini par G .

([1]) C'est un exercice d'algèbre linéaire sans difficulté ni intérêt.

([2]) morceau de (VII 2.4.2.14) pour lequel l'hypothèse de lissité sur G est superflue.

1.2. Complexe de De Rham associé à une catégorie formelle.

Nous aurons besoin de divers résultats sur les "puissances divisées", pour lesquels nous renvoyons le lecteur à [29], [36], [26]. Dans toute la suite, T désigne un topos et K un Anneau (commutatif) de T .

Définition 1.2.1. On appelle K-catégorie formelle tout objet en catégories (VI 2.7) dans la catégorie opposée à celle des pro-K-Algèbres commutatives. Une K-catégorie affine est une K-catégorie formelle dont l'objet des objets et l'objet des flèches sont essentiellement constants.

1.2.2. Soit C une K-catégorie formelle. Le nerf de C (VI 2.7) est un objet cosimplicial de la catégorie des pro-K-Algèbres, qui s'écrit

(1.2.2.1) $$\mathrm{Ner}(C) = (A \rightrightarrows P \overset{\longrightarrow}{\rightrightarrows} P \otimes_A P \overset{\rightrightarrows}{\rightrightarrows} \dots), \quad \mathrm{Ner}^n(C) = \underbrace{P \otimes_A \dots \otimes_A P}_{n \text{ facteurs}} ,$$

où l'on convient de considérer P comme A-Algèbre à droite (resp. à gauche) via d^o (resp. d^1) : $A \longrightarrow P$. Si l'on note $\varepsilon : \mathrm{Ner}(C) \longrightarrow A$ l'augmentation (définie par les projections $[n] \longrightarrow [0]$), et $\delta = d^1 : P \otimes_A P$ la "loi de composition" de C, il découle de (VI 2.1.2) que les opérateurs de face et de dégénérescence de Ner(C) sont donnés par les formules suivantes, où, pour $1 \leq i \leq n$, x_i est une section de P au-dessus d'un objet de T , et $x = x_1 \otimes \dots \otimes x_n$:

(1.2.2.2)
$$d^o x = 1 \otimes x_1 \otimes \dots \otimes x_n$$
$$d^i x = x_1 \otimes \dots \otimes \delta x_i \otimes \dots \otimes x_n \quad (0 < i < n+1)$$
$$d^{n+1} x = x_1 \otimes \dots \otimes x_n \otimes 1$$
$$s^i x = x_1 \otimes \dots \otimes x_i \ \varepsilon(x_{i+1}) \otimes x_{i+2} \otimes \dots \otimes x_n \quad (0 \leq i \leq n-1)$$
$$= x_1 \otimes \dots \otimes x_i \otimes \varepsilon(x_{i+1}) x_{i+2} \otimes \dots \otimes x_n \quad .$$

L'Idéal $J = \mathrm{Ker}\ \varepsilon : \mathrm{Ner}(C) \longrightarrow A$ s'appelle Idéal d'augmentation. Il s'écrit

(1.2.2.3) $$J = (0 \rightrightarrows I \rightrightarrows I \otimes P + P \otimes I \rightrightarrows \dots) ,$$

la composante de degré n de J étant $\sum_{1 \le k \le n} \mathrm{Im}\ P \otimes \dots \otimes I \otimes \dots \otimes P$,
où I remplace P à la k-ième place.

Définition 1.2.3. Une K-catégorie formelle à PD est une K-catégorie formelle C dont l'Idéal d'augmentation J est muni de puissances divisées, par quoi l'on entend qu'on s'est donné sur chaque composante de J une structure de puissances divisées ([1]) de telle manière que les flèches de $\mathrm{Ner}(C)$ soient de PD-morphismes. On dit que C est PD-adique si la flèche canonique

$$\mathrm{Ner}(C) \longrightarrow \text{"}\lim_{\overleftarrow{n}}\text{"}\ \mathrm{Ner}(C)/J^{[n]}$$

est un isomorphisme, $J^{[n]}$ désignant la n-ième PD-puissance de J ([26] I 3.1).

Remarques 1.2.4. a) Reprenons les notations de (1.2.2). En vertu de ([26] I 1.7.1), étant donné une PD-structure sur I , il existe sur chaque composante de degré $n \geq 2$ de J une unique PD-structure telle que les n flèches de la "somme amalgamée" $P \otimes_A \dots \otimes_A P$ soient des PD-morphismes. Pour que cette famille de PD-structures forme une PD-structure sur J il faut et il suffit que $\delta : P \longrightarrow P \otimes_A P$ soit un PD-morphisme.

b) L'objet cosimplicial $\text{"}\lim_{\overleftarrow{n}}\text{"}\ \mathrm{Ner}(C)/J^{[n]}$ de (1.2.3) est le nerf d'une K-catégorie formelle : cela résulte du fait que, pour $m, r \in \mathbb{N}$, on a

$$c^m(J^{[mr]}) \subset \sum_{1 \le k \le m} \mathrm{Im}\ P \otimes \dots \otimes I^{[r]} \otimes \dots \otimes P \subset c^m(J^{[r]}) \quad ,$$

où $I^{[r]}$ est la k-ième place, et $c^m(-)$ désigne la composante de degré m .
Par suite, pour que C soit PD-adique, il faut et il suffit que la flèche

([1]) La notion de PD-structure s'étend trivialement au cas des pro-Idéaux.

canonique $P \longrightarrow "\varprojlim" \; P/I^{[n]}$ soit un isomorphisme. Quand $P/I^{[n]}$ est essentiellement constant pour tout $n \in \mathbb{N}$, cette dernière condition signifie que (P,I) est représentable par un système projectif $(P_n, I_n)_{n \in \mathbb{N}}$ PD-I-adique, i.e. tel que

$$\mathrm{Ker}(P_n \longrightarrow P_m) = I_n^{[m+1]}$$

quels que soient m, $n \in \mathbb{N}$. On retrouve alors la définition de Berthelot ([26] II 4.2.2).

<u>Exemple</u> 1.2.5. Soient C une K-catégorie affine, $R = \mathrm{Ner}(C)$, J l'Idéal d'augmentation, $(\overline{R},\overline{J})$ l'enveloppe à puissances divisées de (R,J) ([26] I 2.3.1). Il découle de ([26] II 1.3.5) que $\overline{R}$ est le nerf d'une K-catégorie affine, d'Idéal d'augmentation $\overline{J}$. Compte tenu de (1.2.4 b)), $"\varprojlim" \; \overline{R}/\overline{J}^{[n]}$ est donc le nerf d'une catégorie formelle PD-adique, qu'on appelle PD-<u>complétée</u> de C. Un exemple important de K-catégorie affine est fourni par le groupoïde connexe et simplement connexe défini par un objet A de $(K\text{-Alg})^o$ (VI 2.6.3 a), 2.7) ; le nerf correspondant s'écrit

$$C_{A/K} = (A \rightrightarrows A \otimes_K A \; \substack{\longrightarrow\\ \longrightarrow\\ \longrightarrow} \; \ldots) \quad , \quad C^n_{A/K} = A \otimes_K \ldots \otimes_K A \quad (n+1 \text{ facteurs}).$$

Le PD-complété de $C_{A/K}$, noté $\hat{C}_{A/K}$, s'appelle <u>complexe de Čech-Alexander</u> de A/K. Si $f : X \longrightarrow S$ est un morphisme de schémas, on écrit $C_{X/S}$ (resp. $\hat{C}_{X/S}$) au lieu de $C_{\mathcal{O}_X/f^{-1}(\mathcal{O}_S)}$ (resp. $\hat{C}_{\mathcal{O}_X/f^{-1}(\mathcal{O}_S)}$) .

1.2.6. Soit

$$R = (A \longrightarrow P \rightrightarrows P \otimes_A P \; \substack{\longrightarrow\\ \longrightarrow\\ \longrightarrow} \ldots)$$

une K-catégorie formelle à PD (1.2.3) ([1]) . L'analogue cosimplicial de la flèche d'Alexander-Whitney (I 1.2.2.2) munit (cf. (I 4.2.3)) le complexe de cochaînes

---

([1]) avec l'abus habituel consistant à désigner une catégorie par son nerf.

$R^{\sim}$ de R d'une structure de pro-K-Algèbre différentielle graduée. La différentielle est $d = \Sigma(-1)^i d^i$, et le produit est donné par

$$(1.2.6.1) \qquad (x_1 \otimes \ldots \otimes x_p)(y_1 \otimes \ldots \otimes y_q) = x_1 \otimes \ldots \otimes x_p \otimes y_1 \otimes \ldots \otimes y_q$$

$$a(x_1 \otimes \ldots \otimes x_p) = ax_1 \otimes \ldots \otimes x_p$$

$$(x_1 \otimes \ldots \otimes x_p)\, a = x_1 \otimes \ldots \otimes x_p a \quad ,$$

où les x_i et y_j sont des sections locales de P et a une section locale de A . Le complexe normalisé NR est une sous-Algèbre différentielle graduée (I 1.3.3, 1.3.5) de $R^{\sim}$, donnée en degré k par

$$(1.2.6.2) \qquad N^k R = \bigcap_{i \geq 0} \operatorname{Ker}(s^i : R^k \longrightarrow R^{k-1}) \quad .$$

Posons $I = \operatorname{Ker}(\varepsilon : P \longrightarrow A)$. Il découle de (1.2.5.1) que NR s'écrit

$$(1.2.6.3) \qquad NR = (A \xrightarrow{d} I \xrightarrow{d} I \otimes_A I \xrightarrow{d} N^3 R \longrightarrow \ldots) \quad .$$

Si l'on désigne par

$$(1.2.6.4) \qquad N'R = (A \xrightarrow{d} I \xrightarrow{d} I \otimes_A I \xrightarrow{d} \ldots \longrightarrow I \otimes_A \ldots \otimes_A I \longrightarrow \ldots)$$

la pro-K-Algèbre graduée (non commutative)

$$(1.2.6.5) \qquad T_A(I) = A \oplus I \oplus (\bigoplus_{n \geq 2} \underbrace{I \otimes_A \ldots \otimes_A I)}_{n \text{ facteurs}}$$

(où le produit est défini par (1.2.6.1)) munie de l'unique K-anti-dérivation de degré 1 prolongeant la différentielle de NR en degré 0 et 1, on a un morphisme canonique évident de pro-K-Algèbres graduées, compatible aux dérivations

(1.2.6.6) $$N'R \longrightarrow NR \quad .$$

Je ne sais rien dire en général de cette flèche, et j'ignore également si la dérivation de $N'R$ est de carré nul. Toutefois :

Lemme 1.2.6.7. Si $d^o = d^1 : A \longrightarrow P$, (1.2.6.6) est un isomorphisme.

Preuve. Cela résulte facilement des formules (1.2.2.2).

Nous verrons plus bas (1.4.2.3) un autre cas important où il en est de même.

1.2.7. Posons

(1.2.7.1) $$I/I^{[2]} = \Omega^1_R \quad .$$

Les structures droite et gauche de I induisent sur Ω^1_R une même structure de A-Module ([1]). Ce Module s'appelle Module des différentielles de R.
Pour $R = \hat{C}_{A/K}$ (1.2.5), on a $\Omega^1_R = \Omega^1_{A/K}$ ([2]). La projection $I \longrightarrow \Omega^1_R$ se prolonge de manière unique en un morphisme de K-Algèbres graduées (cf. (1.2.6.5))

(1.2.7.2) $$p : T_A(I) \longrightarrow \Omega^{\cdot}_R = \wedge_A \Omega^1_R \quad .$$

Lemme 1.2.7.3. On a $pd(I^{[2]}) = 0$

Preuve. Cela va résulter des formules suivantes, où x, y désignent des sections locales de I :

(i) $d(xy) = -(x \otimes y + y \otimes x) \mod I \otimes I^2 + I^2 \otimes I$,

(ii) $d(\gamma^2 x) = -x \otimes x \mod I \otimes I^{[2]} + I^{[2]} \otimes I$,

(iii) pour $n \geq 3$, $d(\gamma^n x) = 0 \mod I \otimes I^{[2]} + I^{[2]} \otimes I$.

Tout d'abord, la relation $dI \subset I \otimes I$ (1.2.6.3) implique qu'on a

([1]) Nous dirons fréquemment dans la suite A-Module, A-Algèbre, etc., au lieu de pro-A-Module, pro-A-Algèbre, etc.
([2]) Dans la situation de (1.2.5), on a en effet $\bar{J}/\bar{J}^{[2]} = J/J^2$ en vertu de ([26] I 3.3.3, 3.3.4).

$$\delta x = x \otimes 1 + 1 \otimes x \quad \mod I \otimes I$$

$$\delta y = y \otimes 1 + 1 \otimes y \quad \mod I \otimes I \quad .$$

Comme δ est un morphisme d'Anneaux, on en tire

$$\delta(xy) = \delta x \, \delta y = xy \otimes 1 + x \otimes y + y \otimes x + 1 \otimes xy \quad \mod I \otimes I^2 + I^2 \otimes I \, ,$$

d'où (i). Utilisant que δ est compatible aux puissances divisées, on a d'autre part

$$\delta(\gamma^2 x) = \gamma^2(\delta x) = \gamma^2 x \otimes 1 + x \otimes x + 1 \otimes \gamma^2 x$$

$$\mod I \otimes I^{[2]} + I^{[2]} \otimes I \quad ,$$

d'où (ii). Enfin, pour $n \geq 3$, on a

$$\delta(\gamma^n x) = \gamma^n(\delta x) = \gamma^n x \otimes 1 + 1 \otimes \gamma^n x \quad \mod I \otimes I^{[2]} + I^{[2]} \otimes I \quad ,$$

ce qui prouve (iii) et achève la preuve du lemme.

Proposition 1.2.8. Il existe sur $\Omega^{\cdot}_R$ une unique K-anti-dérivation d de degré 1, dite dérivation extérieure, telle que p (1.2.7.2) définisse un diagramme commutatif $N'R \longrightarrow (\Omega^{\cdot}_R, d)$:

$$\begin{array}{ccccccccccc}
A & \xrightarrow{d} & I & \xrightarrow{d} & I \otimes_A I & \xrightarrow{d} & \cdots & \xrightarrow{d} & I \otimes_A \cdots \otimes_A I & \xrightarrow{d} & \cdots \\
\downarrow{\scriptstyle Id} & & \downarrow{\scriptstyle p} & & \downarrow{\scriptstyle p} & & & & \downarrow{\scriptstyle p} & & \\
A & \xrightarrow{d} & \Omega^1_R & \xrightarrow{d} & \Omega^2_R & \xrightarrow{d} & \cdots & \xrightarrow{d} & \Omega^n_R & \xrightarrow{d} & \cdots
\end{array} \quad .$$

De plus, dans chacun des cas suivants, $(\Omega^{\cdot}_R, d)$ est un complexe, dit complexe de De Rham de R :

(i) $d^o = d^1 : A \longrightarrow P$,

(ii) $\Omega^1_R = A.dA$,

(iii) Ω^1_R est un A-Module plat [1] .

---

[1] Les notions usuelles de platitude, Tor_i, etc. s'étendent trivialement aux pro-Modules sur des pro-Anneaux.

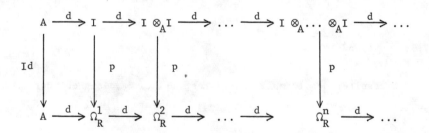

Preuve. En vertu de (1.2.7.3), il existe un unique couple de morphismes K-linéaires $(d : A \longrightarrow \Omega^1_R \ , \ d : \Omega^1_R \longrightarrow \Omega^2_R)$ tel que le diagramme

$$\begin{array}{ccccc}
A & \xrightarrow{d} & I & \xrightarrow{d} & I \otimes_A I \\
\Big\downarrow{\scriptstyle Id} & & \Big\downarrow{\scriptstyle p} & & \Big\downarrow{\scriptstyle p} \\
A & \xrightarrow{d} & \Omega^1_R & \xrightarrow{d} & \Omega^2_R
\end{array}$$

soit commutatif. Comme N'R coïncide avec NR en degré ≤ 2 (1.2.6.3), on a, dans $\Omega^{\cdot}_R$, les relations suivantes, où f, g désignent des sections locales de A et x une section locale de Ω^1_R :

(a) $d(fg) = fdg + gdf$,

(b) $d(fx) = fdx + (df)x$

(c) $d^2 f = 0$.

Les relations (a) et (b) impliquent (1.1.2) que le couple $(d : A \longrightarrow \Omega^1_R \ , \ d : \Omega^1_R \longrightarrow \Omega^2_R)$ se prolonge de manière unique en une K-anti-dérivation d de degré 1 de $\Omega^{\cdot}_R$. Alors $pd - dp$ est une K-anti-dérivation de degré 1 de $T_A(I)$ dans $\Omega^{\cdot}_R$; comme $T_A(I)$ est engendré par I et que, par construction, $pd - dp$ s'annule sur A et I , il s'ensuit que $pd - dp = 0$. Prouvons la dernière assertion de la proposition. Il est trivial, d'après (c), que $(\Omega^{\cdot}_R \ , d)$ est un complexe dans le cas (ii). Il en est de même dans le cas (i) parce qu'alors (1.2.6.6) est un isomorphisme et que p est surjectif. Plaçons-nous dans le cas (iii). Posons $P/I^{[2]} = P^1_R$, d'où une suite exacte

$$0 \longrightarrow \Omega^1_R \longrightarrow P^1_R \xrightarrow{\ \varepsilon\ } A \longrightarrow 0 \qquad , \tag{1.2.8.1}$$

splittée par $d^o, \ d^1 : A \rightrightarrows P^1_R$. Grâce au splittage par d^o , $\Omega^1 \otimes \Omega^1$ s'injecte dans $P^1 \otimes \Omega^1$ ([1]). Comme Ω^1 est un A-Module plat, il s'ensuit que $\Omega^1 \otimes \Omega^1 \otimes \Omega^1$ s'injecte dans $\Omega^1 \otimes P^1 \otimes \Omega^1$. Grâce à nouveau aux splittages de (1.2.8.1) par d^o , d^1, $\Omega^1 \otimes P^1 \otimes \Omega^1$ s'injecte dans $P^1 \otimes P^1 \otimes P^1$.

Au total, on a donc une injection

([1]) Les produits tensoriels sont pris sur A , et nous omettons les indices R pour abréger.

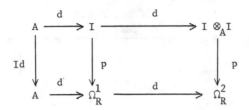

$$(*) \qquad \Omega^1 \otimes \Omega^1 \otimes \Omega^1 \longrightarrow P^1 \otimes P^1 \otimes P^1 \quad ,$$

qui s'insère dans le diagramme commutatif suivant

$$\begin{array}{ccccc}
I & \xrightarrow{d^2} & I \otimes I \otimes I & \xrightarrow{(**)} & P \otimes P \otimes P \\
\downarrow & \searrow & \downarrow & & \downarrow \\
 & & \Omega^1 \otimes \Omega^1 \otimes^1 & \xrightarrow{(*)} & P^1 \otimes P^1 \otimes P^1 \\
\downarrow & & \downarrow & & \\
\Omega^1 & \xrightarrow{d^2} & \Omega^3 & &
\end{array} \quad ,$$

où les flèches verticales sont les projections canoniques, et (**) la composée de $N'^2R = I \otimes I \otimes I \longrightarrow N^2R$ (1.2.6.6) et de l'injection canonique $N^2R \hookrightarrow P \otimes P \otimes P$. Le composé horizontal du haut est nul parce que NR est un complexe. Comme (*) est injective, il en résulte que la flèche oblique est nulle, donc que $pd^2 = 0$, et par suite que $d^2(\Omega^1) = 0$. Combinant avec (c), on en conclut que $(\Omega^{\cdot}_R, d)$ est un complexe, ce qui achève la démonstration.

<u>Question</u> 1.2.9. J'ignore si, en général, $(\Omega^{\cdot}_R, d)$ est un complexe.

<u>Exemples</u> 1.2.10. a) Soit A une K-Algèbre. Alors, d'après (1.2.8 (ii)), $(\Omega^{\cdot}_{\hat{C}_{A/K}}, d)$ est un complexe, qui n'est autre que le complexe de De Rham de A/K (1.1.3 a)).

b) Dans la situation de (1.1.3 b)), le complexe $\omega^{\cdot}_{G/S}$ s'identifie au complexe de De Rham associé à l'image directe G-invariante sur S du complexe de Čech-Alexander de G/S . Dans la situation de (1.1.3 c)), on a un résultat analogue, qu'on laisse au lecteur le soin de formuler.

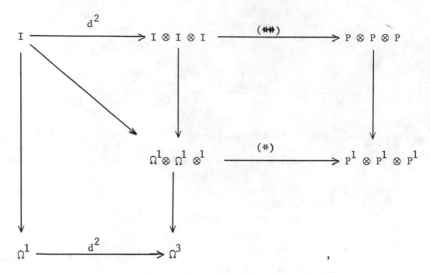

1.3. Complexes de De Rham et décalage : le lemme de Poincaré formel.

1.3.1. Soit, comme en (1.2.6),

$$R = (A \rightrightarrows P \mathrel{\substack{\rightarrow\\\rightarrow\\\rightarrow}} P \otimes_A P \mathrel{\substack{\rightarrow\\\rightarrow\\\rightarrow\\\rightarrow}} \ldots)$$

une K-catégorie formelle à PD . La catégorie décalée $\mathrm{Dec}_1^+(R)$ (VI 2.4) est encore une K-catégorie formelle à PD :

(1.3.1.1) $$\mathrm{Dec}_1^+(R) = (P \underset{d_2}{\overset{d_1}{\rightrightarrows}} P \otimes_A P \mathrel{\substack{\rightarrow\\\rightarrow\\\rightarrow}} \ldots) .$$

L'Idéal d'augmentation de $\mathrm{Dec}_1^+(R)$ s'écrit

(1.3.1.2) $$J_{\mathrm{Dec}_1^+(R)} = (0 \rightrightarrows P \otimes_A I \mathrel{\substack{\rightarrow\\\rightarrow\\\rightarrow}} \ldots) ,$$

la composante de degré n étant $\sum\limits_{2\leq k\leq n+1} \mathrm{Im}\, P \otimes_A \ldots \otimes_A I \otimes_A \ldots \otimes_A P$,

où I remplace P à la k-ième place. Il en résulte notamment qu'on a

(1.3.1.3) $$\Omega^1_{\mathrm{Dec}_1^+(R)} = P \otimes_A \Omega^1_R ,$$

avec les notations de (1.2.7).

<u>Lemme</u> 1.3.2. <u>Notons</u> D <u>la dérivation extérieure de</u> $\Omega^{\cdot}_{\mathrm{Dec}_1^+(R)}$ (1.2.8). <u>Elle jouit des propriétés suivantes</u> :

(i) D <u>est</u> A-<u>linéaire pour la structure gauche de</u> P (1.2.2) ;

(ii) $D(f \otimes \omega) = (Df)\,\omega + f \otimes d\omega$, <u>quelle que soit la section</u> f (resp. ω) <u>de</u> P (resp. $\Omega^{\cdot}_R$) <u>au-dessus d'un objet arbitraire de</u> T ;

(iii) $D(I^{[p]} \otimes_A \Omega^q_R) \subset \mathrm{Im}\, I^{[p-1]} \otimes_A \Omega^{q+1}_R$ <u>quels que soient</u> $p, q \in \mathbb{N}$.

<u>Preuve</u>. L'assertion (i) résulte simplement du fait que les flèches de $\mathrm{Dec}_1^+(R)$ sont A-linéaires pour la structure gauche sur le premier facteur P de chaque composante. Comme D et d sont des dérivations, on peut se borner à prouver (ii) pour ω section de Ω^1_R . Ecrivons la différentielle de $R^{\sim}$ (1.2.6) sous la forme

$$d = d^o - d^+ ,$$

de sorte que $D : P \otimes \Omega^1_R \longrightarrow P \otimes \Omega^2_R$ s'obtient par passage au quotient à partir de $d^+ | P \otimes I$. Si g est une section de I , on a

$$\begin{aligned} d^o f \otimes g - d^+(f \otimes g) &= d(f \otimes g) \\ &= df \otimes g - f \otimes dg , \end{aligned}$$

d'où

$$d^+(f \otimes g) = d^+ f \otimes g + f \otimes dg \quad ,$$

ce qui donne (ii) par passage au quotient. Les flèches d^1, $d^2 : P \longrightarrow P \otimes_A P$ étant des PD-morphismes, on a, pour tout $n \in \mathbb{N}$,

$$d^+(I^{[n]}) \subset \sum_{p+q = n} \mathrm{Im} \ I^{[p]} \otimes_A I^{[q]} \quad .$$

Comme d'autre part on a $d^+(P) \subset P \otimes_A I$ et que $P \otimes_A I$ est facteur direct de $P \otimes_A P$, on a en fait

$$d^+(I^{[n]}) \subset \sum_{\substack{p+q = n \\ q > 0}} \mathrm{Im} \ I^{[p]} \otimes_A I^{[q]} \quad ,$$

d'où

$$d^+(I^{[n]}) \subset \mathrm{Im} \ I^{[n-1]} \otimes_A I \quad \mathrm{mod} \ \mathrm{Im} \ P \otimes_A I^{[2]} \quad .$$

On en tire

$$D(I^{[n]}) \subset \mathrm{Im} \ I^{[n-1]} \otimes_A \Omega^1_R \quad ,$$

d'où (iii), compte tenu de (ii).

1.3.3. <u>A partir de maintenant</u>, <u>nous supposons que</u> Ω^1_R <u>est un</u> A-<u>Module plat</u>. D'après (1.3.1.3), $\Omega_{\mathrm{Dec}^+_1(R)}$ est un P-Module plat, donc, en vertu de (1.2.8), on dispose du complexe de De Rham

(1.3.3.1) $$\Omega^{\cdot}_{\mathrm{Dec}^+_1(R)} = (P \xrightarrow{D} P \otimes_A \Omega^1_R \xrightarrow{D} P \otimes_A \Omega^2_R \longrightarrow \dots) \quad .$$

L'augmentation canonique $A \longrightarrow \mathrm{Dec}_1^+(R)$ (VI 1.3) définit, par fonctorialité du complexe de De Rham, une augmentation

$$(1.3.3.2) \qquad d^1 : A \longrightarrow \Omega^{\cdot}_{\mathrm{Dec}_1^+(R)} \quad .$$

Comme Ω^1_R est un A-Module plat, il en est de même de Ω^k_R pour tout k (I 4.2.2.6), et (1.3.2 (iii)) permet de définir une filtration décroissante de $\Omega^{\cdot}_{\mathrm{Dec}_1^+(R)}$:

$$(1.3.3.3) \qquad F^n\Omega^{\cdot}_{\mathrm{Dec}_1^+(R)} = (I^{[n]} \xrightarrow{D} I^{[n-1]}\otimes_A\Omega^1_R \xrightarrow{D} \dots \longrightarrow I^{[n-p]}\otimes_A\Omega^p_R \longrightarrow \dots) \quad .$$

Le gradué associé s'écrit

$$(1.3.3.4) \quad \mathrm{gr}\ \Omega^{\cdot}_{\mathrm{Dec}_1^+(R)} = (\mathrm{gr}\ P \xrightarrow{\overline{D}} \mathrm{gr}\ P \otimes_A\Omega^1_R \xrightarrow{\overline{D}} \dots \xrightarrow{\overline{D}} \mathrm{gr}\ P \otimes_A\Omega^n_R \longrightarrow \dots) \quad ,$$

où gr P désigne le gradué associé à la filtration PD-I-adique de P (noter en passant que les structures droite et gauche de P induisent sur gr P une même structure de A-Module).

<u>Lemme</u> 1.3.3.5. <u>La différentielle</u> $\overline{D}$ <u>de</u> (1.3.3.4) <u>est l'unique</u> A-<u>dérivation de bidegré</u> (-1,+1) <u>de l'Algèbre bigraduée</u> $\mathrm{gr}\ P \otimes_A \Omega^{\cdot}_R$ (I 4.3.1.1) <u>telle que</u>

(i) $\overline{D}(c\ell(\gamma^n x)) = c\ell(\gamma^{n-1}x) \otimes c\ell(x)$,

(ii) $D(1 \otimes y) = 0$,

<u>pour toute section locale</u> x (resp. y) <u>de</u> I (resp. Ω^1_R) <u>et tout</u> $n \in \mathbb{N}$.

<u>Preuve</u>. Compte tenu de (1.3.2), le seul point non trivial est de vérifier que $\overline{D}$ satisfait à (i). Or, avec les notations de la preuve de (1.3.2), on a

$$d^+\gamma^n x = \delta\gamma^n x - \gamma^n x \otimes 1 \quad ,$$

et comme

$$\delta x = x \otimes 1 + 1 \otimes x \quad \mathrm{mod}\ I \otimes I \quad ,$$

on en tire

$$d^+ \gamma^n x = \sum_{\substack{p+q=n \\ q>0}} \gamma^p x \otimes \gamma^q x \mod \operatorname{Im} I^{[n]} \otimes I + \operatorname{Im} P \otimes I^{[2]}$$

$$= \gamma^{n-1} x \otimes x \mod \operatorname{Im} I^{[n]} \otimes I + \operatorname{Im} P \otimes I^{[2]} ,$$

d'où (i).

Grâce à (1.3.3.5), le morphisme canonique surjectif ([26] I 3.4.3)

(1.3.3.6) $$\Gamma_A \Omega^1_R \longrightarrow \operatorname{gr} P$$

se prolonge par extension des scalaires en un morphisme de A-Algèbres différentielles bigraduées

(1.3.3.7) $$\operatorname{Kos}^{\cdot}(\operatorname{Id}_{\Omega^1_R}) \longrightarrow \operatorname{gr} \Omega^{\cdot}_{\operatorname{Dec}^+_1(R)} ,$$

où le premier membre désigne le complexe de Koszul de la flèche identique de Ω^1_R (I 4.3.1.3). Le morphisme (1.3.3.7) est compatible aux augmentations canoniques $A \longrightarrow \operatorname{Kos}^{\cdot}(\operatorname{Id}_{\Omega^1_R})$ (I 4.3.1.3 (ii)) et $A \longrightarrow \operatorname{gr} \Omega^{\cdot}_{\operatorname{Dec}^+_1(R)}$ (définie par (1.3.3.2)).

Théorème 1.3.4. Avec les hypothèses et notations de (1.3.3), la flèche (1.3.3.6) (donc aussi la flèche (1.3.3.7)) est un isomorphisme .

Corollaire 1.3.4.1. Le complexe augmenté

$$A \longrightarrow \operatorname{gr} \Omega^{\cdot}_{\operatorname{Dec}^+_1(R)}$$

est acyclique.

En effet, il en est ainsi du complexe augmenté $A \longrightarrow \operatorname{Kos}^{\cdot}(\operatorname{Id}_{\Omega^1_R})$ (I 4.3.1.6).

Corollaire 1.3.4.2. *Pour tout entier* $n \geq 1$, *on a un diagramme commutatif, dont les lignes et colonnes sont exactes* :

$$
\begin{array}{ccccccccccc}
 & & & & 0 & & 0 & & 0 & & \\
 & & & & \downarrow & & \downarrow & & \downarrow & & \\
 & & 0 & \longrightarrow & \Gamma^n\Omega^1 & \xrightarrow{d} & \Gamma^{n-1}\Omega^1 \otimes \Omega^1 & \xrightarrow{d} & \Gamma^{n-2}\Omega^1 \otimes \Omega^2 & \longrightarrow & \cdots \\
 & & \downarrow & & \downarrow & & \downarrow & & \downarrow & & \\
0 & \longrightarrow & A & \xrightarrow{d^1} & P^n & \xrightarrow{D} & P^{n-1} \otimes \Omega^1 & \xrightarrow{D} & P^{n-2} \otimes \Omega^2 & \longrightarrow & \cdots \\
 & & {\scriptstyle Id}\downarrow & & \downarrow & & \downarrow & & \downarrow & & \\
0 & \longrightarrow & A & \xrightarrow{d^1} & P^{n-1} & \xrightarrow{D} & P^{n-2} \otimes \Omega^1 & \xrightarrow{D} & P^{n-3} \otimes \Omega^2 & \longrightarrow & \cdots \\
 & & \downarrow & & \downarrow & & \downarrow & & \downarrow & & \\
 & & 0 & & 0 & & 0 & & 0 & &
\end{array}
$$

où les deux lignes inférieures sont déduites par passage au quotient du complexe augmenté $A \longrightarrow \Omega^{\cdot}_{\mathrm{Dec}_1^+(R)}$ (1.3.3.2) (*on a posé pour abréger* $P/I^{[n+1]} = P^n$, $\Omega^k_R = \Omega^k$), *la ligne supérieure est la suite exacte de Koszul relative à l'identité de* Ω^1_R (I 4.3.1.7), *les flèches verticales inférieures sont les projections canoniques, et la flèche verticale* $\Gamma^{n-p}\Omega^1 \otimes \Omega^p \longrightarrow P^{n-p} \otimes \Omega^p$ *s'obtient en tensorisant par* Ω^p *la flèche composée de* $\Gamma^{n-p}\,\Omega^1 \longrightarrow gr^{n-p}P$ (1.3.3.6) *et de l'injection canonique* $gr^{n-p}P \longrightarrow P^{n-p}$.

Compte tenu de (I 4.3.1.6), (1.3.4.2) équivaut en effet à (1.3.4).

Corollaire 1.3.4.3. *Si* R *est PD-adique* (1.2.3), *le complexe augmenté* $A \longrightarrow \Omega^{\cdot}_{\mathrm{Dec}_1^+(R)}$ (1.3.3.2) *est acyclique*.

En effet, par définition la flèche canonique $P \longrightarrow \text{"}\varprojlim\text{"}\ P^n$ est alors un isomorphisme.

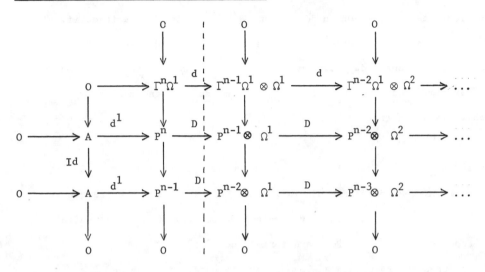

Preuve de (1.3.4). Nous prouverons la forme équivalente (1.3.4.2), par récurrence sur n . Pour $n = 1$, l'assertion est triviale. Supposons donc $n \geq 1$. l'hypothèse de récurrence, jointe à la platitude de Ω^1 , implique que, dans le diagramme de (1.3.4.2), la ligne inférieure, et les colonnes de degré ≥ 1 (à droite du pointillé) sont exactes. Par ailleurs, d'après (I 4.3.1.7), la ligne supérieure est exacte. On en déduit que $\Gamma^n \Omega^1 \longrightarrow P^n$ est injectif, et comme $\Gamma^n \Omega^1 \longrightarrow gr^n P$ est surjectif, la colonne de degré 0 est exacte. Par suite, toutes les colonnes du diagramme de (1.3.4.2) sont exactes, et comme ses lignes extrêmes sont exactes, il en est de même de sa ligne médiane, ce qui achève la démonstration.

Remarques 1.3.4.4. a) Soit $X \longrightarrow S$ un morphisme lisse de schémas. On vérifie facilement que, pour $R = C^{\wedge}_{X/S}$ (1.2.5), $\Omega^{\cdot}_{Dec^+_1(R)}$ n'est autre que le "linéarisé", au sens de ([25] 2.2), du complexe de De Rham $\Omega^{\cdot}_{X/S}$. Par suite, (1.3.4.3) redonne le "lemme de Poincaré formel" de ([25] 3.2).

b) On a des résultats analogues pour la catégorie décalée $Dec^1_+(R) = (P \overset{d^o}{\underset{d^1}{\rightrightarrows}} P \otimes_A P \rightrightarrows \ldots)$ (on les déduit des précédents en remplaçant R par la catégorie opposée). En particulier, si Ω^1_R est plat et que R est PD-adique, le complexe de De Rham augmenté

$$A \longrightarrow \Omega^{\cdot}_{Dec^1_+(R)} = (A \xrightarrow{d^o} P \longrightarrow \Omega^1_R \otimes P \longrightarrow \Omega^2_R \otimes P \longrightarrow \ldots) \quad ,$$

(qui est A-linéaire à droite) est acyclique. Ce complexe, sous le non de "complexe naïf de Spencer", joue un rôle important dans la théorie "analytique" des équations différentielles, voir notamment [28], [30], [33], [34].

1.3.5. Le diagramme de (1.3.4.2) montre que P^n est donné par le produit fibré

$$P^n = P^{n-1} \times_{P^{n-2} \otimes \Omega^1} Ker(D : P^{n-1} \otimes \Omega^1 \longrightarrow P^{n-2} \otimes \Omega^2) \quad .$$

Exploitant cette remarque, Quillen montre que l'on peut, de proche en proche, reconstruire le système projectif $\text{"}\varprojlim\text{"}\, P^n$, les diagrammes de (1.3.4.2), et finalement la PD-complétée de R, $\text{"}\varprojlim\text{"}\, R/J^{[n]}$, à partir du seul complexe de De Rham $\Omega^{\cdot}_R$ (la vérification est un peu longue, mais sans difficultés). On obtient ainsi le

Théorème 1.3.6. [1] La K-Algèbre A étant fixée, le foncteur $R \longmapsto \Omega^{\cdot}_{R}$ établit une équivalence entre la catégorie des K-catégories formelles PD-adiques (1.2.3) dont l'objet des objets est A [2] et le Module des différentielles (1.2.7) est plat sur A et la catégorie des complexes de De Rham sur A/K (1.1.1) dont la composante de degré 1 est plate sur A . De plus, tout objet R de la première catégorie est un groupoïde, dont l'involution "renversement des flèches" est donnée par l'automorphisme du complexe de De Rham $\Omega^{\cdot}_{R}$ défini par $(-1)^{n}$ en degré n .

Compte tenu de (1.1.9 b)), ce théorème contient le théorème de Cartier sur l'équivalence entre groupes formels et Algèbres de Lie en caractéristique 0 .

1.4. Cohomologie des catégories formelles PD-adiques plates.

Dans ce numéro, R désigne, comme en (1.2.6), une K-catégorie formelle à PD, d'Idéal d'augmentation J . On conserve les notations de (1.2.6), (1.2.7). On utilise d'autre part la notation $c^{n}(-)$ pour désigner la composante de degré n d'un objet cosimplicial.

1.4.1. On a ([26] I 3.4.3) une flèche canonique surjective

(1.4.1.1) $$\Gamma_{A}(J/J^{[2]}) \longrightarrow \mathrm{gr}\, R \quad ,$$

où gr R désigne le gradué associé à la filtration de R par les $J^{[m]}$. Observons que, d'après (1.2.2.3), cette filtration induit sur chaque composante $c^{n}(R) = P \otimes_{A} \ldots \otimes_{A} P$ la filtration "produit tensoriel" des filtrations PD-I-adiques de P :

---

(1) Ce théorème ne sera pas utilisé dans la suite.

(2) Les morphismes de cette catégorie sont les PD-morphismes de K-Algèbres cosimpliciales induisant l'identité sur A .

$$(1.4.1.2) \qquad c^n(J^{[m]}) = \sum_{r_1+\ldots+r_n \geq m} \operatorname{Im} I^{[r_1]} \otimes_A \ldots \otimes_A I^{[r_n]} .$$

<u>Proposition</u> 1.4.1.3. <u>On suppose que</u> Ω^1_R <u>est un</u> A-<u>Module plat</u>. <u>Alors</u> :

a) <u>La flèche</u> (1.4.1.1) <u>est un isomorphisme</u>.

b) <u>Il existe un isomorphisme canonique de complexes de</u> A-<u>Modules</u> :

$$N(J/J^{[2]}) = \Omega^1_R [-1] .$$

<u>Preuve</u>. Tout d'abord, d'après (1.3.4), la flèche induite par (1.4.1.1) sur les composantes de degré 1 ,

$$\text{(i)} \qquad \Gamma_A(\Omega^1_R) \longrightarrow \operatorname{gr} P ,$$

est un isomorphisme. En particulier, d'après (I 4.2.2.6), gr P est plat sur A . Il s'ensuit que, pour tout $n \geq 1$, la flèche canonique

$$\text{(ii)} \qquad \underbrace{\operatorname{gr} P \otimes_A \ldots \otimes_A \operatorname{gr} P}_{n \text{ facteurs}} \longrightarrow \underbrace{\operatorname{gr} (P \otimes_A \ldots \otimes_A P)}_{n \text{ facteurs}}$$

est un isomorphisme (de A-Modules gradués). En effet, si l'on pose $P/I^{[r+1]} = P^r$, la flèche analogue

$$\operatorname{gr} P^r \otimes_A \ldots \otimes_A \operatorname{gr} P^r \longrightarrow \operatorname{gr} (P^r \otimes_A \ldots \otimes_A P^r)$$

est un isomorphisme, comme il découle de (V 2.1.4)(1), et, par passage à la "limite", on en déduit que (ii) est un isomorphisme. La partie homogène de degré 1 de (ii) est un isomorphisme

---

(1) L'énoncé de (loc. cit.) s'étend trivialement au cas de pro-Modules munis de filtrations finies à gradués plats.

$$\text{(iii)} \quad \underbrace{\Omega^1_R \oplus \ldots \oplus \Omega^1_R}_{n \text{ termes}} \longrightarrow c^n(J/J^{[2]}) \quad .$$

Combinant (iii) et (i), et utilisant le fait que Γ_A transforme sommes en produits tensoriels, on voit que (ii) s'identifie à la flèche c^n (1.4.1.1), ce qui prouve a). Les isomorphismes (iii) montrent que $J/J^{[2]}$ est un monoïde dans la catégorie opposée à celle des A-Modules. L'opérateur de dégénérescence $s^i : c^n(J/J^{[2]}) \longrightarrow c^{n-1}(J/J^{[2]})$ est la projection canonique sur les composants d'indice $\neq$ i, et comme

$$N^n(J/J^{[2]}) = \bigcap_{0 \leq i \leq n-1} \operatorname{Ker} s^i \quad ,$$

il en résulte que

$$N(J/J^{[2]}) = \Omega^1_R[-1] \quad ,$$

ce qui prouve b) et achève la preuve de (1.4.1.3).

1.4.2. La filtration PD-I-adique de P définit sur $T_A(I)$ (1.2.6.5) une filtration d'Algèbre graduée :

$$(1.4.2.1) \qquad F^m T^n_A(I) = F^m N'^n R = \sum_{\substack{r_1+\ldots+r_n \geq m \\ r_1,\ldots,r_n > 0}} \operatorname{Im} I^{[r_1]} \otimes_A \ldots \otimes_A I^{[r_n]} \quad .$$

Cette filtration est préservée par la dérivation d de N'R (1.2.6.4), comme on le vérifie facilement. D'autre part, d'après (1.4.1.2), la flèche (1.2.6.6) est compatible aux filtrations des deux membres.

<u>Proposition</u> 1.4.2.2. <u>Si</u> Ω^1_R <u>est un</u> A-<u>Module plat</u>, <u>la flèche</u> (1.2.6.6) <u>induit un isomorphisme sur les gradués associés</u>.

<u>Preuve</u>. Posons $\Gamma_A^{\ +} = \bigoplus_{k \geq 1} \Gamma_A^{\ k}$, et considérons les flèches canoniques

$$\underbrace{\Gamma_A^{\ +}\,\Omega_R^1 \otimes_A \ldots \otimes_A \Gamma_A^{\ +}\Omega_R^1}_{n \text{ facteurs}} \longrightarrow \mathrm{gr}\ N'^n R \longrightarrow \mathrm{gr}\ NR = N\ \mathrm{gr}\ R \quad .$$

Un raisonnement analogue à celui fait dans la preuve de (1.4.1.3) montre que la première flèche est un isomorphisme. D'autre part, d'après (1.4.1.3) et (1.2.6.7), la flèche composée est un isomorphisme. Donc la seconde flèche est un isomorphisme, cqfd.

Corollaire 1.4.2.3. Si Ω_R^1 est un A-Module plat et si R est PD-adique (1.2.3), la flèche (1.2.6.6) induit, pour tout $m \in \mathbb{N}$, un isomorphisme

$$F^m N'R \longrightarrow NJ^{[m]} \quad .$$

1.4.3. On suppose désormais que R est PD-adique et que Ω_R^1 est un A-Module plat. Alors le complexe de De Rham $\Omega_R^{\cdot}$ est défini (1.2.8), et, d'après (1.4.2.3), on peut récrire p (1.2.7.2) comme un morphisme de K-Algèbres différentielles graduées :

(1.4.3.1) $$p : NR \longrightarrow \Omega_R^{\cdot} \quad .$$

Munissons $\Omega_R^{\cdot}$ de la filtration "de Hodge", définie par les tronqués naïfs successifs :

(1.4.3.2) $$F^m\Omega_R^{\cdot} = (0 \longrightarrow \ldots \longrightarrow 0 \longrightarrow \Omega_R^m \longrightarrow \Omega_R^{m+1} \longrightarrow \ldots) \quad .$$

Je dis que p (1.4.3.1) est compatible aux filtrations, i.e. qu'on a, pour tout m ,

(1.4.3.3) $$p(NJ^{[m]}) \subset F^m\Omega_R^{\cdot} \quad .$$

En effet, si $r_1,\ldots,r_n$ sont des entiers > 0 tels que $r_1 + \ldots + r_n = m$, avec $n < m$, l'un au moins des r_i est ≥ 2, de sorte que l'image par p de $I^{[r_1]} \otimes_A \ldots \otimes_A I^{[r_n]}$ est nulle. Compte tenu de (1.4.2.1) et (1.4.2.3), il en résulte que $p(N^n J^{[m]}) = 0$ pour $n < m$, d'où (1.4.3.3).

Théorème 1.4.4. Sous les hypothèses de (1.4.3), gr p est un quasi-isomorphisme.

Corollaire 1.4.4.1. Sous les hypothèses de (1.4.3), p induit, pour tout $m \in \mathbb{N}$, un quasi-isomorphisme $NJ^{[m]} \longrightarrow F^m\Omega^{\cdot}_R$.

Remarques 1.4.4.2. a) Appliquant (1.4.4) à $\mathrm{Dec}_1^+(R)$, et tenant compte de ce que le complexe augmenté $A \longrightarrow \mathrm{Dec}_1^+(R)$ est homotopiquement trivial (VI 1.4), on retrouve que le complexe augmenté $A \longrightarrow \Omega^{\cdot}_{\mathrm{Dec}_1^+(R)}$ est acyclique (1.3.4.3).

b) Appliquant (1.4.4) au complexe de Čech-Alexander $\hat{C}_{X/S}$ (1.2.5) d'un morphisme lisse, on retouve, sous une forme plus précise, le fait que la cohomologie cristalline de X/S s'identifie à la cohomologie de De Rham de X/S ([25] 3.3).

1.4.5. Preuve de (1.4.4). Nous aurons besoin de quelques préliminaires. Soit V un A-Module, et soit

$$KV[-1] = (0 \rightrightarrows V \rightrightarrows V \oplus V \rightrightarrows \ldots)$$

le transformé de Dold-Puppe du complexe réduit à V placé en degré 1, i.e. (VI 2.7.2) le nerf de V , considéré comme groupe de la catégorie opposée à celle des A-Modules via l'application diagonale $V \longrightarrow V \oplus V$. La A-Algèbre cosimpliciale

$$\Gamma_A KV[-1] = (A \rightrightarrows \Gamma_A V \rightrightarrows \Gamma_A V \otimes \Gamma_A V \rightrightarrows \ldots)$$

est une K-catégorie formelle à PD telle que $d^0 = d^1 : A \longrightarrow \Gamma_A(V)$. D'après (1.2.6.7) et (1.2.8 (i)), le complexe de De Rham $\Omega^{\cdot}_{\Gamma_A KV[-1]}$ est défini et l'on a une projection canonique

$$p : N\Gamma_A KV[-1] \longrightarrow \Omega^{\cdot}_{\Gamma_A KV[-1]} \quad . \tag{1.4.5.1}$$

Par définition, on a

$$\Omega^1_{\Gamma_A KV[-1]} = V \quad . \tag{1.4.5.2}$$

D'autre part, le même raisonnement que pour prouver (1.4.3.3) montre que l'on a, pour tout $m \in \mathbb{N}$,

(1.4.5.3) $$p(N\Gamma_A{}^m KV[-1]) \subset \Omega^m_{\Gamma_A KV[-1]}[-m] \quad .$$

Il en résulte que la différentielle de $\Omega^{\cdot}_{\Gamma_A KV[-1]}$ est nulle, i.e. que

(1.4.5.4) $$\Omega^{\cdot}_{\Gamma_A KV[-1]} = \wedge^*_A V[-*] \overset{dfn}{=} \bigoplus_{m \in \mathbb{N}} \wedge^m_A V[-m] \quad .$$

et que p (1.4.5.1) se décompose en

(1.4.5.5) $$p = \bigoplus_{m \in \mathbb{N}} k^m p \quad ,$$

la partie homogène $k^m p$ s'écrivant (pour $m \geq 1$)

$$\begin{array}{ccl} N\Gamma_A{}^m KV[-1] & = & (0 \longrightarrow \Gamma^m V \longrightarrow \dots \longrightarrow \bigoplus_{\substack{r_1+\dots+r_i=m \\ r_1,\dots,r_i>0}} \Gamma_A^{r_1} V \otimes \dots \otimes \Gamma_A^{r_i} V \\ & & \qquad\qquad\qquad \dots \longrightarrow V^{\otimes n} \longrightarrow 0) \\ \Big\downarrow k^m p & & \qquad\qquad\qquad\qquad\qquad\quad \Big\downarrow \\ \Omega^m_{\Gamma_A KV[-1]}[-m] & = & (0 \longrightarrow \dots \longrightarrow \quad 0 \longrightarrow \wedge^m_A V \longrightarrow 0 \end{array} \quad ,$$

où la flèche verticale de droite est la flèche canonique. Si W est un A-Module, on a un carré commutatif

(1.4.5.6) $$\begin{array}{ccc} \Gamma V[-1] \otimes \Gamma W[-1] & \longrightarrow & \Gamma((V \oplus W)[-1]) \\ \Big\downarrow p \otimes p & & \Big\downarrow p \\ \wedge^* V[-*] \otimes \wedge^* W[-*] & \longrightarrow & \wedge^*(V \oplus W)[-*] \end{array} \quad ,$$

où la flèche horizontale inférieure est l'accouplement canonique ([1]), et la flèche

---

([1]) Tordu par le signe $(-1)^{mn}$ sur le morceau $\wedge^m V[-m] \otimes \wedge^n V[-n]$.

horizontale supérieure l'accouplement donné par la flèche d'Alexander-Whitney (I 4.2.3.5), avec la notation abrégée de (loc. cit.) $N\Gamma K = \Gamma$. La vérification est immédiate sur la décomposition (1.4.5.5) de p .

Cela posé, (1.4.4) va, compte tenu de (1.4.1.3), résulter du

Lemme 1.4.5.7. Si V est plat, la flèche (1.4.5.1) est un quasi-isomorphisme.

Preuve. Les deux membres étant compatibles aux limites inductives locales (I 4.2.2.6), on se ramène, par le théorème de Deligne-Lazard (I 4.2.2.1), au cas où V est libre de type fini. Puis, utilisant (1.4.5.6), on se réduit au cas où V est libre de rang 1 . Alors $k^{o}p$ (resp. $k^{1}p$) est la flèche identique de A (resp. $V[-1]$), et tout revient à voir que $\Gamma^{m}(V[-1])$ est acyclique pour $m \geq 2$. Mais cela découle de la formule de décalage $\Gamma^{m}(V[-1]) \xrightarrow[\sim]{D(A)} \wedge^{m}V[-m]$ (I 4.3.2.1 (ii)) (²). Ceci achève la preuve de (1.4.5.7), et partant, celle de (1.4.4).

1.4.6. L'existence d'un isomorphisme, dans la catégorie dérivée, entre NR et $\Omega^{\cdot}_{R}$ peut aussi s'établir à l'aide de la "suite exacte de Poincaré" (1.3.4.3), par un argument dû à Grothendieck ([31] 6.2), et qui est le suivant.

Considérons l'objet cosimplicial augmenté (VI 1.5.1) défini par R :

$$R \longrightarrow \mathrm{Dec}^{+}_{1}(R) \rightrightarrows \mathrm{Dec}^{+}_{2}(R) \;\substack{\longrightarrow\\ \longrightarrow\\ \longrightarrow}\; \cdots \qquad (1.4.6.1)$$

que nous regarderons aussi comme un objet bi-cosimplicial, de n-ième colonne la catégorie formelle PD-adique $\mathrm{Dec}^{+}_{n+1}(R)$. Appliquant à (1.4.6.1) le foncteur "complexe de De Rham" (ce qui est loisible puisque, par hypothèse, les composantes de (1.4.6.1) sont des catégories dont le Module des différentielles est plat), on obtient un objet cosimplicial augmenté :

(²) On peut sans doute vérifier "élémentairement" l'acyclicité des complexes précédents, encore que l'exercice ne paraisse pas très facile.

(1.4.6.2) $$\Omega^{\cdot}_{R} \longrightarrow \Omega^{\cdot}_{\mathrm{Dec}_1^+(R)} \rightrightarrows \Omega^{\cdot}_{\mathrm{Dec}_2^+(R)} \substack{\longrightarrow \\ \longrightarrow \\ \longrightarrow} \quad \cdots \quad ,$$

dont les lignes sont homotopiquement triviales, puisqu'il en est ainsi des lignes de (1.4.6.1) (VI 1.4). L'augmentation (1.4.6.2) induit donc un isomorphisme, dans la catégorie dérivée, entre les complexes simples associés :

(1.4.6.3) $$\Omega^{\cdot}_{R} \longrightarrow \int (\Omega^{\cdot}_{\mathrm{Dec}_1^+(R)} \rightrightarrows \Omega^{\cdot}_{\mathrm{Dec}_2^+(R)} \substack{\longrightarrow \\ \longrightarrow \\ \longrightarrow} \cdots) \quad .$$

D'autre part, l'augmentation "verticale" $R \longrightarrow \mathrm{Dec}^+(R)$ de (VI 1.5) définit une augmentation

(1.4.6.4) $$\begin{array}{ccccccc} & & \Omega^{\cdot}_{\mathrm{Dec}_1^+(R)} & \rightrightarrows & \Omega^{\cdot}_{\mathrm{Dec}_2^+(R)} & & \cdots \\ & & \uparrow & & \uparrow & & \\ R & = & (A & \rightrightarrows & P & \substack{\longrightarrow \\ \longrightarrow \\ \longrightarrow} & \cdots) \end{array} \quad ,$$

qui, d'après (1.3.4.3), est un quasi-isomorphisme sur chaque colonne. Par suite, (1.4.6.4) définit un isomorphisme, dans la catégorie dérivée, entre les complexes simples associés :

(1.4.6.5) $$R \longrightarrow \int (\Omega^{\cdot}_{\mathrm{Dec}_1^+(R)} \rightrightarrows \Omega^{\cdot}_{\mathrm{Dec}_2^+(R)} \substack{\longrightarrow \\ \longrightarrow \\ \longrightarrow} \cdots) \quad .$$

Combinant (1.4.6.3) et (1.4.6.5), on obtient, comme annoncé, un isomorphisme, dans la catégorie dérivée, entre NR et $\Omega^{\cdot}_{R}$. Il est facile de voir que cet isomorphisme n'est autre que l'isomorphisme $p : NR \longrightarrow \Omega^{\cdot}_{R}$ de (1.4.4.1). En effet, si $\mathrm{Dec}^+(R)$ (resp. $\Omega^{\cdot}_{\mathrm{Dec}^+(R)}$) désigne l'objet cosimplicial non augmenté défini par (1.4.6.1) (resp. (1.4.6.2)), on a un diagramme commutatif

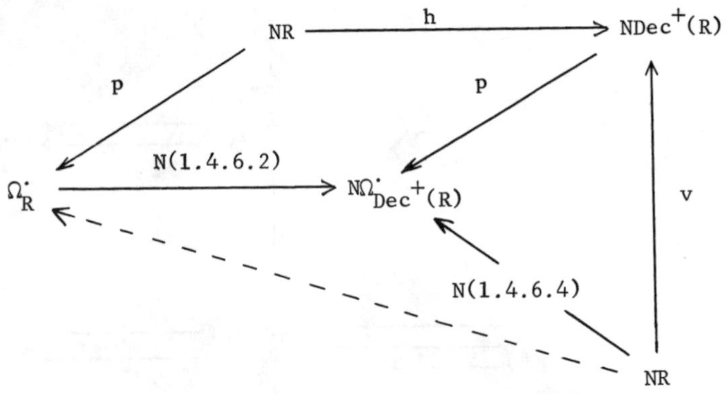

,

où h (resp. v) est normalisée de l'augmentation horizontale (resp. verticale) de $Dec^+(R)$. Par définition, l'isomorphisme $NR \longrightarrow \Omega^{\cdot}_R$ obtenu en combinant (1.4.6.3) et (1.4.6.5) est la flèche pointillée rendant commutatif le triangle inférieur (après passage aux complexes simples associés). Comme, d'après (VI 1.6.2), on a $h^{-1}v = Id$ dans la catégorie dérivée, le diagramme montre que la flèche pointillée est bien égale à p dans la catégorie dérivée, comme annoncé.

2. Complexe de De Rham dérivé et cohomologie cristalline.

2.1. Le complexe de De Rham dérivé.

2.1.1. Soient T un topos, $A \longrightarrow B$ un morphisme d'Anneaux de T , $P = P_A(B)$ la résolution simpliciale libre standard de B/A (I 1.5.5.6). Le complexe de De Rham $\Omega^{\cdot}_{P/A}$ (1.1.3 a)) est une A-Algèbre "simpliciale différentielle graduée" :

$$
\begin{array}{ccccccc}
 & & & & \vdots & & \vdots \\
 & \cdots & & & \Omega^2_{P_1/A} & \rightrightarrows & \Omega^2_{P_o/A} \\
 & \vdots & & & \uparrow & & \uparrow \\
\cdots & \Omega^1_{P_2/A} & \substack{\longrightarrow\\ \longrightarrow\\ \longrightarrow} & & \Omega^1_{P_1/A} & \rightrightarrows & \Omega^1_{P_o/A} \\
 & \uparrow & & & \uparrow & & \uparrow \\
\cdots & P_2 & \substack{\longrightarrow\\ \longrightarrow\\ \longrightarrow} & & P_1 & \rightrightarrows & P_o
\end{array} ,
$$

dont la i-ième colonne est le complexe de De Rham $\Omega^{\cdot}_{P_i/A}$ et la j-ième ligne le P-Module $\Omega^j_{P/A}$. On sait (II 1.1.3.2) que $\Omega^1_{P/A}$ est un P-Module plat, donc aussi $\Omega^j_{P/A}$ pour tout j (I 4.2.2.6). Comme $P \longrightarrow B$ est un quasi-isomorphisme, il découle de (I 3.3.2.1) que la flèche d'adjonction

(2.1.1.1) $$\Omega^j_{P/A} \longrightarrow \Omega^j_{P/A} \otimes_P B = \wedge^j_B L_{B/A}$$

est un quasi-isomorphisme pour tout j. Le complexe simple associé à $\Omega^{\cdot}_{P/A}$, noté

(2.1.1.2) $$L\Omega^{\cdot}_{B/A} ,$$

s'appelle <u>complexe de De Rham dérivé</u> de B/A. Si $f : X \longrightarrow S$ est un morphisme de topos annelés (resp. de schémas), on pose

(2.1.1.3) $$L\Omega^{\cdot}_{X/S} = L\Omega^{\cdot}_{\mathcal{O}_X/f^{-1}(\mathcal{O}_S)} .$$

Le complexe $L\Omega^{\cdot}_{B/A}$ est muni de la filtration de Hodge, définie par les sous-complexes

(2.1.1.4) $$F^m L\Omega^{\cdot}_{B/A} = \int F^m \Omega^{\cdot}_{P/A} ,$$

$$F^m \Omega^{\cdot}_{B/A} = (0 \longrightarrow \ldots \longrightarrow 0 \longrightarrow \Omega^m_{P/A} \longrightarrow \Omega^{m+1}_{P/A} \longrightarrow \ldots) .$$

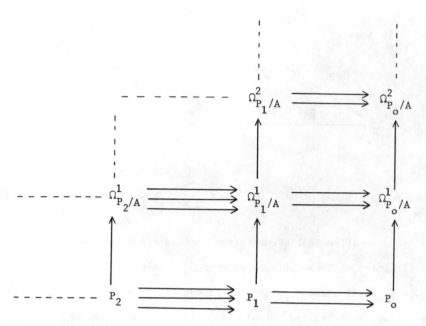

Les flèches (2.1.1.1) définissent donc un quasi-isomorphisme gradué

$$(2.1.1.5) \qquad \mathrm{gr}\; L\Omega^{\cdot}_{B/A} \longrightarrow \wedge_B L_{B/A}[-*] \overset{\mathrm{dfn}}{=} \bigoplus_{i\in\mathbb{N}} (\wedge^i_B L_{B/A})[-i] \quad .$$

Comme $L_{B/A}$ est plat, le second membre s'identifie d'ailleurs par définition (I 4.2.2.2) à $L\wedge_B L_{B/A}[-*]$. Compte tenu de (II 1.2.5, 1.2.6), il découle de (2.1.1.5) que $L\Omega^{\cdot}_{B/A}$ ne change pas, à isomorphisme canonique près dans $D(A)$, si l'on remplace dans la définition la résolution standard P par une résolution libre quelconque de B/A .

2.1.2. A titre d'exemple, calculons $\wedge_B L_{B/A}[-*]$ pour B faiblement d'intersection complète sur A (III 3.3.4).

Lemme 2.1.2.1. *Soit* $L = (0 \longrightarrow E \xrightarrow{u} F \longrightarrow 0)$ *un complexe de* B-*Modules plats concentré en degrés* 0 *et* 1 . *Il existe un isomorphisme canonique fonctoriel de* $D(B)$, *compatible aux graduations* :

$$L\Gamma_B L \;=\; \mathrm{Kos}^{\cdot}(u) \quad ,$$

où $\mathrm{Kos}^{\cdot}(u)$ *est le complexe de Koszul de* u (I 4.3.1.3).

Preuve. Il existe une suite exacte de complexes de Modules plats à degrés > 0 ,

$$(*) \qquad 0 \longrightarrow L' \longrightarrow E' \xrightarrow{u'} F \longrightarrow 0 \quad ,$$

et un triangle commutatif

$$(**) \qquad \begin{array}{ccc} E' & \xrightarrow{u'} & F \\ \downarrow & \nearrow_{u} & \\ E & & \end{array} \quad ,$$

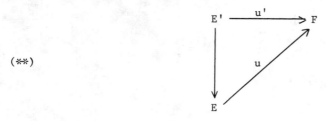

où la flèche verticale est un homotopisme (prendre par exemple $E' = E \oplus C(\mathrm{Id}_F)[-1]$, où $C(\mathrm{Id}_F)$ est le cône de Id_F , $u' = u + \mathrm{Id}_F$ en degré 0). En vertu de (I 4.3.1.6) appliqué à $K(*)$, où K désigne la transformation de Dold-Puppe, $\mathrm{Kos}^{\cdot}(Ku')$ est une résolution de $\Gamma_B KL'$. D'autre part, la flèche $\mathrm{Kos}^{\cdot}(Ku') \longrightarrow \mathrm{Kos}^{\cdot}(u)$ induite par (**) définit un quasi-isomorphisme sur les complexes simples associés. Comme L' est une résolution plate de L , le lemme en résulte. (On pourrait aussi le déduire de la théorie du n° 1, en appliquant (1.4.4) à la PD-complétée de $\Gamma_B KL$, dont le complexe de De Rham s'identifie à $\mathrm{Kos}^{\cdot}(u)$).

<u>Corollaire</u> 2.1.2.2. <u>Soit un triangle commutatif d'Anneaux de</u> T :

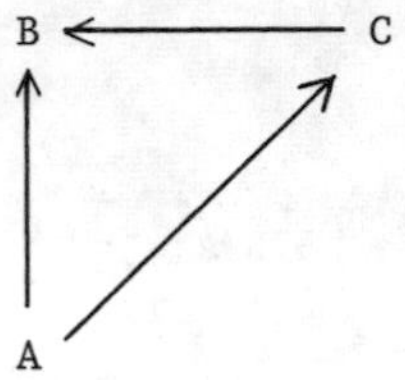

,

<u>où</u> $C \longrightarrow B$ <u>est surjectif de noyau un Idéal faiblement régulier</u> I (III 3.3.1), <u>la flèche canonique</u> $L_{C/A} \longrightarrow \Omega^1_{C/A}$ <u>est un quasi-isomorphisme et</u> $\Omega^1_{C/A}$ <u>est plat</u>. <u>Il existe alors un isomorphisme canonique de</u> $D(B)$, <u>compatible aux graduations</u> :

$$\wedge_B L_{B/A}[-*] \;=\; \mathrm{Kos}^{\cdot}(I/I^2 \xrightarrow{d_{C/A}} \Omega^1_{C/A} \otimes_C B) \quad .$$

<u>Preuve</u>. D'après (III 3.3.6), on a un isomorphisme canonique de $D(B)$:

$$L_{B/A} = (0 \longrightarrow I/I^2 \xrightarrow{d_{C/A}} \Omega^1_{C/A} \otimes_C B \longrightarrow 0) \quad ,$$

où I/I^2 est placé en degré -1 . Compte tenu de la formule de décalage (I 4.3.2.1 (ii)

$$\wedge_B L_{B/A}[-*] \overset{D(B)}{=} L\Gamma_B\,(L_{B/A}[-1]) \quad ,$$

le corollaire découle donc de (2.1.2.1).

<u>Corollaire</u> 2.1.2.3. <u>Si</u> B <u>est faiblement d'intersection complète sur</u> A (III 3.3.4), $\mathrm{gr}\ L\Omega^{\cdot}_{B/A}$ <u>est à cohomologie nulle en degré</u> < 0 , <u>donc aussi</u> $L\Omega^{\cdot}_{B/A}/F^{n}L\Omega^{\cdot}_{B/A}$ <u>pour tout</u> n .

2.1.3. Notons

$$\mathrm{CF}^{\wedge}(A) \tag{2.1.3.1}$$

la catégorie des complexes de pro-A-Modules L munis d'une filtration décroissante $(F^{n}L)_{n\in\mathbb{Z}}$ telle que $F^{a}L = L$ pour un entier a . Nous dirons qu'une flèche $u : L \longrightarrow M$ de $\mathrm{CF}^{\wedge}(A)$ est un <u>quasi-isomorphisme</u> si $F^{n}u$ est un quasi-isomorphisme (de complexes de pro-A-Modules) pour tout $n \in \mathbb{Z}$. Quand L et M sont "complets", i.e. $L \xrightarrow{\sim} \text{"}\varprojlim\text{"} L/F^{n}L$, $M \xrightarrow{\sim} \text{"}\varprojlim\text{"} M/F^{n}M$ ([1]) , il revient au même de dire que gr u est un quasi-isomorphisme. On notera

$$\mathrm{DF}^{\wedge}(A) \tag{2.1.3.2}$$

la catégorie dérivée "filtrée complétée", obtenue en localisant $\mathrm{CF}^{\wedge}(A)$ par rapport aux quasi-isomorphismes (comparer (V 1.2)). Comme, avec les notations de (2.1.1), $\Omega^{\cdot}_{P/A}$ est "mal placé" (dans le deuxième quadrant), il nous sera parfois commode de remplacer le complexe de De Rham dérivé $L\Omega^{\cdot}_{B/A}$ par son "complété"

$$L\Omega^{\cdot\wedge}_{B/A} \overset{\mathrm{dfn}}{=} \text{"}\varprojlim\text{"}\ L\Omega^{\cdot}_{B/A}/F^{n}L\,\Omega^{\cdot}_{B/A} , \tag{2.1.3.3}$$

qui, muni de la filtration $F^{m}L\Omega^{\cdot\wedge}_{B/A} = \text{"}\varprojlim_{n\geq m}\text{"}\ F^{m}L\Omega^{\cdot}_{B/A}/F^{n}L\Omega^{\cdot}_{B/A}$, est objet de $\mathrm{CF}^{\wedge}(A)$. Si $f : X \longrightarrow S$ est un morphisme de topos annelés, on écrira $L\Omega^{\cdot\wedge}_{X/S}$ au lieu de $L\Omega^{\cdot}_{\mathcal{O}_X/f^{-1}(\mathcal{O}_S)}$. On voit comme plus haut que $L\Omega^{\cdot\wedge}_{B/A}$ ne change pas, à isomorphisme canonique près dans la catégorie $\mathrm{DF}^{\wedge}(A)$, si l'on remplace

---

([1]) "$\varprojlim$" désigne toujours une limite dans la catégorie des pro-objets.

P par une résolution libre quelconque de B/A . D'autre part, si $C^{\wedge}_{P/A}$ désigne le complexe de Čech-Alexander de P/A (1.2.5) muni de la filtration par les PD-puissances de l'Idéal d'augmentation, on a, d'après (1.4.4), un quasi-isomorphisme canonique de $CF^{\wedge}(A)$:

(2.1.3.4) $$\int C^{\wedge}_{P/A} \longrightarrow L\Omega^{\cdot\wedge}_{B/A} \quad .$$

2.1.4 On suppose maintenant que A est une $\mathbb{F}_p$-Algèbre, où p est un nombre premier. Soit B une A-Algèbre, notons $B^{(p)}$ l'Algèbre déduite par extension des scalaires par l'homomorphisme de Frobenius de A . On vérifie trivialement qu'il existe un unique homomorphisme de complexes

(2.1.4.1) $$C^{-1} : \mathrm{gr}\ \Omega^{\cdot}_{B^{(p)}/A} \longrightarrow \Omega^{\cdot}_{B/A}$$

qui soit un homomorphisme de A-Algèbres graduées et tel que le composé avec la flèche canonique $\mathrm{gr}\ \Omega^{\cdot}_{B/A} \longrightarrow \mathrm{gr}\ \Omega^{\cdot}_{B^{(p)}/A}$ soit donné en degré 0 (resp. 1) par $x \longmapsto x^p$ (resp. $dx \longmapsto x^{p-1}dx$) .

Lemme 2.1.4.2. (Cartier). Si $B = S_A(M)$, où M est un A-Module plat, (2.1.4.1) est un quasi-isomorphisme.

Preuve. Par passage à la limite inductive locale (I 4.2.1.1), on se ramène au cas où M est libre de type fini, donc $B = A[t_1,\dots,t_r]$, et l'assertion se vérifie alors par un calcul direct ([32] 7.2).

Proposition 2.1.4.3. On suppose que

(*) $$\mathrm{Tor}^A_i(B, A_{\mathrm{Frob}}) = 0$$

pour tout $i > 0$, A_{Frob} désignant l'Anneau A considéré comme Algèbre sur lui-même par Frobenius. Alors (II 2.2.1) la flèche canonique $L_{B/A} \otimes_B B^{(p)} \longrightarrow L_{B^{(p)}/A}$ est un quasi-isomorphisme, et l'on a un isomorphisme canonique fonctoriel de D(A) :

$$C^{-1} \; : \; \wedge_{B^{(p)}} L_{B^{(p)}/A}[-*] \xrightarrow{\sim} L\Omega^{\cdot}_{B/A} \quad .$$

Preuve. Soit P la résolution libre standard de B/A . D'après (2.1.4.2),

$$C^{-1} \; : \; \mathrm{gr}\; \Omega^{\cdot}_{P^{(p)}/A} \longrightarrow \Omega^{\cdot}_{P/A}$$

induit un quasi-isomorphisme sur chaque colonne, donc, par passage aux complexes simples associés, un quasi-isomorphisme

$$\bigoplus_n \Omega^n_{P^{(p)}/A}[-n] \longrightarrow L\Omega^{\cdot}_{B/A} \quad .$$

Mais, grâce à (*), $P^{(p)} \longrightarrow B^{(p)}$ est un quasi-isomorphisme, donc la flèche d'adjonction

$$\Omega^n_{P^{(p)}/A} \longrightarrow \Omega^n_{P^{(p)}/A} \otimes_{P^{(p)}} B^{(p)} = \wedge^n_B L_{B/A} \otimes_B B^{(p)}$$

est un quasi-isomorphisme, d'où la proposition.

2.1.4.4. L'inverse C de l'isomorphisme C^{-1} de (2.1.4.3) généralise l'opération de Cartier : si $f : X \longrightarrow S$ est un morphisme lisse de schémas, $L\,\Omega^{\cdot}_{X/S} \longrightarrow \Omega^{\cdot}_{X/S}$ est un quasi-isomorphisme, ainsi que $\wedge^n L_{X/S} \longrightarrow \Omega^n_{X/S}$ pour tout n , et C s'identifie à l'opération de Cartier

$$\bigoplus H^n(\Omega^{\cdot}_{X/S})[-n] \longrightarrow \bigoplus \Omega^n_{X^{(p)}/S}[-n] \; .$$

2.2. Cohomologie cristalline des intersections complètes.

Lemme 2.2.1. Soient T un topos, A un Anneau de T , B une A-Algèbre, $C = (C^o \rightrightarrows C^1 \overset{\rightarrow}{\underset{\rightarrow}{\rightarrow}} \ldots)$ une A-catégorie affine (1.2.1), $C \longrightarrow B$ un morphisme surjectif de A-Algèbres de noyau K . On note I la composante de degré 0 de K , U la composante de degré 1 de l'Idéal d'augmentation de C (1.2.2). On suppose que I est faiblement régulier (III 3.3.1) et que U/U^2 est un C^o-Module plat. Il existe alors un isomorphisme canonique fonctoriel de complexes de B-Modules :

$$N(K/K^2) \;=\; (0 \longrightarrow I/I^2 \xrightarrow{\;d\;} (U/U^2) \otimes_{C^o} B \longrightarrow 0 \qquad ,$$

où I/I^2 est placé en degré 0 et d est induit par $d^o - d^1 : C^o \longrightarrow U$.

Preuve. Notons J l'Idéal d'augmentation de C , et $(\overline{C},\overline{J})$ la PD-enveloppe de (C,J) (1.2.5). On a :

$$\overline{J}/\overline{J}^{[2]} \;=\; J/J^2 \qquad ,$$

donc en particulier

$$\Omega^1_{\overline{C}} = \overline{U}/\overline{U}^{[2]} = U/U^2 \qquad .$$

D'après (1.4.1.3), on a donc

$$(*) \qquad N(J/J^2) \;=\; (U/U^2)\,[-1] \qquad .$$

D'autre part, comme I est faiblement régulier, le triangle de transitivité relatif à $C \longrightarrow C_o \longrightarrow B$ (II 2.1.2) fournit la suite exacte :

$$0 \longrightarrow (J/J^2) \otimes_{C^o} B \longrightarrow K/K^2 \longrightarrow I/I^2 \longrightarrow 0 \qquad .$$

Compte tenu de (*), la suite exacte déduite par application de N s'écrit

$$\begin{array}{ccccccc}
0 & \longrightarrow & U/U^2 \otimes_{C^o} B & \longrightarrow & N^1(K/K^2) & \longrightarrow & 0 \\
 & & \uparrow & & \uparrow{\scriptstyle d^o - d^1} & & \uparrow \\
 & & 0 & \longrightarrow & N^o(K/K^2) & \longrightarrow & I/I^2 \longrightarrow 0 \qquad ,
\end{array}$$

d'où le lemme.

Définition 2.2.2. *Soit* $A \longrightarrow B$ *un morphisme d'Anneaux de* T . *On dit que* B *est faiblement lisse sur* A *si* B *est plat sur* A *et si* $L_{B/A}$ *est d'amplitude plate* $\subset [0,0]$, *i.e. si la flèche canonique* $L_{B/A} \longrightarrow \Omega^1_{B/A}$ *est un quasi-isomorphisme et* $\Omega^1_{B/A}$ *est un* B-*Module plat*.

2.2.2.1. Une A-Algèbre libre, plus généralement l'Algèbre symétrique d'un A-Module plat, est faiblement lisse (II 1.2.4.4). Si $f : X \longrightarrow S$ est un morphisme lisse de schémas $\mathcal{O}_X$ est faiblement lisse sur $f^{-1}(\mathcal{O}_S)$ (III 3.1.2).

Le triangle de transitivité (II 2.1.2) montre que si B est faiblement lisse sur A et C faiblement lisse sur B , alors C est faiblement lisse sur A . D'autre part, il découle du théorème de changement de base (II 2.2.1) que, si B est faiblement lisse sur A , alors, pour toute A-Algèbre A' , $B \otimes_A A'$ est faiblement lisse sur A' ; de plus, si B et A' sont faiblement lisses sur A , il en est de même de $B \otimes_A A'$.

Notation 2.2.3. Soient R un Aneeau de T , J un Idéal de R . Nous poserons

$$R^{\hat{}J} = \text{"}\varprojlim_n\text{"}\ \overline{R}/\overline{J}^{[n]} ,$$

où $(\overline{R},\overline{J})$ est la PD-enveloppe de (R,J) ([26] I 2.3.1). La filtration de $R^{\hat{}J}$ par les

$$J^{\hat{}[n]} \overset{dfn}{=} \text{"}\varprojlim_{m\geq n}\text{"}\ \overline{J}^{[n]}/\overline{J}^{[m]}$$

s'appelle *filtration* PD-J-*adique* de $R^{\hat{}J}$.

Proposition 2.2.4. *Soit*

$$\begin{array}{ccc} B & \longleftarrow & Q \\ \uparrow & \nearrow & \\ A & & \end{array}$$

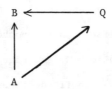

un triangle commutatif d'Anneaux de T , où $Q \longrightarrow B$ est surjectif de noyau un Idéal faiblement régulier I (III 3.3.1) et Q est faiblement lisse sur A (2.2.2). Soit, avec la notation de (1.2.5), K le noyau de l'homomorphisme surjectif $C_{Q/A} \longrightarrow B$, composé de l'augmentation $C_{Q/A} \longrightarrow Q$ et de $Q \longrightarrow B$. Munissons $C^{\wedge K}_{Q/A}$ (2.2.3) de la filtration PD-K-adique. Alors :

(i) Il existe un isomorphisme canonique fonctoriel de complexes de B-Modules :

$$N\, gr^1 C^{\wedge K}_{Q/A} = (0 \longrightarrow I/I^2 \xrightarrow{d_{Q/A}} \Omega^1_{Q/A} \otimes_Q B \longrightarrow 0) \quad ,$$

où I/I^2 est placé en degré 0 .

(ii) Si A est de caractéristique 0 , ou si T est ponctuel, Q lisse sur A et I régulier (SGA 6 VII 1.4), alors la flèche canonique

$$\Gamma_B\, gr^1 C^{\wedge K}_{Q/A} \longrightarrow gr\, C^{\wedge K}_{Q/A}$$

est un isomorphisme.

Preuve. On a par définition

$$gr^1 C^{\wedge K}_{Q/A} = K^{\wedge}/K^{\wedge [2]} = \overline{K}/\overline{K}^{[2]} = K/K^2 \quad .$$

D'autre part, si J désigne l'Idéal d'augmentation de $C_{Q/A}$, et U sa composante de degré 1, on a (par définition de $\Omega^1_{Q/A}$)

$$U/U^2 = \Omega^1_{Q/A} \quad ,$$

et $d = d^o - d^1 : Q \longrightarrow \Omega^1_{Q/A}$ est la dérivation extérieure $d_{Q/A}$. Donc (i) découle de (2.2.1) appliqué à $(C_{Q/A},K)$. D'après (2.2.2.1), $C_{Q/A}$ est faiblement lisse sur A , donc (III 3.3.6) K est faiblement régulier, donc d'après Quillen (([35] II 8.5), (III 3.3.1)), la flèche canonique $S_B(K/K^2) \longrightarrow \oplus K^n/K^{n+1}$ est un isomorphisme, ce qui prouve (ii) dans l'hypothèse où A est de caractéristique nulle. Dans l'autre hypothèse, K est régulier d'après (SGA 6 VIII 1.2), donc, d'après Berthelot ([26] I 3.4.4), la flèche canonique $\Gamma_B(K/K^2) \longrightarrow gr\, C^{\wedge K}_{Q/A}$

est un isomorphisme, ce qui achève la démonstration.

Remarque 2.2.4.1. L'hypothèse de (ii) est sans doute superflue. Plus précisément, la conclusion de (ii) est valable sans cette hypothèse si la question suivante a une réponse affirmative :

Question 2.2.4.2. Soit $A \longrightarrow B$ un morphisme d'Anneaux surjectif de noyau un Idéal faiblement régulier I, (III 3.3.1) et soit $(\bar{A},\bar{I})$ la PD-enveloppe de (A,I). Est-il vrai que la flèche canonique

$$\Gamma_B(I/I^2) \longrightarrow \oplus \bar{I}^{[n]}/\bar{I}^{[n+1]}$$

est un isomorphisme ?

C'est le cas si I est de Koszul (III 3.2.2), comme on le voit en paraphrasant l'argument de Berthelot ([26] I 3.4.4). Mais j'ignore la réponse dans le cas général.

Corollaire 2.2.5. *Soit*

$$\begin{array}{ccccc} Q' & \longrightarrow & B & \longrightarrow & Q'' \\ & \nwarrow & \uparrow & \nearrow & \\ & & A & & \end{array}$$

un diagramme commutatif d'Anneaux de T , *où* $Q' \longrightarrow B$ (resp. $Q'' \longrightarrow B$) *est surjectif de noyau un Idéal faiblement régulier* I' (resp. I") *et* Q' (resp. Q") *est faiblement lisse sur* A . *Soit*, *comme en* (2.2.4), K' (resp. K") *le noyau de l'homomorphisme surjectif* $C_{Q'/A} \longrightarrow B$ (resp. $C_{Q''/A} \longrightarrow B$), *et munissons* $C_{Q'/A}^{\wedge K'}$ (resp. $C_{Q''/A}^{\wedge K''}$) *de la filtration* PD-K'- (resp. K"-)*adique*. *Alors*, *si* A *est de caractéristique* 0 , *ou si* T *est ponctuel*, I' (resp. I") *régulier et* Q' (resp. Q") *lisse sur* A , *il existe un isomorphisme canonique de* $DF^{\wedge}(A)$:

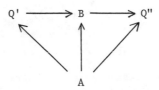

$$C^{\wedge K'}_{Q'/A} = C^{\wedge K''}_{Q''/A}$$

<u>Preuve</u>. D'après (2.2.2.1), $Q = Q' \otimes_A Q''$ est faiblement lisse sur A, donc (III 3.3.6) l'Idéal noyau de $Q \longrightarrow B$ est faiblement régulier. D'autre part, dans le cas ponctuel, si Q' et Q'' sont lisses sur A et I', I'' réguliers, Q est lisse sur A, et l'Idéal noyau de $Q \longrightarrow B$ est régulier d'après (SGA 6 VIII 1.2). On peut donc supposer qu'on a une flèche $f : Q' \longrightarrow Q''$ rendant commutatif le diagramme

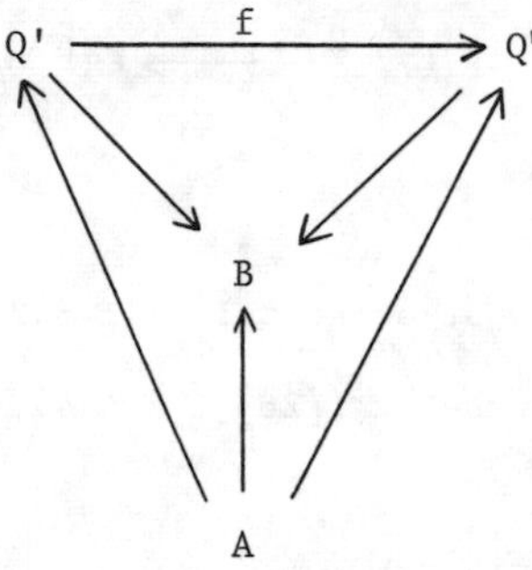

.

D'après (2.2.4 (i)) et (III 3.3.6), f induit un quasi-isomorphisme

$$gr^1 C^{\wedge K'}_{Q'/A} \longrightarrow gr^1 C^{\wedge K''}_{Q''/A} .$$

La flèche qui s'en déduit par application de Γ_B est encore un quasi-isomorphisme en vertu de (I 4.2.2.1), et le corollaire en résulte grâce à (2.2.4 (ii)).

<u>Théorème</u> 2.2.6. <u>Avec les hypothèses et notations de</u> (2.2.4), <u>si</u> A <u>est de caractéristique</u> 0 , <u>ou si</u> T <u>est ponctuel</u>, A <u>noethérien</u>, Q <u>lisse sur</u> A , <u>et</u> I <u>régulier</u>, <u>il existe un isomorphisme canonique de</u> $DF^{*}(A)$:

$$L\Omega^{\cdot\wedge}_{B/A} = C^{\wedge K}_{Q/A} .$$

<u>Preuve</u>. Plaçons-nous d'abord dans l'hypothèse où A est de caractéristique 0 . Soit, comme en (2.1.1), P la résolution libre standard de B sur A . D'après (2.2.5), on peut supposer qu'on a $Q = P_o$. Changeant les notations, nous poserons

$$I = \mathrm{Ker}(P \longrightarrow B), \quad J = \mathrm{Ker}(C_{P/A} \longrightarrow P), \quad K = \mathrm{Ker}(C_{P/A} \longrightarrow B) \quad .$$

Compte tenu de (2.1.3.4), il suffit de prouver que les flèches naturelles

$$(*) \qquad C^{\wedge J}_{P/A} \longrightarrow C^{\wedge K}_{P/A} \quad ,$$

$$(**) \qquad C^{\wedge K}_{P_o^o/A} \longrightarrow C^{\wedge K}_{P/A}$$

induisent des quasi-isomorphismes de $CF^{\wedge}(A)$ par passage aux complexes simples associés (($*$) est définie par la flèche identique de $C_{P/A}$ et l'inclusion $J \subset K$, tandis que ($**$) est définie par l'inclusion canonique de $C_{P_o/A}$, considéré comme objet simplicial trivial, dans $C_{P/A}$). D'après (1.4.1.3), on a

$$N\, gr^1 C^{\wedge J}_{P/A} = \Omega^1_{P/A}[-1] \quad ,$$

et d'après (2.2.4 (i)) (qui s'applique car, dans le topos Simpl(T), P est faiblement lisse sur A et I faiblement régulier d'après (III 3.3.6)) on a

$$N\, gr^1 C^{\wedge K}_{P/A} = (0 \longrightarrow I/I^2 \longrightarrow \Omega^1_{P/A} \otimes_P B \longrightarrow 0) \quad .$$

La flèche $N\, gr^1(*)$ s'écrit :

$$N\, gr^1(*) \quad : \quad \begin{array}{ccccl} 0 & & 0 & & \\ \uparrow & & \uparrow & & \\ \Omega^1_{P/A} & \xrightarrow{\ a\ } & \Omega^1_{P/A} \otimes_P B & & \text{(ligne de degré 1)} \\ \uparrow & & \uparrow & & \\ 0 & \longrightarrow & I/I^2 & & \text{(ligne de degré 0)}, \end{array}$$

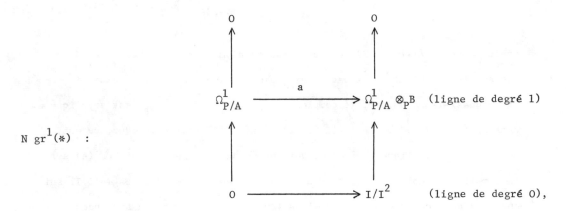

où a est la flèche d'adjonction ($C_{P/A}$ est un objet simplicial mixte (I 4.1.2) dont les lignes sont simpliciales, et les colonnes cosimpliciales, N est le foncteur normalisation dans le sens vertical). Pour prouver que ($*$) induit sur les complexes simples associés un quasi-isomorphisme de $CF^{\wedge}(A)$, il suffit de prouver que $gr(*)$ induit un quasi-isomorphisme sur chaque ligne. Or, d'après (2.2.4 (ii)), $gr(*)$ s'écrit comme le composé

$$\begin{array}{ccc} \Gamma_P\, gr^1 C^{\wedge J}_{P/A} & \xrightarrow{a} & \Gamma_P\, gr^1 C^{\wedge J}_{P/A} \otimes_P B \\ & & \| \\ & & \Gamma_B(gr^1 C^{\wedge J}_{P/A} \otimes_P B) \xrightarrow{\Gamma_B\, gr^1(*)_{(B)}} \Gamma_B\, gr^1 C^{\wedge K}_{P/A} \end{array} ,$$

où a est la flèche d'adjonction, et $gr^1(*)_{(B)}$ désigne la flèche B-linéaire déduite de $gr^1(*)$ par adjonction. Comme $\Omega^1_{P/A}$ est un P-Module plat, il en est de même des lignes de $\Gamma_P\, gr^1 C^{\wedge J}_{P/A}$, et comme $P \longrightarrow B$ est un quasi-isomorphismes, il en résulte (I 3.3.2.1) que a induit un quasi-isomorphisme sur chaque ligne. Tout revient donc à voir que $\Gamma_B gr^1(*)_{(B)}$ induit un quasi-isomorphisme sur chaque ligne, i.e. (I 4.2.2.1) qu'il en est ainsi de $gr^1(*)_{(B)}$, i.e. finalement, compte tenu de l'expression de $gr^1(*)$ donnée plus haut, que I/I^2 est acyclique. Or, comme I est faiblement régulier, la flèche canonique de complexes de B-Modules simpliciaux (III 1.2.8.1)

$$L_{B/P} \longrightarrow I/I^2[1]$$

induit, d'après (III 3.3.3), un quasi-isomorphisme sur chaque colonne, donc un quasi-isomorphisme sur les complexes simples associés. Mais, comme $P \longrightarrow B$ est un quasi-isomorphisme, le complexe simple associé à $L_{B/P}$ est acyclique en vertu de (II 1.2.6.2 b)) et (II 2.1.2), donc I/I^2 est acyclique, ce qui, comme on a vu, implique que $(*)$ induit un quasi-isomorphisme de $CF^{\wedge}(A)$ sur les complexes simples associés. Montrons qu'il en est de même de $(**)$. Il suffit pour cela de prouver que $gr(**)$ induit un quasi-isomorphisme sur chaque colonne. Or, d'après (2.2.4), on a

$$\Gamma_B gr^1(**) = gr(**) ,$$

et $N\,gr^1(**)$ s'écrit

$$N\,gr^1(**)\ :\qquad \begin{array}{ccc} 0 & & 0 \\ \uparrow & & \uparrow \\ \Omega^1_{P_o/A}\otimes_{P_o}B & \longrightarrow & \Omega^1_{P/A}\otimes_P B \\ \uparrow{\scriptstyle d_{P_o/A}} & & \uparrow{\scriptstyle d_{P/A}} \\ K_o/K_o^{\,2} & \longrightarrow & K/K^2 \end{array} \qquad \begin{array}{l} \\ \\ \text{(ligne de degré 1)} \\ \\ \text{(ligne de degré 0).} \end{array}$$

D'après (III 3.3.6) (ou, plus simplement, (III 1.3.4)), $N\,gr^1(**)$ induit un quasi-isomorphisme sur chaque colonne. Comme ces colonnes sont plates, il en résulte (I 4.2.2.1) que $\Gamma_B gr^1(**)$, i.e. $gr(**)$, induit, comme annoncé, un quasi-isomorphisme sur chaque colonne, donc que $(**)$ induit un quasi-isomorphisme de $CF\hat{}(A)$ sur les complexes simples associés, ce qui prouve le théorème dans l'hypothèse où A est de caractéristique 0 . Dans la seconde hypothèse, il existe, d'après André ([24] 17.2 p. 69), un quasi-isomorphisme $P' \longrightarrow B$ de A-Algèbres, où P' est, en chaque degré, une Algèbre de polynômes à un nombre fini de générateurs. Comme on l'a vu en (2.1.3), $L\hat{\Omega}^{\cdot}_{B/A}$ s'identifie canoniquement, dans $DF\hat{}(A)$, au complexe simple associé à $"\varprojlim" \Omega^{\cdot}_{P'/A}/F^n\Omega^{\cdot}_{P'/A}$, donc aussi, d'après (1.4.4), au complexe simple associé à $\hat{C}^{J'}_{P'/A}$ (où J est l'Idéal d'augmentation de $C_{P'/A}$), de sorte qu'il suffit de prouver que les flèches analogues à $(*)$ et $(**)$, avec P remplacé par P', induisent des quasi-isomorphismes de $CF\hat{}(A)$ sur les complexes simples associés. Ceci se fait exactement comme plus haut, d'où le théorème.

Remarque 2.2.6.1. Si la réponse à (2.2.4.2) est affirmative, l'hypothèse supplémentaire de (2.2.6) est inutile.

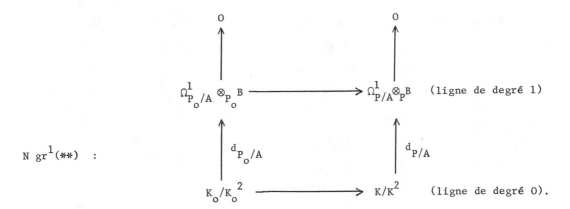

2.2.7. Soit $f : X \longrightarrow S$ un morphisme de schémas. Notons $\mathcal{O}_{X/S}$ l'Anneau structural du topos cristallin PD-nilpotent de X/S ([26] III App.), i.e. le faisceau associant à chaque épaississement PD-nilpotent $i : U \longrightarrow U'$ de X/S le faisceau $\mathcal{O}_{U'}$. Soit $J_{X/S}$ l'Idéal canonique de $\mathcal{O}_{X/S}$, défini par $i \longmapsto \mathrm{Ker}(\mathcal{O}_{U'} \longrightarrow i_*\mathcal{O}_U)$. Nous poserons

(2.2.7.1) $$\hat{\mathcal{O}}_{X/S} = \text{"}\varprojlim_n\text{"}\ \mathcal{O}_{X/S}/J^{[n]}_{X/S} .$$

La filtration de $\hat{\mathcal{O}}_{X/S}$ par les

$$\hat{J}^{[n]}_{X/S} \overset{\mathrm{dfn}}{=} \text{"}\varprojlim_{m\geq n}\text{"}\ J^{[n]}_{X/S}/J^{[m]}_{X/S}$$

s'appelle <u>filtration</u> PD-<u>adique canonique</u> de $\hat{\mathcal{O}}_{X/S}$.

Notons $(X/S)_{\mathrm{cris}}$ le topos cristallin PD-nilpotent de X/S, annelé par $\mathcal{O}_{X/S}$. Le foncteur image directe $f_{\mathrm{cris}*} : \mathrm{Mod}((X/S)_{\mathrm{cris}}) \longrightarrow \mathrm{Mod}(S)$ définit un foncteur "dérivé filtré complété"

(2.2.7.2) $$Rf_{\mathrm{cris}*} : D^+F\hat{}((X/S_{\mathrm{cris}}) \longrightarrow D^+F\hat{}(S)$$

(utiliser par exemple les résolutions flasques canoniques) (comparer avec (V 2.3.5)). De même manière, $f_* : \mathrm{Mod}(f^{-1}\mathcal{O}_S) \longrightarrow \mathrm{Mod}(S)$ définit un foncteur

(2.2.7.3) $$Rf_* : D^+F\hat{}(f^{-1}\mathcal{O}_S) \longrightarrow D^+F\hat{}(S) .$$

Cela étant, (2.2.6) fournit le

<u>Corollaire</u> 2.2.8. <u>Soit</u> $f : X \longrightarrow S$ <u>un morphisme d'intersection complète</u> (SGA 6 VIII 1.1). <u>Si</u> S <u>est de caractéristique</u> 0 <u>et</u> f <u>lissifiable</u>, <u>ou si</u> S <u>est affine</u>, <u>noethérien</u>, <u>et</u> X <u>affine</u>, <u>il existe</u>, <u>avec les notations</u> (2.2.7.2), (2.2.7.3), <u>un isomorphisme canonique de</u> $DF\hat{}(S)$:

$$Rf_{\mathrm{cris}*}(\hat{\mathcal{O}}_{X/S}) = Rf_*(L\hat{\Omega}^{\cdot}_{X/S}) ,$$

où $\hat{\mathcal{O}}_{X/S}$ *est muni de la filtration* PD-*adique canonique* (2.2.7.1) *et* $L\hat{\Omega}^{\cdot}_{X/S}$ *est le complexe de De Rham dérivé complété* (2.1.3.3).

Preuve. Soit

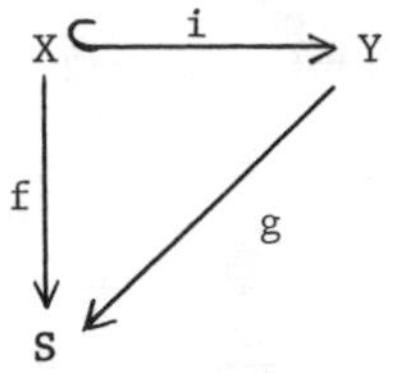

une factorisation de f, avec g lisse et i une immersion fermée (nécessairement régulière (SGA 6 VIII 1.2)). Rappelons qu'on a un morphisme canonique de topos annelés ([26] III 3.2) :

$$u_{X/S} \ : \ (X/S)_{cris} \longrightarrow X \quad ,$$

où X est annelé non pas par $\mathcal{O}_X$ mais par $f^{-1}\mathcal{O}_S$ ($u^*_{X/S}$ est le foncteur évident de "prolongement par zéro" du topos zariskien dans le topos cristallin). Utilisant le recouvrement de l'objet final de $(X/S)_{cris}$ défini par la lissification g , on montre (([26]IV), ([25] 1.3)) qu'il existe un isomorphisme canonique de $DF\hat{}(f^{-1}\mathcal{O}_S)$:

$$Ru_{X/S*}(\hat{\mathcal{O}}_{X/S}) \ = \ \overset{K}{\hat{C}_{i^{-1}\mathcal{O}_Y/f^{-1}\mathcal{O}_S}} \quad ,$$

avec les notations (1.2.5) et (2.2.3), K désignant le noyau de $C_{i^{-1}\mathcal{O}_Y/f^{-1}\mathcal{O}_S} \longrightarrow \mathcal{O}_S$. Comme $f_{cris} = f\, u_{X/S}$, le corollaire découle donc de (2.2.6).

Remarque 2.2.8.1. Je conjecture que la conclusion de (2.2.8) est valable sous la seule hypothèse que f est d'intersection complète. (Bien entendu, si (2.2.4.2) a une réponse affirmative, la conclusion de (2.2.8) est valable pour f d'intersection complète lissifiable, et il ne paraît pas très difficile de se débarrasser, par descente, de l'hypothèse de lissifiabilité).

Questions 2.2.8.2. a) J'ignore si l'on peut par passage à la limite déduire de (2.2.8) un isomorphisme de $D(S)$:

$$Rf_{cris*}(\mathcal{O}_{X/S}) = Rf_*(L\Omega^{\cdot}_{X/S}) \quad .$$

b) Peut-on espérer une variante de (2.2.8) pour le topos cristallin "p-nilpotent avec PD-Idéal de compatibilité sur S" ([26] III) ?

2.2.9. Application. Soient S le spectre d'un corps parfait k de caractéristique $p > 0$, et pour X le schéma en groupes α_p sur S, i.e. $X = \operatorname{Spec} k[t]/t^p$. Utilisant l'opération de Cartier (2.1.4.3), on déduit de (2.2.8) un isomorphisme

$$R\Gamma((X/S)_{cris},\mathcal{O}_{X/S}) = \oplus \wedge^n L_{X/S}[-n] \quad ,$$

et le second membre se calcule à l'aide de (2.1.2.2) appliqué à

$$\begin{array}{ccc} k[t]/t^p & \longleftarrow & k[t] \\ \uparrow & \nearrow & \\ K & & \end{array} \quad .$$

Si $I = (t^p)$, on a

$$L_{X/S} = (0 \longrightarrow I/I^2 \xrightarrow{0} \Omega^1_{k[t]/k} \otimes \mathcal{O}_X \longrightarrow 0) \quad ,$$

d'où (2.1.2.2)

$$\wedge^n L_{X/S} = (0 \longrightarrow \Gamma^n(I/I^2) \xrightarrow{0} \Gamma^{n-1}(I/I^2) \otimes \Omega^1_{k[t]/k} \longrightarrow 0)$$

et l'on en tire que $H^o((X/S)_{cris},\mathcal{O}_{X/S})$ (resp. $H^1((X/S)_{cris},\mathcal{O}_{X/S})$) est formé des polynômes $\sum_{n\geq 0} a_n t^{[pn]}$ (resp. des formes $\sum_{n\geq 1} a_n t^{[pn-p]}dt$). Ce résultat avait été obtenu par Berthelot [27] par un calcul direct (facile). L'introduction du complexe de De Rham dérivé "explique" la grosseur du H^o .

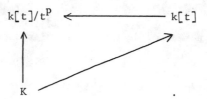

BIBLIOGRAPHIE

CHAPITRES VI et VII

[1] Atiyah, M.F., Analytic connexions on fibre bundles, Mexico Symposium, 1958.

[2] Breen, L., travail en préparation (une version préliminaire existe sous forme de notes miméographiées (M. I. T. 1971) : On some extensions of abelian sheaves in dimensions two and three).

[2'] Breen, L., Extensions of Abelian Sheaves and Eilenberg-MacLane Algebras, Inventiones Math. 9, 15-44 (1969).

[3] Dold, A, et Puppe, D., Homologie nicht-additiver Funktoren, Anwendungen, Ann. Inst. Fourier, 11, 201-312 (1961).

[4] Gabriel, P. et Zisman, M., Calculus of Fractions and Homotopy Theory, Ergebnisse der Mathematik, Bd 35, Springer-Verlag (1967).

[5] Giraud, J., Méthode de la descente, Bull. Soc. math. France, Mémoire 2, (1964).

[6] Giraud, J., Cohomologie non abélienne, Die Grundlehren der mathematischen Wissenschaften 179, Springer-Verlag (1971).

[7] Grothendieck, A., Fondements de la Géométrie Algébrique, (extraits du Séminaire Bourbaki 1957-1962), multigraphié, Secrétariat mathématique 11, rue Pierre Curie, Paris (5e).

[8] Grothendieck, A., Techniques de construction en Géométrie Analytique, VII : Etude locale des morphismes, éléments de calcul infinitésimal, in Séminaire Cartan 1960-61, Benjamin, 1967.

[9] Grothendieck, A., Théorie de Dieudonné des groupes de Barsotti-Tate, Cours au Collège de France 1970-71 et 71-72 ; voir aussi : Groupes de

Barsotti-Tate et cristaux, Actes du Congrès intern. math., 1970, 1, p. 431-436, Gauthier-Villars, Paris.

[10] Illusie, L., Complexe cotangent et déformations I, Lecture Notes in Mathematics n° 239, Springer-Verlag (1971).

[11] Illusie, L., Cotangent Complex and Deformations of Torsors and Group Schemes, Proceedings of a Conference on Algebraic Geometry and Category Theory, Halifax (1971), à paraître aux Lectures Notes.

[12] MacLane, S., Homologie des anneaux et des modules, Colloque de Topologie algébrique, Louvain, p. 55-80 (1956).

[13] Mazur, B., et Roberts, L., Local Euler Characteristics, Inv. Math. 2, 201-234 (1970).

[14] Messing, W., The Crystals associated to Barsotti-Tate Groups, with applications to Abelian Schemes, Lecture Notes n° 264, Springer-Verlag (1972).

[15] Mumford, D., Geometric Invariant Theory, Ergebnisse der Mathematik, 34, Springer-Verlag (1965).

[16] Mumford, D., Lectures on Curves on an Algebraic Surface, Ann. of Math. Studies 59, Princeton (1966).

[17] Quillen, D. G., Homotopical Algebra, Lecture Notes in Mathematics 43, 1967.

[18] Quillen, D. G., On the (co-)homology of commutative rings, Proceedings of Symposia in Pure Mathematics 17, p. 65-87 (1970).

[18'] Quillen, D. G., Rational Homotopy Theory, Ann. of Math. (2) 90 (1969), p. 205-295.

[19] Roos, J. E., Sur les foncteurs dérivés de $\varprojlim$. Applications. Comptes Rendus Acad. Sc. Paris 252, 2702-2704 (1961).

[20] Segal, G., Classifying spaces and spectral sequences, Pub. math. I.H.E.S., 34, 1968.

[21] Priddy, S., Primary Cohomology Operations for Simplicial Lie Algebras, Ill. J. Math. 14, 1970.

[22] Demazure, M. et Gabriel, P., Groupes Algébriques I, Masson et Cie, 1970.

[23] Hakim, M., Schémas relatifs, Thèse à paraître.

EGA Grothendieck, A. et Dieudonné, J., Eléments de Géométrie Algébrique, Pub. math. I.H.E.S.

SGA 3 Demazure, M., et Grothendieck, A., Schémas en groupes, Séminaire de Géométrie Algébrique du Bois-Marie 1963-64, Lecture Notes in Mathematics 151, 152, 153, 1970.

SGA 4 Artin, M., Grothendieck, A. et Verdier, J.L., Théorie des topos et cohomologie étale des schémas, Séminaire de Géométrie Algébrique du Bois-Marie 1964-65, à paraître aux Lecture Notes.

SGA 6 Berthelot, P., Grothendieck, A., et Illusie, L., Théorie des intersections et théorème de Riemann-Roch, Séminaire de Géométrie Algébrique du Bois-Marie, 1966-67, Lecture Notes in Mathematics 225, 1971.

SGA 7 Deligne, P., et Grothendieck, A., Le groupe de monodromie en Géométrie Algébrique, Séminaire de Géométrie Algébrique du Bois-Marie, 1968-69, à paraître aux Lecture Notes.

CHAPITRE VIII

[24] André, M., Méthode Simpliciale en Algèbre Homologique et Algèbre commutative, Lecture Notes in Mathematics 32, 1967

[25] Berthelot, P., Cohomologie p-cristalline des schémas : comparaison avec la cohomologie de De Rham, C.R. Acad. Sci. Paris, t. 269, p. 397-400 (1969).

[26] Berthelot, P., Cohomologie cristalline des schémas, Thèse Paris 1972, à paraître.

[27] Berthelot, P., Quelques calculs de cohomologie cristalline, papiers secrets.

[28] Bott, R., Notes on the Spencer resolution, Notes miméographiées, Harvard University, 1963.

[29] Cartan, H., Puissances divisées, Exp. 7 in Séminaire 54/55, Benjamin, 1967.

[30] Goldschmidt, H., Prolongations of Linear Differential Equations : I. A conjecture of Elie Cartan, Ann. Sci. E. N. S., 4ème série, t. 1, fasc. 3, p. 417-444 (1968).

[31] Grothendieck, A., Crystals and the De Rham Cohomology of Sheaves, Notes par I. Coates et O. Jussila, in Dix exposés sur la cohomologie des schémas, North-Holland Pub. Co., 1968.

[32] Katz, N., Nilpotent connections and the monodromy theorem ; application of a result of Turritin, Publ. Math. I.H.E.S., 39 (1970), p. 175-232.

[33] Malgrange, B., Théorie analytique des équations différentielles, in Séminaire Bourbaki n° 329, 1966-67.

[34] Quillen, D. G., Formal properties of over-determined systems of linear partial differential equations, Ph. D. Thesis, Harvard University, 1964.

[35] Quillen, D. G., Notes on the homology of commutative rings, Notes miméographiées, M. I. T., 1968.

[36] Roby, N., Lois polynômes et lois formelles en théorie des modules, Ann. Sci. E. N. S., 80, p. 213-348, 1963.

INDEX DES NOTATIONS

INDEX TERMINOLOGIQUE

Lecture Notes in Mathematics

Comprehensive leaflet on request

Vol. 111: K. H. Mayer, Relationen zwischen charakteristischen Zahlen. III, 99 Seiten. 1969. DM 16,–

Vol. 112: Colloquium on Methods of Optimization. Edited by N. N. Moiseev. IV, 293 pages. 1970. DM 18,–

Vol. 113: R. Wille, Kongruenzklassengeometrien. III, 99 Seiten. 1970. DM 16,–

Vol. 114: H. Jacquet and R. P. Langlands, Automorphic Forms on GL (2). VII, 548 pages. 1970. DM 24,–

Vol. 115: K. H. Roggenkamp and V. Huber-Dyson, Lattices over Orders I. XIX, 290 pages. 1970. DM 18,–

Vol. 116: Séminaire Pierre Lelong (Analyse) Année 1969. IV, 195 pages. 1970. DM 16,–

Vol. 117: Y. Meyer, Nombres de Pisot, Nombres de Salem et Analyse Harmonique. 63 pages. 1970. DM 16,–

Vol. 118: Proceedings of the 15th Scandinavian Congress, Oslo 1968. Edited by K. E. Aubert and W. Ljunggren. IV, 162 pages. 1970. DM 16,–

Vol. 119: M. Raynaud, Faisceaux amples sur les schémas en groupes et les espaces homogènes. III, 219 pages. 1970. DM 16,–

Vol. 120: D. Siefkes, Büchi's Monadic Second Order Successor Arithmetic. XII, 130 Seiten. 1970. DM 16,–

Vol. 121: H. S. Bear, Lectures on Gleason Parts. III, 47 pages. 1970. DM 16,–

Vol. 122: H. Zieschang, E. Vogt und H.-D. Coldewey, Flächen und ebene diskontinuierliche Gruppen. VIII, 203 Seiten. 1970. DM 16,–

Vol. 123: A. V. Jategaonkar, Left Principal Ideal Rings. VI, 145 pages. 1970. DM 16,–

Vol. 124: Séminare de Probabilités IV. Edited by P. A. Meyer. IV, 282 pages. 1970. DM 20,–

Vol. 125: Symposium on Automatic Demonstration. V, 310 pages. 1970. DM 20,–

Vol. 126: P. Schapira, Théorie des Hyperfonctions. XI, 157 pages. 1970. DM 16,–

Vol. 127: I. Stewart, Lie Algebras. IV, 97 pages. 1970. DM 16,–

Vol. 128: M. Takesaki, Tomita's Theory of Modular Hilbert Algebras and its Applications. II, 123 pages. 1970. DM 16,–

Vol. 129: K. H. Hofmann, The Duality of Compact Semigroups and C*- Bigebras. XII, 142 pages. 1970. DM 16,–

Vol. 130: F. Lorenz, Quadratische Formen über Körpern. II, 77 Seiten. 1970. DM 16,–

Vol. 131: A Borel et al., Seminar on Algebraic Groups and Related Finite Groups. VII, 321 pages. 1970. DM 22,–

Vol. 132: Symposium on Optimization. III, 348 pages. 1970. DM 22,–

Vol. 133: F. Topsøe, Topology and Measure. XIV, 79 pages. 1970. DM 16,–

Vol. 134: L. Smith, Lectures on the Eilenberg-Moore Spectral Sequence. VII, 142 pages. 1970. DM 16,–

Vol. 135: W. Stoll, Value Distribution of Holomorphic Maps into Compact Complex Manifolds. II, 267 pages. 1970. DM 18,–

Vol. 136: M. Karoubi et al., Séminaire Heidelberg-Saarbrücken-Strasbuorg sur la K-Théorie. IV, 264 pages. 1970. DM 18,–

Vol. 137: Reports of the Midwest Category Seminar IV. Edited by S. MacLane. III, 139 pages. 1970. DM 16,–

Vol. 138: D. Foata et M. Schützenberger, Théorie Géométrique des Polynômes Eulériens. V, 94 pages. 1970. DM 16,–

Vol. 139: A. Badrikian, Séminaire sur les Fonctions Aléatoires Linéaires et les Mesures Cylindriques. VII, 221 pages. 1970. DM 18,–

Vol. 140: Lectures in Modern Analysis and Applications II. Edited by C. T. Taam. VI, 119 pages. 1970. DM 16,–

Vol. 141: G. Jameson, Ordered Linear Spaces. XV, 194 pages. 1970. DM 16,–

Vol. 142: K. W. Roggenkamp, Lattices over Orders II. V, 388 pages. 1970. DM 22,–

Vol. 143: K. W. Gruenberg, Cohomological Topics in Group Theory. XIV, 275 pages. 1970. DM 20,–

Vol. 144: Seminar on Differential Equations and Dynamical Systems, II. Edited by J. A. Yorke. VIII, 268 pages. 1970. DM 20,–

Vol. 145: E. J. Dubuc, Kan Extensions in Enriched Category Theory. XVI, 173 pages. 1970. DM 16,–

Vol. 146: A. B. Altman and S. Kleiman, Introduction to Grothendieck Duality Theory. II, 192 pages. 1970. DM 18,–

Vol. 147: D. E. Dobbs, Cech Cohomological Dimensions for Commutative Rings. VI, 176 pages. 1970. DM 16,–

Vol. 148: R. Azencott, Espaces de Poisson des Groupes Localement Compacts. IX, 141 pages. 1970. DM 16,–

Vol. 149: R. G. Swan and E. G. Evans, K-Theory of Finite Groups and Orders. IV, 237 pages. 1970. DM 20,–

Vol. 150: Heyer, Dualität lokalkompakter Gruppen. XIII, 372 Seiten. 1970. DM 20,–

Vol. 151: M. Demazure et A. Grothendieck, Schémas en Groupes I. (SGA 3). XV, 562 pages. 1970. DM 24,–

Vol. 152: M. Demazure et A. Grothendieck, Schémas en Groupes II. (SGA 3). IX, 654 pages. 1970. DM 24,–

Vol. 153: M. Demazure et A. Grothendieck, Schémas en Groupes III. (SGA 3). VIII, 529 pages. 1970. DM 24,–

Vol. 154: A. Lascoux et M. Berger, Variétés Kähleriennes Compactes. VII, 83 pages. 1970. DM 16,–

Vol. 155: Several Complex Variables I, Maryland 1970. Edited by J. Horváth. IV, 214 pages. 1970. DM 18,–

Vol. 156: R. Hartshorne, Ample Subvarieties of Algebraic Varieties. XIV, 256 pages. 1970. DM 20,–

Vol. 157: T. tom Dieck, K. H. Kamps und D. Puppe, Homotopietheorie. VI, 265 Seiten. 1970. DM 20,–

Vol. 158: T. G. Ostrom, Finite Translation Planes. IV. 112 pages. 1970. DM 16,–

Vol. 159: R. Ansorge und R. Hass. Konvergenz von Differenzenverfahren für lineare und nichtlineare Anfangswertaufgaben. VIII, 145 Seiten. 1970. DM 16,–

Vol. 160: L. Sucheston, Constributions to Ergodic Theory and Probability. VII, 277 pages. 1970. DM 20,–

Vol. 161: J. Stasheff, H-Spaces from a Homotopy Point of View. VI, 95 pages. 1970. DM 16,–

Vol. 162: Harish-Chandra and van Dijk, Harmonic Analysis on Reductive p-adic Groups. IV, 125 pages. 1970. DM 16,–

Vol. 163: P. Deligne, Equations Différentielles à Points Singuliers Reguliers. III, 133 pages. 1970. DM 16,–

Vol. 164: J. P. Ferrier, Seminaire sur les Algebres Complètes. II, 69 pages. 1970. DM 16,–

Vol. 165: J. M. Cohen, Stable Homotopy. V, 194 pages. 1970. DM 16,–

Vol. 166: A. J. Silberger, PGL_2 over the p-adics: its Representations, Spherical Functions, and Fourier Analysis. VII, 202 pages. 1970. DM 18,–

Vol. 167: Lavrentiev, Romanov and Vasiliev, Multidimensional Inverse Problems for Differential Equations. V, 59 pages. 1970. DM 16,–

Vol. 168: F. P. Peterson, The Steenrod Algebra and its Applications: A conference to Celebrate N. E. Steenrod's Sixtieth Birthday. VII, 317 pages. 1970. DM 22,–

Vol. 169: M. Raynaud, Anneaux Locaux Henséliens. V, 129 pages. 1970. DM 16,–

Vol. 170: Lectures in Modern Analysis and Applications III. Edited by C. T. Taam. VI, 213 pages. 1970. DM 18,–

Vol. 171: Set-Valued Mappings, Selections and Topological Properties of 2^X. Edited by W. M. Fleischman. X, 110 pages. 1970. DM 16,–

Vol. 172: Y.-T. Siu and G. Trautmann, Gap-Sheaves and Extension of Coherent Analytic Subsheaves. V, 172 pages. 1971. DM 16,–

Vol. 173: J. N. Mordeson and B. Vinograde, Structure of Arbitrary Purely Inseparable Extension Fields. IV, 138 pages. 1970. DM 16,–

Vol. 174: B. Iversen, Linear Determinants with Applications to the Picard Scheme of a Family of Algebraic Curves. VI, 69 pages. 1970. DM 16,–

Vol. 175: M. Brelot, On Topologies and Boundaries in Potential Theory. VI, 176 pages. 1971. DM 18,–

Vol. 176: H. Popp, Fundamentalgruppen algebraischer Mannigfaltigkeiten. IV, 154 Seiten. 1970. DM 16,–

Vol. 177: J. Lambek, Torsion Theories, Additive Semantics and Rings of Quotients. VI, 94 pages. 1971. DM 16,–

Please turn over

Vol. 178: Th. Bröcker und T. tom Dieck, Kobordismentheorie. XVI, 191 Seiten. 1970. DM 18,–

Vol. 179: Seminaire Bourbaki – vol. 1968/69. Exposés 347-363. IV. 295 pages. 1971. DM 22,–

Vol. 180: Séminaire Bourbaki – vol. 1969/70. Exposés 364-381. IV, 310 pages. 1971. DM 22,–

Vol. 181: F. DeMeyer and E. Ingraham, Separable Algebras over Commutative Rings. V, 157 pages. 1971. DM 16.–

Vol. 182: L. D. Baumert. Cyclic Difference Sets. VI, 166 pages. 1971. DM 16,–

Vol. 183: Analytic Theory of Differential Equations. Edited by P. F. Hsieh and A. W. J. Stoddart. VI, 225 pages. 1971. DM 20,–

Vol. 184: Symposium on Several Complex Variables, Park City, Utah, 1970. Edited by R. M. Brooks. V, 234 pages. 1971. DM 20,–

Vol. 185: Several Complex Variables II, Maryland 1970. Edited by J. Horváth. III, 287 pages. 1971. DM 24,–

Vol. 186: Recent Trends in Graph Theory. Edited by M. Capobianco/ J. B. Frechen/M. Krolik. VI, 219 pages. 1971. DM 18.–

Vol. 187: H. S. Shapiro, Topics in Approximation Theory. VIII, 275 pages. 1971. DM 22,–

Vol. 188: Symposium on Semantics of Algorithmic Languages. Edited by E. Engeler. VI, 372 pages. 1971. DM 26,–

Vol. 189: A. Weil, Dirichlet Series and Automorphic Forms. V, 164 pages. 1971. DM 16,–

Vol. 190: Martingales. A Report on a Meeting at Oberwolfach, May 17-23, 1970. Edited by H. Dinges. V, 75 pages. 1971. DM 16,–

Vol. 191: Séminaire de Probabilités V. Edited by P. A. Meyer. IV, 372 pages. 1971. DM 26,–

Vol. 192: Proceedings of Liverpool Singularities – Symposium I. Edited by C. T. C. Wall. V, 319 pages. 1971. DM 24,–

Vol. 193: Symposium on the Theory of Numerical Analysis. Edited by J. Ll. Morris. VI, 152 pages. 1971. DM 16,–

Vol. 194: M. Berger, P. Gauduchon et E. Mazet. Le Spectre d'une Variété Riemannienne. VII, 251 pages. 1971. DM 22,–

Vol. 195: Reports of the Midwest Category Seminar V. Edited by J.W. Gray and S. Mac Lane.III, 255 pages. 1971. DM 22,–

Vol. 196: H-spaces – Neuchâtel (Suisse)- Août 1970. Edited by F. Sigrist, V, 156 pages. 1971. DM 16,–

Vol. 197: Manifolds – Amsterdam 1970. Edited by N. H. Kuiper. V, 231 pages. 1971. DM 20,–

Vol. 198: M. Hervé, Analytic and Plurisubharmonic Functions in Finite and Infinite Dimensional Spaces. VI, 90 pages. 1971. DM 16.–

Vol. 199: Ch. J. Mozzochi, On the Pointwise Convergence of Fourier Series. VII, 87 pages. 1971. DM 16,–

Vol. 200: U. Neri, Singular Integrals. VII, 272 pages. 1971. DM 22,–

Vol. 201: J. H. van Lint, Coding Theory. VII, 136 pages. 1971. DM 16,–

Vol. 202: J. Benedetto, Harmonic Analysis on Totally Disconnected Sets. VIII, 261 pages. 1971. DM 22,–

Vol. 203: D. Knutson, Algebraic Spaces. VI, 261 pages. 1971. DM 22,–

Vol. 204: A. Zygmund, Intégrales Singulières. IV, 53 pages. 1971. DM 16,–

Vol. 205: Séminaire Pierre Lelong (Analyse) Année 1970. VI, 243 pages. 1971. DM 20,–

Vol. 206: Symposium on Differential Equations and Dynamical Systems. Edited by D. Chillingworth. XI, 173 pages. 1971. DM 16,–

Vol. 207: L. Bernstein, The Jacobi-Perron Algorithm – Its Theory and Application. IV, 161 pages. 1971. DM 16,–

Vol. 208: A. Grothendieck and J. P. Murre, The Tame Fundamental Group of a Formal Neighbourhood of a Divisor with Normal Crossings on a Scheme. VIII, 133 pages. 1971. DM 16,–

Vol. 209: Proceedings of Liverpool Singularities Symposium II. Edited by C. T. C. Wall. V, 280 pages. 1971. DM 22,–

Vol. 210: M. Eichler, Projective Varieties and Modular Forms. III, 118 pages. 1971. DM 16,–

Vol. 211: Théorie des Matroïdes. Edité par C. P. Bruter. III, 108 pages. 1971. DM 16,–

Vol. 212: B. Scarpellini, Proof Theory and Intuitionistic Systems. VII, 291 pages. 1971. DM 24,–

Vol. 213: H. Hogbe-Nlend, Théorie des Bornologies et Applications. V, 168 pages. 1971. DM 18,–

Vol. 214: M. Smorodinsky, Ergodic Theory, Entropy. V, 64 pages. 1971. DM 16,–

Vol. 215: P. Antonelli, D. Burghelea and P. J. Kahn, The Concordance-Homotopy Groups of Geometric Automorphism Groups. X, 140 pages. 1971. DM 16,–

Vol. 216: H. Maaß, Siegel's Modular Forms and Dirichlet Series. VII, 328 pages. 1971. DM 20,–

Vol. 217: T. J. Jech, Lectures in Set Theory with Particular Emphasis on the Method of Forcing. V, 137 pages. 1971. DM 16,–

Vol. 218: C. P. Schnorr, Zufälligkeit und Wahrscheinlichkeit. IV, 212 Seiten 1971. DM 20,–

Vol. 219: N. L. Alling and N. Greenleaf, Foundations of the Theory of Klein Surfaces. IX, 117 pages. 1971. DM 16,–

Vol. 220: W. A. Coppel, Disconjugacy. V, 148 pages. 1971. DM 16,–

Vol. 221: P. Gabriel und F. Ulmer, Lokal präsentierbare Kategorien. V, 200 Seiten. 1971. DM 18,–

Vol. 222: C. Meghea, Compactification des Espaces Harmoniques. III, 108 pages. 1971. DM 16,–

Vol. 223: U. Felgner, Models of ZF-Set Theory. VI, 173 pages. 1971. DM 16,–

Vol. 224: Revètements Etales et Groupe Fondamental. (SGA 1). Dirigé par A. Grothendieck XXII, 447 pages. 1971. DM 30,–

Vol. 225: Théorie des Intersections et Théorème de Riemann-Roch. (SGA 6). Dirigé par P. Berthelot, A. Grothendieck et L. Illusie. XII, 700 pages. 1971. DM 40,–

Vol. 226: Seminar on Potential Theory, II. Edited by H. Bauer. IV, 170 pages. 1971. DM 18,–

Vol. 227: H. L. Montgomery, Topics in Multiplicative Number Theory. IX, 178 pages. 1971. DM 18,–

Vol. 228: Conference on Applications of Numerical Analysis. Edited by J. Ll. Morris. X, 358 pages. 1971. DM 26,–

Vol. 229: J. Väisälä, Lectures on n-Dimensional Quasiconformal Mappings. XIV, 144 pages. 1971. DM 16,–

Vol. 230: L. Waelbroeck, Topological Vector Spaces and Algebras. VII, 158 pages. 1971. DM 16,–

Vol. 231: H. Reiter, L^1-Algebras and Segal Algebras. XI, 113 pages. 1971. DM 16,–

Vol. 232: T. H. Ganelius, Tauberian Remainder Theorems. VI, 75 pages. 1971. DM 16,–

Vol. 233: C. P. Tsokos and W. J. Padgett. Random Integral Equations with Applications to Stochastic Systems. VII, 174 pages. 1971. DM 18,–

Vol. 234: A. Andreotti and W. Stoll. Analytic and Algebraic Dependence of Meromorphic Functions. III, 390 pages. 1971. DM 26,–

Vol. 235: Global Differentiable Dynamics. Edited by O. Hájek, A. J. Lohwater, and R. McCann. X, 140 pages. 1971. DM 16,–

Vol. 236: M. Barr, P. A. Grillet, and D. H. van Osdol. Exact Categories and Categories of Sheaves. VII, 239 pages. 1971, DM 20,–

Vol. 237: B. Stenström. Rings and Modules of Quotients. VII, 136 pages. 1971. DM 16,–

Vol. 238: Der kanonische Modul eines Cohen-Macaulay-Rings. Herausgegeben von Jürgen Herzog und Ernst Kunz. VI, 103 Seiten. 1971. DM 16,–

Vol. 239: L. Illusie, Complexe Cotangent et Déformations I. XV, 355 pages. 1971. DM 26,–

Vol. 240: A. Kerber, Representations of Permutation Groups I. VII, 192 pages. 1971. DM 18,–

Vol. 241: S. Kaneyuki, Homogeneous Bounded Domains and Siegel Domains. V, 89 pages. 1971. DM 16,–

Vol. 242: R. R. Coifman et G. Weiss, Analyse Harmonique Non-Commutative sur Certains Espaces. V, 160 pages. 1971. DM 16,–

Vol. 243: Japan-United States Seminar on Ordinary Differential and Functional Equations. Edited by M. Urabe. VIII, 332 pages. 1971. DM 26,–

Vol. 244: Séminaire Bourbaki – vol. 1970/71. Exposés 382–399. IV, 356 pages. 1971. DM 26,–

Vol. 245: D. E. Cohen, Groups of Cohomological Dimension One. V, 99 pages. 1972. DM 16,–